8

粘性解

比較原理を中心に

小池 茂昭 著

新井 仁之・小林 俊行・斎藤 毅・吉田 朋広 編

共立講座 数学の輝き

共立出版

刊行にあたって

　数学の歴史は人類の知性の歴史とともにはじまり，その蓄積には膨大なものがあります．その一方で，数学は現在もとどまることなく発展し続け，その適用範囲を広げながら，内容を深化させています．「数学探検」，「数学の魅力」，「数学の輝き」の3部からなる本講座で，興味や準備に応じて，数学の現時点での諸相をぜひじっくりと味わってください．

　数学には果てしない広がりがあり，一つ一つのテーマも奥深いものです．本講座では，多彩な話題をカバーし，それでいて体系的にもしっかりとしたものを，豪華な執筆陣に書いていただきます．十分な時間をかけてそれをゆったりと満喫し，現在の数学の姿，世界をお楽しみください．

「数学の輝き」

　数学の最前線ではどのような研究が行われているのでしょうか？ 大学院にはいっても，すぐに最先端の研究をはじめられるわけではありません．この第3部では，第2部の「数学の魅力」で身につけた数学力で，それぞれの専門分野の基礎概念を学んでください．一歩一歩読み進めていけばいつのまにか視界が開け，数学の世界の広がりと奥深さに目を奪われることでしょう．現在活発に研究が進みまだ定番となる教科書がないような分野も多数とりあげ，初学者が無理なく理解できるように基本的な概念や方法を紹介し，最先端の研究へと導きます．

　　　　　　　　　　　　　　　　　　　　　　　　　　　　　編集委員

まえがき

　本書は非発散型の非線形二階楕円型・放物型偏微分方程式の適切な弱解である粘性解の入門書である．想定している読者は，多変数の微分積分を理解し，数学系学科のルベーグ積分・位相空間等の知識を持った4年生から修士課程の学生である．しかしながら，これは十分条件である．専門的な知識は最小限になるように工夫したつもりなので，数理ファイナンスをはじめとする，確率解析の応用または，幾何学を勉強するうちに，「粘性解」という単語をどこかで目にした方にも気軽に読めるテキストを目指した．なおかつ，数学的厳密性は失わないよう心掛けた．また，粘性解理論を速く概観するために，数学的にやや難しい証明は付録にまとめた．

　粘性解の概念は，1980年代初頭に M. G. Crandall と P.-L. Lions によって非発散型一階偏微分方程式の弱解として導入された．様々な方程式に対して，粘性解の一意性が示されると共に，一般的な仮定の下で，粘性解の存在や安定性も確かめられ，適切な弱解として認識されてきた．一方，確率最適制御・微分ゲームに現れる具体的に係数や非斉次項が与えられている Bellman 方程式・Isaacs 方程式の期待される解の候補には表現公式があり，それが唯一の粘性解であることも知られていた．しかし，一般の非発散型二階楕円型・放物型偏微分方程式に対する，表現公式を用いない一意性の証明が知られたのは1980年代末である．その後，様々な分野に応用が広がり，現在も盛んに研究されている．

　本書では，粘性解理論の初期の最大の関心事であった比較原理に焦点を絞った．その理由は，最も重要な結果である比較原理の証明を初心者用に一冊にまとめて書いてある和書がないからである．概略は，[18] の石井仁司著の第II部第3章にある．英文なら，[7] は研究者には充分満足いくテキストであるが，Aleksandrov の定理 (凸関数のほとんどいたる所での二階微分可能性) の証明等

は，初心者にはもう少し説明が必要と思われる．

比較原理に焦点を当てたもう一つの理由がある．通常，偏微分方程式に対して「構造条件」の仮定の下で，行列不等式を満たす"二階微分"を用いて，比較原理の証明をする．一方，本質的には同じだが，上限・下限近似を用いる別証明がある．まだ広く知られていないこの証明を紹介するのは，他の偏微分方程式の研究者に理解しやすいと思われるからと，そこで用いられる上限・下限近似の興味深い性質がまとめてあるテキストがないからである．

英文の粘性解のテキストとしては，Crandall-Ishii-Lions による概説論文 [8] が著名である (拙著 [16] も参照してほしい)．また，重要な応用である，確率最適制御に関しては，Fleming-Soner の [11] と Morimoto の [20]，平均曲率流への応用は Giga の [12] がある．最近，注目されている無限大 Laplacian に関しては Aronsson-Crandall-Juutinen の [1] もあげておく．さらに，主に一階の偏微分方程式に関するテキストには，Bardi-Capuzzo Dolcetta の [2] と Barles の [3] があり，それぞれ特徴があって興味深い．

本書の性質上，よく知られた結果の原著論文は引用しなかったので，[8] の参考文献を参照してほしい．ただし，まだ多くの専門家にも知られていない結果は「あとがき」に引用した．

本書を読んで，粘性解理論に関心を持つ若い方が出現してくれれば，望外の幸いである．

2016 年 11 月

小池茂昭

目　次

まえがき .... *iii*

第 1 章　準備 *1*

1.1　記号・用語・表現　*1*
    1.1.1　Euclid 空間　*1*
    1.1.2　線形代数　*3*
    1.1.3　微分積分　*4*
    1.1.4　関数の集合　*7*
    1.1.5　Lebesgue 積分　*9*
1.2　粘性解の導入　*10*
1.3　粘性消滅法　*13*

第 2 章　粘性解の定義 *16*

2.1　例　*16*
2.2　定義　*18*
2.3　同値な定義　*25*

第 3 章　比較原理 *32*

3.1　古典解と粘性解の比較原理　*32*
3.2　粘性解の比較原理　*35*
    3.2.1　一階偏微分方程式　*35*
    3.2.2　二階偏微分方程式　*39*
3.3　構造条件に関する注意　*46*
3.4　放物型方程式　*53*
3.5　境界値問題　*61*

3.5.1　Dirichlet 境界値問題　*63*
　　　3.5.2　Neumann 境界値問題　*67*
　　　3.5.3　全空間での比較原理　*71*

第4章　比較原理　－再訪－ *76*
4.1　関数の近似　*76*
4.2　関数の二重近似　*81*
4.3　比較原理の別証明　*89*
4.4　一般論が適用できない重要な方程式　*96*
　　　4.4.1　平均曲率方程式　*97*
　　　4.4.2　Aronsson 方程式　*100*

第5章　存在と安定性 *106*
5.1　Perron の方法　*106*
5.2　一階偏微分方程式の解の表現公式　*111*
　　　5.2.1　Bellman 方程式　*111*
　　　5.2.2　Isaacs 方程式　*117*
5.3　安定性　*126*

付録A *129*
A.1　Jensen の補題　*129*
A.2　Ishii の補題　*133*
A.3　Aronsson 方程式　－再訪－　*140*

付録B *150*
B.1　Rademacher の定理　*150*
　　　B.1.1　1 変数関数の場合　*150*
　　　B.1.2　多変数関数の場合　*159*
B.2　弱逆関数定理　*162*
B.3　Aleksandrov の定理　*163*
B.4　変数変換の公式 (定理 B.16) の証明　*170*

問題解答例 *183*

参考文献 *201*

あとがき *203*

索　引 *205*

第 1 章 ◇ 準備

粘性解の基礎理論に必要な数学の最小限の知識を準備する．特に，本書で独特な表記法等もこの章に登場するので，一読してほしい．

1.1 記号・用語・表現

最初に，本書で使う記号・用語・表現や，線形代数，微積分等の基本的な事項をまとめておく．また，数学科で習う Lebesgue 積分から本書で必要な事実を述べておく．

1.1.1 Euclid 空間

まず，$A := B$ と書いたら，「A を B で定義する」ことを意味する．$=$ の左にコロン ":" があることに注意する．また，$B =: A$ で同じ意味を表す．

$\mathbb{N}$ を自然数全体，$\mathbb{Q}$ を有理数全体，$\mathbb{R}$ を実数全体とする．

今後，頻繁に使うので，念のため上限・下限の定義を復習しておこう．

空集合でない $A \subset \mathbb{R}$ に対し，A が**上に有界**とは，次を満たす $M \in \mathbb{R}$ が存在することとする．

$$\lceil x \in A \text{ ならば } x \leq M \rfloor$$

A が**下に有界**とは，次を満たす $M \in \mathbb{R}$ が存在することとする．

$$\lceil x \in A \text{ ならば } x \geq M \rfloor$$

A が上に有界の時，A の**上限**，$\sup A$，は次の性質を満たす実数とする．

$$\begin{cases} (1) \ x \in A \text{ ならば } x \leq \sup A \text{ が成り立つ．} \\ (2) \ 任意の \varepsilon > 0 \text{ に対し，} x_\varepsilon > \sup A - \varepsilon \text{ となる } x_\varepsilon \in A \text{ が存在する．} \end{cases}$$

A が下に有界の時, A の**下限**, $\inf A$, は次の性質を満たす実数とする.

$$\begin{cases} (1)\ x \in A\ \text{ならば}\ x \geq \inf A\ \text{が成り立つ.} \\ (2)\ \text{任意の}\ \varepsilon > 0\ \text{に対し,}\ x_\varepsilon < \inf A + \varepsilon\ \text{となる}\ x_\varepsilon \in A\ \text{が存在する.} \end{cases}$$

A が上に有界で, $\sup A \in A$ の時, $\max A := \sup A$ とおき, A が下に有界で, $\inf A \in A$ の時, $\min A := \inf A$ とする.

注意 1.1 $\sup A$ の定義の (2) は, 以降, 次のように書くことがある.

『 $\forall \varepsilon > 0$ に対し, $\exists x_\varepsilon \in A$ s.t. $x_\varepsilon > \sup A - \varepsilon$ 』

$a \in \mathbb{R}$ に対し, 次のような記号を用いる. 同じ記号を実数値関数にも用いる.

$$a^+ := \max\{a, 0\} \quad a^- := \max\{-a, 0\}$$

n 次元 Euclid 空間 $\mathbb{R}^n := \{x = (x_1, x_2, \ldots, x_n) \mid x_i \in \mathbb{R},\ i = 1, 2, \ldots, n\}$ の元 $x = (x_1, x_2, \ldots, x_n)$ と $y = (y_1, y_2, \ldots, y_n)$ に対し, 内積を

$$\langle x, y \rangle := \sum_{k=1}^{n} x_k y_k$$

で表す. Euclid のノルムは $|x| := \sqrt{\langle x, x \rangle}$ で定義し, 半径 $\varepsilon > 0$, 中心 $z \in \mathbb{R}^n$ の開球とその境界を次のように定義する.

$$B_\varepsilon(z) := \{x \in \mathbb{R}^n \mid |x - z| < \varepsilon\}, \quad \partial B_\varepsilon(z) := \{x \in \mathbb{R}^n \mid |x - z| = \varepsilon\}$$

特に, 原点が中心の場合は $B_\varepsilon := B_\varepsilon(0)$, $\partial B_\varepsilon := \partial B_\varepsilon(0)$ と略記する.

また, x, y を用いて $\mathbb{R}^{2n}$ の元を次のように表記することがある. 開区間と同じ記号なので注意せよ.

$$(x, y) := (x_1, x_2, \ldots, x_n, y_1, y_2, \ldots, y_n) \in \mathbb{R}^{2n}$$

$x \in \mathbb{R}^n$, $A \subset \mathbb{R}^n$ に対し, 点 x と集合 A の距離, A の直径, A の x 平行移動をそれぞれ次のように定義する.

$$\begin{cases} \mathrm{dist}(x, A) := \inf\{|x - y| \mid y \in A\} \\ \mathrm{diam}(A) := \sup\{|x - y| \mid x, y \in A\} \\ A + x := \{y + x \in \mathbb{R}^n \mid y \in A\} \end{cases}$$

$A \subset \mathbb{R}^n$ の閉包 $\overline{A}$ は，次のように与えられる．

$$\overline{A} := \{x \in \mathbb{R}^n \mid 任意の \varepsilon > 0 に対し, B_\varepsilon(x) \cap A \neq \emptyset\}$$

A が**閉集合**とは，$A = \overline{A}$ を満たすこととする．また，$A, B \subset \mathbb{R}^n$ が $A \Subset B$ とは，$\overline{A} \subset B$ が成り立つこととする．$A \subset \mathbb{R}^n$ の**補集合**を A^c と書き，A が開集合であるとは，A^c が閉集合となることとする．

〚**演習 1.1**〛 次の (1), (2) は同値であることを示せ．
(1) $A \subset \mathbb{R}^n$ が開集合である．
(2) $\forall x \in A$ に対し，$\exists \hat{r} > 0$ s.t. $B_{\hat{r}}(x) \subset A$.

$A \subset \mathbb{R}^n$ が**有界**とは，$A \subset B_R$ となる $R > 0$ が存在することとする．1 次元の場合は，上に有界かつ下に有界と同値になる．

1.1.2　線形代数

以下，$m, n \in \mathbb{N}$ とする．$M(m, n)$ を各成分が実数値である m 行 n 列の行列全体を表す．$X \in M(m, n)$ に対し，その転置行列を $X^t \in M(n, m)$ で表す．

$X \in M(m, n)$ の i 行 j 列成分を X_{ij} とし，$\xi := (\xi_1, \ldots, \xi_n) \in \mathbb{R}^n$ に対し，

$$X\xi := \left(\sum_{j=1}^n X_{1j} \xi_j, \sum_{j=1}^n X_{2j} \xi_j, \ldots, \sum_{j=1}^n X_{mj} \xi_j \right)$$

と定義する．本来は，$X\xi^t$ と書くべきであるが，この様に転置記号 "t" を省略して書くことにする．

$M^n := M(n, n)$ とし，n 次実数値**対称行列**の空間を S^n とする．

$$S^n := \{X = (X_{ij}) \in M^n \mid X_{ij} = X_{ji} \ (\forall i, j = 1, 2, \ldots, n)\}$$

$X, Y \in S^n$ に対し，次のように順序関係を導入する．

$$X \leq Y := \langle X\xi, \xi \rangle \leq \langle Y\xi, \xi \rangle \quad (\forall \xi \in \partial B_1)$$

ここで，「$(\forall \xi \in \partial B_1)$」は，「任意の $\xi \in \partial B_1$ に対して」を意味する．今後も，このような表記をする．

注意 1.2 $X \leq Y$ の定義において，∂B_1 の代わりに $\mathbb{R}^n$ で置き換えてもよい．

〚**演習 1.2**〛 (1) $X \in S^n$ に対し，$X \geq O$ かつ，$X \leq O$ であることと，$X = O$ は必要十分条件になることを示せ．
(2) $X \geq O$ かつ $X \leq O$ でも $X \neq O$ となる正方行列をあげよ．
(3) $X \in S^n$ に対し，$\|X\| := \max\{|X\xi| \mid \xi \in \partial B_1\}$ とおく．$\lambda_1, \lambda_2, \ldots, \lambda_n \in \mathbb{R}$ を X の固有値とする．$\|X\| = \max_{i=1,2,\ldots,n} |\lambda_i|$ となることを示せ．
(4) $A, B \in S^n$ が $A \geq O$ かつ $B \geq O$ ならば，$\mathrm{Tr}(AB) \geq 0$ となることを示せ．ただし，$X = (X_{ij})$ に対し，$\mathrm{Tr}(X) := X_{11} + X_{22} + \cdots + X_{nn}$ とする．

$\xi = (\xi_1, \ldots, \xi_n), \eta = (\eta_1, \ldots, \eta_n) \in \mathbb{R}^n$ に対し，$\xi \otimes \eta$ で，i 行 j 列成分が $\xi_i \eta_j$ となる n 次正方行列を表すことがある．

1.1.3 微分積分

A が長い式の場合，e^A と書くと見づらいので，次のように書くことがある．

$$\exp A := e^A$$

本書で用いる独特の表現法を具体例で示そう．

$u : (a, b) \to \mathbb{R}$ が**単調増加** (resp., **単調減少**) であるとは，$a < s < t < b$ ならば $u(s) \leq u(t)$ (resp., $u(t) \leq u(s)$) が成り立つこととする．さらに，**狭義単調増加** (resp., **狭義単調減少**) とは，$a < s < t < b$ ならば，$u(s) < u(t)$ (resp., $u(s) > u(t)$) となることとする．

注意 1.3 最初に，括弧 (resp., $\cdots$) の部分を略して読む．次に，すべての括弧の直前の単語を括弧内の単語に置き換えて読む．本来は，二つの文章だが，共通する部分が多いので，このように記すことにする．resp., は，respectively(=「それぞれ」) を意味する．また，本書では $\pm$ が続けて登場したら，**複号同順**とする．

$\Omega \subset \mathbb{R}^n$ を開集合とする．関数 $u : \overline{\Omega} \to \mathbb{R}$ が $x \in \overline{\Omega}$ で**上半連続** (resp., **下半連続**) であることの定義を復習しよう．

$\forall \varepsilon > 0$ に対し，$\exists \delta > 0$ s.t. $\begin{cases} y \in \overline{\Omega} \text{ が } 0 < |x - y| < \delta \text{ ならば，次が成り立つ．} \\ u(x) + \varepsilon > u(y) \text{ (resp., } u(x) - \varepsilon < u(y)) \end{cases}$

上極限 (resp., 下極限) を用いると，次の性質が必要十分条件になる．

$$\limsup_{y\to x} u(y) \le u(x) \quad \left(\text{resp., } \liminf_{y\to x} u(y) \ge u(x)\right)$$

念のため，上下極限の定義も書いておく．

$$\limsup_{y\to x} u(y) := \lim_{\varepsilon\to 0}\left[\sup\{u(y) \mid y \in \overline{\Omega}\cap B_\varepsilon(x)\setminus\{x\}\}\right]$$

$$\liminf_{y\to x} u(y) := \lim_{\varepsilon\to 0}\left[\inf\{u(y) \mid y \in \overline{\Omega}\cap B_\varepsilon(x)\setminus\{x\}\}\right]$$

《演習 1.3》 $u:\Omega\to\mathbb{R}$ が $x\in\Omega$ で連続であることと，x で上半連続かつ下半連続であることが必要十分条件になることを示せ．

$K\subset\overline{\Omega}$ と $x\in K$ に対し，関数 $u:\overline{\Omega}\to\mathbb{R}$ が x で K 上の最大値 (resp., 最小値) をとるとは，$u(x)=\max\{u(y)\mid y\in K\}$ (resp., $\min\{u(y)\mid y\in K\}$) が成り立つことである．また，u が x で K 上の狭義最大値 (resp., 狭義最小値) をとるとは，$y\in K\setminus\{x\}$ ならば $u(x)>u(y)$ (resp., $<u(y)$) となることとする．さらに，u が $x\in\overline{\Omega}$ 上の局所最大値 (resp., 局所最小値) をとるとは，

「$\exists r>0$ s.t. u が x で $B_r(x)\cap\overline{\Omega}$ 上の最大値 (resp., 最小値) をとる」

とし，狭義局所最大値 (resp., 狭義局所最小値) をとるとは

「$\exists r>0$ s.t. u が x で $B_r(x)\cap\overline{\Omega}$ 上の狭義最大値 (resp., 狭義最小値) をとる」

とする．ここで，$x\in\Omega$ の場合は，$r>0$ を必要ならさらに小さくとって，$B_r(x)\Subset\Omega$ と仮定してよい．

次に述べる基本的な原理は，後で断らずに用いることが多い．

命題 1.1 (最大値原理) $K\subset\mathbb{R}^n$ を有界閉集合とする．$u:K\to\mathbb{R}$ を K 上で上半連続 (resp., 下半連続) とする．u は K で最大値 (resp., 最小値) をとる．

《演習 1.4》 命題 1.1 を証明せよ．(ヒント) 連続関数の最大値原理の証明参照．

定義 1.1 $\Omega\subset\mathbb{R}^n$ に対し，$u:\Omega\to\mathbb{R}$ が $x\in\Omega$ で**一階微分可能**であるとは，

$$u(y) = u(x) + \langle p, y-x\rangle + o(|y-x|) \quad (y\in\Omega\to x) \tag{1.1}$$

となる $p \in \mathbb{R}^n$ が存在することとし，**二階微分可能**であるとは，

$$u(y) = u(x) + \langle p, y-x \rangle + \frac{1}{2}\langle X(y-x), y-x\rangle + o(|y-x|^2) \quad (y \in \Omega \to x) \quad (1.2)$$

となる $(p, X) \in \mathbb{R}^n \times S^n$ が存在することとする．

注意 1.4 通常，$x \in \Omega$ で二階微分を定義する際に，任意の $\forall y \in B_r(x)$ で一階微分可能となる $r > 0$ が存在し，$\frac{\partial u}{\partial x_i} : B_r(x) \to \mathbb{R}$ $(i = 1, 2, \ldots, n)$ が x で一階微分可能であるとすることが多い．本書では，x の近傍で一階微分可能な関数でなくても，二階微分可能なこともあり得る．一階微分可能は単に微分可能と呼ぶこともある．

まず，次の演習で重要な事実を述べておく．

〖演習 1.5〗　$u : \Omega \to \mathbb{R}$ が $x \in \Omega$ で一階 (resp., 二階) 微分可能ならば，(1.1) (resp., (1.2)) の $p \in \mathbb{R}^n$ (resp., $(p, X) \in \mathbb{R}^n \times S^n$) は唯一つであることを示せ．

この演習 1.5 でわかるように，$p \in \mathbb{R}^n$ (resp., $(p, X) \in \mathbb{R}^n \times S^n$) は唯一つ決まるので，$p =: Du(x)(\text{resp.}, (p, X) =: (Du(x), D^2u(x)))$ と書くことにする．

〖演習 1.6〗　次の関数 f は，$f \notin C^1(-1, 1)$ だが，$x = 0$ で二階微分可能であることを確かめよ．
$$f(x) = \begin{cases} \frac{1}{k^2} & \left(k \in \{2, 3, \ldots\}, \frac{1}{k} < |x| \leq \frac{1}{k-1} \text{の時}\right) \\ 0 & (x = 0 \text{の時}) \end{cases}$$

関数 $u : \Omega \to \mathbb{R}$ が，$x \in \Omega$ で，一階または二階微分可能な時，$Du(x) \in \mathbb{R}^n$ および，$D^2u(x) \in S^n$ を次のように表す．

$$Du(x) := \left(\frac{\partial u}{\partial x_1}(x), \frac{\partial u}{\partial x_2}(x), \ldots, \frac{\partial u}{\partial x_n}(x)\right)$$

$$D^2u(x) := \begin{pmatrix} \frac{\partial^2 u}{\partial x_1^2}(x) & & \cdots & & \frac{\partial^2 u}{\partial x_1 \partial x_n}(x) \\ & \ddots & & & \\ \vdots & & \frac{\partial^2 u}{\partial x_i \partial x_j}(x) & & \vdots \\ & & & \ddots & \\ \frac{\partial^2 u}{\partial x_n \partial x_1}(x) & & \cdots & & \frac{\partial^2 u}{\partial x_n^2}(x) \end{pmatrix}$$

最大値をとる点で，一階微分・二階微分に関する，よく知られた性質を述べる．

命題 1.2　$r > 0$ と $x \in \mathbb{R}^n$ に対し，関数 $u : B_r(x) \to \mathbb{R}$ が $y \in B_r(x)$ で二階微分可能で，u が y で局所最大値 (resp., 最小値) をとるならば，次式が成り立つ．

$$Du(y) = 0, \quad D^2 u(y) \leq O \quad (\text{resp.}, D^2 u(y) \geq O)$$

証明　最大値に関する命題のみ示す．任意の $\xi \in \partial B_1$ に対し，$d_0 := r - |y - x| > 0$ とおく．$t \in (0, d_0)$ ならば，$y \pm t\xi \in B_r(x)$ に注意する．よって，

$$u(y) \geq u(y \pm t\xi) \quad (0 \leq \forall t < d_0)$$

となる．$\displaystyle\lim_{t \to 0} \frac{u(y \pm t\xi) - u(y)}{t} = \pm \langle Du(y), \xi \rangle$ なので，

$$\langle Du(y), \xi \rangle = 0$$

が成立する．$Du(y) \neq 0$ と仮定すると，$\xi = \frac{Du(y)}{|Du(y)|}$ とおけるので，$|Du(y)| = 0$ となる．故に，$Du(y) = 0$ が得られた．

次に，$0 \leq t < d_0$ に対し，$u(y \pm t\xi) \leq u(y)$ が成り立つので

$$0 \geq \lim_{t \to 0} \frac{u(y + t\xi) + u(y - t\xi) - 2u(y)}{t^2}$$

となる．<u>右辺の極限は $\langle D^2 u(y)\xi, \xi \rangle$ となる</u>ので証明が終わる．∎

〚**演習 1.7**〛　命題 1.2 の証明の下線部分を示せ．

1.1.4 関数の集合

多重指数 $\alpha = (\alpha_1, \alpha_2, \ldots, \alpha_n) \in (\mathbb{N} \cup \{0\})^n$ に対しては，$|\alpha| = \sum_{k=1}^{n} \alpha_k$ とする (ユークリッド・ノルムではない)．さらに，

$$D^\alpha := \frac{\partial^{|\alpha|}}{\partial x_1^{\alpha_1} \partial x_2^{\alpha_2} \cdots \partial x_n^{\alpha_n}}$$

と定める．$|\alpha|=k$ の時，$D^\alpha u$ を k 階偏微分という．ただし，$\dfrac{\partial^0 u}{\partial x_k^0}:=u$ とする．

実数値関数の集合の記号を導入する．$U\subset\mathbb{R}^n$ は，実際には，開集合 Ω か $\overline{\Omega}$ を用いる．また，$k\in\mathbb{N}$ とする．

$$
\begin{aligned}
USC(U) &:= \{u:U\to\mathbb{R} \mid \text{任意の } x\in U \text{ で上半連続}\} \\
LSC(U) &:= \{u:U\to\mathbb{R} \mid \text{任意の } x\in U \text{ で下半連続}\} \\
C(U) &:= LSC(U)\cap USC(U) \quad (C^0(U) \text{ と書くこともある}) \\
C^k(U) &:= \{u\in C(U) \mid |\alpha|\le k \text{ ならば } D^\alpha u\in C(U)\} \\
C^\infty(U) &:= \bigcap_{k=1}^{\infty} C^k(U) \\
\mathrm{Lip}(U) &:= \{u\in C(U) \mid \exists L>0 \text{ s.t. } |u(x)-u(y)|\le L|x-y|\ (x,y\in U)\} \\
W^{k,\infty}(U) &:= \{u\in C^{k-1}(U) \mid |\alpha|=k-1 \text{ ならば}, D^\alpha u\in \mathrm{Lip}(U)\}
\end{aligned}
$$

注意 1.5 $U:=\overline{\Omega}$ の時，$u\in C^k(\overline{\Omega})$ は，$\overline{\Omega}\subset V$ で，$u\in C^k(V)$ となる開集合 V があることとする．よって，例えば $u\in C^1(\overline{\Omega})$ に対し，$x\in\overline{\Omega}$ で，$Du(x)$ は定義されている．

$f\in\mathrm{Lip}(U)$ のに対し，次のようにおく．

$$\|f\|_{\mathrm{Lip}} := \inf\{L>0 \mid |f(x)-f(y)|\le L|x-y|\ (\forall x,y\in U)\}$$

〖演習 1.8〗 $f_k\in\mathrm{Lip}(U)\ (k=1,2)$ に対し次が成り立つことを示せ．

$$\|f_1+f_2\|_{\mathrm{Lip}} \le \|f_1\|_{\mathrm{Lip}} + \|f_2\|_{\mathrm{Lip}}$$

$u\in C(U)$ に対し，u のサポートを次の集合で定義する．

$$\mathrm{supp}\,u := \overline{\{x\in U \mid u(x)\ne 0\}}$$

この記号を用いて，$C_0^\infty(U):=\{u\in C^\infty(U) \mid \mathrm{supp}\,u\Subset U\}$ とおく．

さらに，$X=C,C^k,C^\infty,\mathrm{Lip},W^{k,\infty}$ に対し，次のように定義する．

$$X_{loc}(U) := \{u:U\to\mathbb{R} \mid \text{任意の有界閉集合 } K\subset U \text{ に対し}, u\in X(K)\}$$

1.1.5　Lebesgue 積分

n 次元 Lebesgue 測度を $|\cdot|$, n 次元 Lebesgue 可測集合全体を $\mathcal{M}_n$ で表す．本書に現れる $\mathbb{R}^n$ の部分集合は，すべて Lebesgue 可測集合とする．

次のように英単語 in(または，on) を用いた表現を使う．関数 $f : A \subset \mathbb{R}^n \to \mathbb{R}$ に対し，
$$f(x) = 0 \quad \text{in } A$$
と書いたら，すべての $x \in A$ で $f(x) = 0$ が成り立つという意味である．また，
$$f(x) = 0 \quad \text{a.e. in } A$$
とは，$f(x) = 0$ が A のほとんどすべての点で成り立つという意味で，正確には
$$|\{x \in A \mid f(x) \neq 0\}| = 0$$
のことである．ここでは，$f(x) = 0$ という単純な方程式で書いたが，不等式等でも同様の記号を用いる．

測度ゼロ集合に関して，付録 II の Aleksandrov の定理 A.3 の証明で用いる簡単な結果を演習にする．

【演習 1.9】　$f_k \in \mathrm{Lip}(\mathbb{R}^n)$ $(k = 1, 2, \ldots, n)$ とし，$N \subset \mathbb{R}^n$ が $|N| = 0$ を満たすとする．$f(N) := \{(f_1(x), \ldots, f_n(x)) \in \mathbb{R}^n \mid x \in N\}$ とおくと，$|f(N)| = 0$ となることを示せ．

もう一つ，関数空間を導入する．
$$L^\infty(U) := \{u : U \to \mathbb{R} \mid \exists M > 0 \text{ s.t. } |u| \leq M \text{ a.e. in } U\}$$
$u \in L^\infty(U)$ に対し，次のようにノルムを導入する．
$$\|u\|_\infty := \inf\{M > 0 \mid |u| \leq M \text{ a.e. in } U\}$$

【演習 1.10】　$u, v \in L^\infty(U)$ に対し，三角不等式 $\|u + v\|_\infty \leq \|u\|_\infty + \|v\|_\infty$ が成り立つことを示せ．

1.2 粘性解の導入

偏微分方程式とは未知関数の偏微分を含んだ方程式のことであり，含まれた偏微分の階数の一番大きな数が $k \in \mathbb{N}$ の時，k 階偏微分方程式と呼ぶ．

$\Omega \subset \mathbb{R}^n$ 上の k 階偏微分方程式の解とは，$C^k(\Omega)$ に属し，偏微分方程式を Ω のすべての点で満たす関数のこととするのが妥当であろう．しかしながら，偏微分方程式で，そのような関数が具体的に求まるのは，限られた場合だけであり，その存在を示すことも容易でない．

そこで，領域 Ω のすべての点で偏微分方程式を満たすような関数を見つけることは諦めて，解の候補を探すことを考える．ここで，解の候補とは，もし微分可能性さえ示せれば解になるような関数のこととする．以降，解の候補を**弱解**と呼ぶ．

物理学等に現れる"発散型"偏微分方程式の弱解としては Schwartz の超関数解という弱解が有効であることが知られている．一方，微分幾何学や工学・経済学から導かれる偏微分方程式には発散型でない場合が少なからずある．これらは非発散型偏微分方程式と呼ばれる (2 章を参照).

1980 年代初頭，一階非発散型偏微分方程式に対する適切な弱解として，M. G. Crandall と P.-L. Lions によって，**粘性解**の概念が導入された．その後，二階非発散型楕円型方程式にも適用できることが明らかになった．

開集合 $\Omega \subset \mathbb{R}^n$ に対し，次の eikonal 方程式を考える.

$$|Du| = 1 \quad \text{in } \Omega \tag{1.3}$$

この方程式が導出される応用上重要な最適制御問題では，Dirichlet 境界条件 $u(x) = 0 \ (\forall x \in \partial\Omega)$ の下で，$u(x) = \text{dist}(x, \partial\Omega)$ が期待される解であることが知られている．しかし，最も単純な 1 次元で $\Omega = (-1, 1)$ の場合に，$\text{dist}(x, \partial\Omega) = 1 - |x|$ となり，この関数は原点で微分できない．

このように，期待される解が，考えている領域のすべての点で方程式を満たさない場合，何をもって偏微分方程式の解と呼んだらよいであろう？

一方，偏微分方程式は，何らかの量を最小化する際に導かれる．物理学では，エネルギー等を最小化するが，本書で念頭に置いている最小化問題は，最適制

1.2 粘性解の導入

御に現れる量なので"コスト(＝費用・支出)"と呼ぶことにする．

さて，コストを最小化する関数を見つけることが目的ならば，偏微分方程式をすべての点で満たす関数を求める必要はなく，コストを最小化する関数が特徴づけられれば充分であろう．そのため，解の候補が満たすべき性質を弱解の定義とし，その定義の意味で弱解が唯一つであれば，それ以外には期待される解の候補は無いという意味で特徴づけられたことになる．

本書では，与えられた方程式の"粘性消滅法"による(近似)解の極限関数が満たす性質を粘性解の定義として採用する．つまり，コストを最小化する関数とは関係なく定義を与える．ところが，コストを最小化する関数が，粘性消滅法により導かれる極限関数が満たす性質を満たすことがわかる．この様に，粘性解の定義は二つの意味で適切であると考えられる．

ここで，解の候補を模索してみよう．例えば，方程式を有限個の点(もしくは，Lebesgue 測度ゼロの点) 以外で方程式を満たす関数を弱解と呼んだらどうなるか？ $n=1$ で $\Omega=(-1,1)$ の時，次の関数はすべて，有限個の微分できない点を除いて eikonal 方程式 (1.3) が成り立ち，Dirichlet 境界条件も満たす．すなわち，この意味での弱解になる．ただし，$a\vee b:=\max\{a,b\}$, $a\wedge b:=\min\{a,b\}$ という記号を使う．

$$(1-|x|)\wedge|x|,\ (1-|x|)\wedge|x|\wedge|x+\tfrac{1}{2}|\wedge|x-\tfrac{1}{2}|$$
$$1-|x|,\ |x|-1,\ (|x|-1)\vee(-|x|)$$

よって，このような弱解は，無限個あることがわかる．

この考察により，期待される解が唯一つになるためには，弱解の定義を有限個の点以外で方程式を満たすという特徴づけでは不充分であることがわかる．

ところで，偏微分作用素で最も基本的なものはラプラシアン

$$\triangle:=\sum_{k=1}^{n}\frac{\partial^2}{\partial x_k^2}$$

である．この $\triangle$ を用いて eikonal 方程式を少し修正した次のような方程式を考える．ただし，$\varepsilon>0$ は後でゼロに極限をとる数である．

$$-\varepsilon\triangle u+|Du|=1\quad\text{in }\Omega \tag{1.4}$$

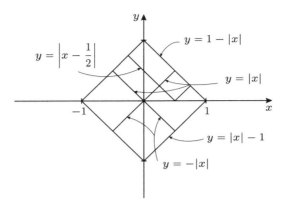

図 1.1

Dirichlet 境界条件，$u(x) = 0\ (\forall x \in \partial\Omega)$ を満たす，この方程式の解を u_ε とする．実は，$n = 1$ の場合は，この解は初等関数で表せる (演習 1.11 参照)．さらに，$\lim_{\varepsilon \to 0} u_\varepsilon(x) = d(x, \partial\Omega)$ になることが期待される．

この $-\varepsilon \triangle u$ は，**粘性項**と呼ばれ，流体力学では重要な意味を持ち，$\varepsilon \to 0$ の極限操作を用いる方法を**粘性消滅法**と呼ぶ．eikonal 方程式という特殊な方程式だけでなく，一般の方程式にもこの粘性消滅法を適用し，その極限関数 $\lim_{\varepsilon \to 0} u_\varepsilon$ が満たす特徴を 1.2 節で調べてみよう．

〚**演習 1.11**〛 $n = 1$, $\Omega := (-1, 1)$ の時に，方程式 (1.4) を満たす関数 u で，境界条件を $u(\pm 1) = 0$ が成り立つものを見つけよ．
(ヒント) この方程式を満たす C^2 関数が唯一つあることが知られているので，解は偶関数である．よって，$-\varepsilon u''(x) + |u'(x)| = 1\ (0 < x < 1)$, $u(1) = 0$, $u'(0) = 0$ を満たす関数 $u : [0, 1] \to \mathbb{R}$ を見つければよい．そこで，まず $v(x) := u'(x)$ とおいて，v を解いてから u を求めよ．さらに，極限関数は $0 < x < 1$ では $1 - x$ となることが予想されるので，$|u'| = -u'$ として解く．

〚**演習 1.12**〛 開区間 $I = (-1, 1)$ と $\varepsilon > 0$ に対し，次を満たす関数 $u \in C(\overline{I}) \cap C^2(I)$ で $u(\pm 1) = 0$ となるものを求めよ (演習 1.11 の解と異なることに注意せよ)．

$$-\varepsilon u'' + |u'|^2 = 1 \quad \text{in } (-1, 1)$$

1.3 粘性消滅法

解の候補を探す一つの方法として，偏微分方程式では粘性消滅法が有効なことがある．$\Omega \subset \mathbb{R}^n$ は開集合とし，関数 $F : \Omega \times \mathbb{R} \times \mathbb{R}^n \times S^n \to \mathbb{R}$ に対し，一般の二階偏微分方程式を考える．

$$F(x, u, Du, D^2 u) = 0 \quad \text{in } \Omega \tag{1.5}$$

まず，方程式 (1.5) の理想的な解を定義する．

定義 1.2 $u : \Omega \to \mathbb{R}$ が，(1.5) の**古典解**とは，$u \in C^2(\Omega)$ であり，任意の $x \in \Omega$ に対し，次の等式が成り立つこととする．

$$F(x, u(x), Du(x), D^2 u(x)) = 0$$

本書では，等式を満たす解に対して，不等式を満たす劣解・優解が重要な役割を果たすので導入する．

定義 1.3 $u : \Omega \to \mathbb{R}$ が，(1.5) の**古典劣解** (resp., **古典優解**) とは，$u \in C^2(\Omega)$ であり，任意の $x \in \Omega$ で次の不等式を満たすこととする．

$$F(x, u(x), Du(x), D^2 u(x)) \leq 0 \quad (\text{resp.}, \ \geq 0)$$

注意 1.6 (i) つまり，古典劣解かつ古典優解ならば古典解になる．
(ii) F が二階微分に対応する変数 X を含まない時（つまり，一階偏微分方程式の場合），上の定義で，「$u \in C^2(\Omega)$」の部分を「$u \in C^1(\Omega)$」に置き換えてよい．以降，F が変数 X を含まない時は，同様の注意をすべきだが省略する．

本書では，F の二階微分に対応する変数に関して次の単調性を仮定する．

定義 1.4 関数 $F : \Omega \times \mathbb{R} \times \mathbb{R}^n \times S^n \to \mathbb{R}$ が**楕円型**であるとは，$X, Y \in S^n$ が $Y \geq O$ を満たすならば，次の不等式が成り立つこととする．

$$F(x, r, p, X) \geq F(x, r, p, X + Y) \quad (\forall (x, r, p) \in \Omega \times \mathbb{R} \times \mathbb{R}^n)$$

注意 1.7 (i) 上記の F は，通常の偏微分方程式のテキストでは退化楕円型と呼ばれる．F が X 変数に依存しない場合，F は楕円型であることに注意する．つまり，本書の定義では一階の偏微分方程式はすべて楕円型である．
(ii) 粘性解に関するテキストでも，楕円型の定義を逆の不等式で定義しているものがあるので注意する．例えば，[6] 等が逆の不等式を用いている．

命題 1.3 $F \in C(\Omega \times \mathbb{R} \times \mathbb{R}^n \times S^n)$ が楕円型であるとする．$u_\varepsilon \in C^2(\Omega)$ が

$$-\varepsilon \triangle u_\varepsilon + F(x, u_\varepsilon, Du_\varepsilon, D^2 u_\varepsilon) = 0 \quad \text{in } \Omega \tag{1.6}$$

の古典劣解 (resp., 古典優解) であり，$u_\varepsilon \in C^2(\Omega)$ が $u \in C(\Omega)$ に局所一様収束すると仮定する．この時，$\phi \in C^2(\Omega)$ に対し，$x \in \Omega$ で $u - \phi$ が局所最大値 (resp., 局所最小値) をとるならば，次の不等式が成り立つ．

$$F(x, u(x), D\phi(x), D^2\phi(x)) \leq 0 \quad (\text{resp.,} \geq 0) \tag{1.7}$$

証明 劣解の方のみ示そう．$u - \phi$ が $x \in \Omega$ で局所最大値をとると仮定する．よって，次を満たす $r > 0$ が存在する．

$$(u - \phi)(x) \geq (u - \phi)(y) \quad (\forall y \in B_r(x) \Subset \Omega)$$

$\psi(y) := \phi(y) + |y - x|^4$ とおくと，$u - \psi$ は $B_r(x)$ 上，x で狭義最大値を取る．つまり次の不等式が成り立つ．

$$(u - \psi)(x) > (u - \psi)(y) \quad (\forall y \in B_r(x) \setminus \{x\})$$

$\varepsilon > 0$ に対し，$x_\varepsilon \in \overline{B}_r(x)$ を $u_\varepsilon - \psi$ の $\overline{B}_r(x)$ での最大値をとる点とする．つまり，$(u_\varepsilon - \psi)(x_\varepsilon) = \max_{y \in \overline{B}_r(x)} (u_\varepsilon - \psi)(y)$ が成り立つ．

u_ε は，u に $\overline{B}_r(x)$ で一様収束しており，x は $u - \psi$ の狭義最大値であるので，$\lim_{\varepsilon \to 0} x_\varepsilon = x$ が導かれる．実際，$x_\varepsilon \in \overline{B}_r(x)$ なので，ある部分列 $\varepsilon_k \to 0$ ($k \to \infty$) に対し，$\lim_{k \to \infty} x_{\varepsilon_k} = x_0$ となる $x_0 \in \overline{B}_r(x)$ が存在する．さらに，

$$(u - \psi)(x) = \max_{\overline{B}_r(x)} (u - \psi) \leq \max_{\overline{B}_r(x)} (u - u_{\varepsilon_k}) + \max_{\overline{B}_r(x)} (u_{\varepsilon_k} - \psi)$$
$$\leq \max_{\overline{B}_r(x)} |u - u_{\varepsilon_k}| + (u_{\varepsilon_k} - \psi)(x_{\varepsilon_k})$$

と変形できる．局所一様収束性より，任意の $\alpha > 0$ に対し，

$$\max_{\overline{B}_r(x)} |u - u_{\varepsilon_k}| \leq \alpha \quad (\forall k \geq N_\alpha)$$

を満たす $N_\alpha \in \mathbb{N}$ がある．また，$(u_{\varepsilon_k} - \psi)(x_{\varepsilon_k}) \leq \max_{\overline{B}_r(x)} |u_{\varepsilon_k} - u| + (u - \psi)(x_{\varepsilon_k})$ なので，次の不等式を得る．

$$(u - \psi)(x) \leq 2\alpha + (u - \psi)(x_{\varepsilon_k}) \quad (\forall k \geq N_\alpha)$$

$k \to \infty$ とした後，任意の $\alpha > 0$ であることに注意すると $(u - \psi)(x) \leq (u - \psi)(x_0)$ となる．故に，$\overline{B}_r(x)$ で x は $u - \psi$ の狭義最大値なので，$x = x_0$ である．このことから，<u>$\lim_{\varepsilon \to 0} x_\varepsilon = x$</u> となることがわかる．

よって，十分小さな $\varepsilon > 0$ に対し，$x_\varepsilon \in B_r(x)$ になるので，その $\varepsilon > 0$ に対し，

$$-\varepsilon \triangle u_\varepsilon(x_\varepsilon) + F(x_\varepsilon, u_\varepsilon(x_\varepsilon), Du_\varepsilon(x_\varepsilon), D^2 u_\varepsilon(x_\varepsilon)) \leq 0$$

となる．命題1.2より，$Du_\varepsilon(x_\varepsilon) = D\psi(x_\varepsilon)$ と，$D^2(u_\varepsilon - \psi)(x_\varepsilon) \leq O$ が成り立つから，F の楕円性より，次の不等式が導かれる．

$$-\varepsilon \triangle \psi(x_\varepsilon) + F(x_\varepsilon, u_\varepsilon(x_\varepsilon), D\psi(x_\varepsilon), D^2\psi(x_\varepsilon)) \leq 0$$

<u>$\lim_{\varepsilon \to 0} u_\varepsilon(x_\varepsilon) = u(x)$</u> に注意すれば，上の式で $\varepsilon \to 0$ として，次の不等式を得る．

$$F(x, u(x), D\psi(x), D^2\psi(x)) \leq 0$$

$D\psi(x) = D\phi(x)$，$D^2\psi(x) = D^2\phi(x)$ が簡単にわかるので，証明が終わる． ■

〖演習 1.13〗 上の証明で，二つの下線部分の証明をせよ．

第2章 ◇ 粘性解の定義

前章の粘性消滅法で得られた，極限関数の性質を粘性解の定義として採用しよう．まず，上半連続関数に対し粘性劣解，下半連続関数に対し粘性優解を定義する．その後，上・下半連続包を導入し，それらを用いて，一般の関数に対して粘性劣解・粘性優解を定義し，粘性解を導入する．この定義は最も重要なので "resp." を用いずに書く．

本章では，開集合 $\Omega \subset \mathbb{R}^n$ に対し，次の方程式を考える．

$$F(x, u, Du, D^2 u) = 0 \quad \text{in } \Omega \tag{2.1}$$

2.1 例

まず，考える方程式の例をあげよう．$\Omega \subset \mathbb{R}^n$ を開集合とし，$\boldsymbol{A}, \boldsymbol{B}$ を後で定義する F が有限値になるような集合とする ($\mathbb{R}^n$ の有界閉集合をとることが多い)．そのため，二つのパラメータ $a \in \boldsymbol{A}$ と $b \in \boldsymbol{B}$ に対して次のような線形微分作用素に対応する写像を考える：

$$L^{a,b}(x, r, p, X) := -\text{Tr}(A(x, a, b)X) + \langle g(x, a, b), p \rangle + c(x, a, b)r$$

ただし，$X \in S^n$ の i 行 j 列成分を X_{ij} とするとき，

$$\text{Tr} X = X_{11} + X_{22} + \cdots + X_{nn}$$

と定める．

ここで，関数 $A : \Omega \times \boldsymbol{A} \times \boldsymbol{B} \to S^n$，$g : \Omega \times \boldsymbol{A} \times \boldsymbol{B} \to \mathbb{R}^n$，$c : \Omega \times \boldsymbol{A} \times \boldsymbol{B} \to \mathbb{R}$ は既知とした．さらに，非斉次項に対応する関数 $f : \Omega \times \boldsymbol{A} \times \boldsymbol{B} \to \mathbb{R}$ に対し，

$$F(x, r, p, X) := \sup_{a \in \boldsymbol{A}} \inf_{b \in \boldsymbol{B}} \{L^{a,b}(x, r, p, X) - f(x, a, b)\}$$

と定める．A または，B が一つの元からなる時 (つまり，inf か sup しかない場合) は，Bellman 方程式と呼ばれ，確率最適制御理論に登場する．一方，A と B が複数個の場合は，Isaacs 方程式と呼ばれ，確率微分ゲームに現れる．

注意 2.1 A は二階微分の係数で，$\boldsymbol{A}$ はパラメータの集合である．後で，$\mathcal{A}$ は $\boldsymbol{A}$ に値をとる関数の集合として現れる．似ているので注意すること．

ここで，いくつかの著名な偏微分方程式と対応する F をあげる．$u: \Omega \to \mathbb{R}$ を未知関数とし，$\boldsymbol{A}, \boldsymbol{B}$ が一つの元だけからなる時は，省略することにする．

まず，一階偏微分方程式を考える．

粘性解を考えるきっかけとなった eikonal 方程式を思い出そう．

$$|Du| = 1 \quad \text{in } \Omega$$

この場合，$F(x, r, p, X) := |p| - 1$ とおけばよい．さらに，Bellman 方程式で表せば，$\boldsymbol{A} := \partial B_1$ とおいて，次のように表せる．

$$F(x, r, p, X) := \sup_{a \in \boldsymbol{A}} \{\langle a, p \rangle - 1\}$$

つまり，$L^{a,b}$ の定義で，$A(x, a, b) = O, g(x, a, b) = a, c(x, a, b) = 0, f(x, a, b) = 1$ とした．もちろん，$\boldsymbol{A} := \overline{B}_1$ とおいてもよい．

大偏差原理や危険鋭感的最適制御に現れる，Du の二乗の項を含んだ方程式の基礎になる eikonal 方程式を考える．

$$|Du|^2 = 1 \quad \text{in } \Omega$$

$F(x, r, p, X) := |p|^2 - 1$ であり，$\boldsymbol{A} := \mathbb{R}^n$ とおいて，

$$F(x, r, p, X) = \sup_{a \in \boldsymbol{A}} \{-2\langle a, p \rangle - |a|^2 - 1\}$$

と表せる．この場合，パラメータ集合 $\boldsymbol{A}$ が，有界集合でないことに注意する．

ここから，二階の偏微分方程式の例をあげる．まずは，最も基本的な Poisson 方程式を考える．

$$-\triangle u = f(x) \quad \text{in } \Omega$$

$F(x,r,p,X) := -\text{Tr}(X) - f(x)$ とおけばよい．

平均曲率によって動く曲面に関連した偏微分方程式は，

$$-\text{Tr}\left\{\left(I - \frac{Du \otimes Du}{|Du|^2}\right)D^2 u\right\} = f(x) \quad \text{in } \Omega$$

であり，$F(x,r,p,X) := -\text{Tr}\left\{\left(I - \frac{p \otimes p}{|p|^2}\right)X\right\} - f(x)$ とおけばよい．

最適 Lipschitz 拡張問題に現れる，Aronsson 方程式は

$$-\triangle_\infty u := -\text{Tr}\left(Du \otimes Du D^2 u\right) = 0 \quad \text{in } \Omega$$

である．$F(x,r,p,X) := -\text{Tr}\left(p \otimes p X\right)$ とおけばよい．

Ω の代わりに $\Omega \times (0,T) \subset \mathbb{R}^n \times \mathbb{R}$ を偏微分方程式を考える領域とし，変数 x_{n+1} を t とすれば，放物型方程式も得られる．最も，基本的な熱方程式をあげる．

$$\frac{\partial u}{\partial t} - \triangle u = 0 \quad \text{in } \Omega \times (0,T)$$

$(x,t,r,p,X) \in \Omega \times (0,T) \times \mathbb{R} \times \mathbb{R}^{n+1} \times S^{n+1}$ に対し，$F(x,t,r,p,X) := p_{n+1} - X_{11} - X_{22} - \cdots - X_{nn}$ とおけばよい．

注意 2.2 他の可能性として，方程式系や非局所作用素を含んだ偏微分方程式も粘性解理論で扱えるものがあるが，本書の範囲を超えるので省略する．

2.2 定義

方程式 (2.1) の粘性解の定義を与えよう．通常，方程式 (2.1) は開集合 Ω 上で与えられ，境界 $\partial\Omega$ 上で境界条件を加えて解の一意性を考察する．方程式に対する粘性解の定義は Ω 上の関数に対してできるが，以降，境界値問題を考慮して，$\overline{\Omega}$ 上の関数に対して定義を与えることにする．

2.2 定義

定義 2.1 $F : \Omega \times \mathbb{R} \times \mathbb{R}^n \times S^n \to \mathbb{R}$ に対し,

(1) $u \in USC(\overline{\Omega})$ が (2.1) の**粘性劣解**とは, 次の性質が成り立つこととする.

$$\begin{cases} \text{もし, } \phi \in C^2(\Omega) \text{ に対し, } u - \phi \text{ が局所最大値を } x \in \Omega \text{ でとるならば,} \\ \qquad F(x, u(x), D\phi(x), D^2\phi(x)) \leq 0 \text{ が成り立つ.} \end{cases}$$

(2) $u \in LSC(\overline{\Omega})$ が (2.1) の**粘性優解**とは, 次の性質が成り立つこととする.

$$\begin{cases} \text{もし, } \phi \in C^2(\Omega) \text{ に対し, } u - \phi \text{ が局所最小値を } x \in \Omega \text{ でとるならば,} \\ \qquad F(x, u(x), D\phi(x), D^2\phi(x)) \geq 0 \text{ が成り立つ.} \end{cases}$$

注意 2.3 定義中の ϕ を**テスト関数**と呼ぶことがある.

粘性劣解 u の定義の意味を考えてみよう. まず, テスト関数 ϕ は, それ自身が不等式 $F(x, u(x), D\phi(x), D^2\phi(x)) \leq 0$ には登場しないことに注意する. つまり, ϕ の微分だけが使われている. よって, ϕ の代わりに, 任意定数 $C \in \mathbb{R}$ に対し, $\phi(\cdot) + C$ をテスト関数としても不等式の左辺には影響しない. そこで, $u - \phi$ が $x \in \Omega$ で局所最大値をとるとは, $\psi(y) := \phi(y) + u(x) - \phi(x)$ とおくと, $y \to (u - \psi)(y)$ は $x \in \Omega$ で局所最大をとるだけでなく, $(u - \psi)(x) = 0$ となっている. 関数 u のグラフを描くと, ψ が $x \in \Omega$ の近くでは, x で上から接している.

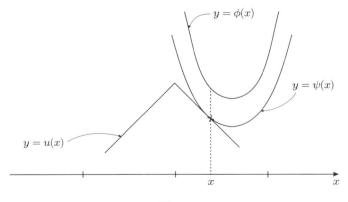

図 **2.1**

u は微分可能とは限らないから，$x \in \Omega$ での $D\psi(x), D^2\psi(x)$ の値は，いくつかの値をとり得ることに注意せよ (図 2.2 を参照).

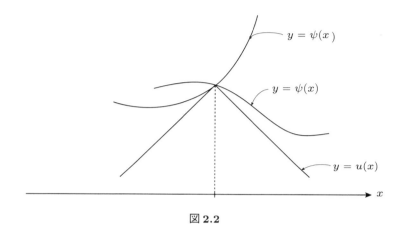

図 2.2

注意 2.4　上の定義で，粘性劣解に対する注意を述べる．同様に，粘性優解に対する注意もあるので各自考えよ．
(i) 粘性劣解の定義で，「局所最大値」を「狭義局所最大値」で置き換えたものが必要十分条件になる．実際，命題 1.3 の証明で ϕ の代わりに用いた ψ を使えば，$u - \psi$ は x で狭義局所最大値を取り，$D\phi(x) = D\psi(x), D^2\phi(x) = D^2\psi(x)$ なので，明らかである．
(ii) $u \in USC(\overline{\Omega})$ でなくても定義はできるが，比較原理を示す際には必要になる．

　半連続性を仮定しない，一般の関数 $u : \overline{\Omega} \to \mathbb{R}$ に対して，上の粘性解の定義を一般化するために，上・下半連続包を考える．

定義 2.2　$u : \overline{\Omega} \to \mathbb{R}$ に対し，$x \in \overline{\Omega}$ での**上半連続包** $u^* : \overline{\Omega} \to \mathbb{R}$ と**下半連続包** $u_* : \overline{\Omega} \to \mathbb{R}$ を次のように定義する．

$$u^*(x) := \lim_{\varepsilon \to 0} \left[\sup\{u(y) \mid y \in \overline{\Omega} \cap B_\varepsilon(x)\} \right]$$
$$u_*(x) := \lim_{\varepsilon \to 0} \left[\inf\{u(y) \mid y \in \overline{\Omega} \cap B_\varepsilon(x)\} \right]$$

〚演習 2.1〛 $u : \overline{\Omega} \to \mathbb{R}$ に対し，次の性質を示せ．
(1) $u^*(x) = -(-u)_*(x)$ 　　$(\forall x \in \overline{\Omega})$
(2) $u_*(x) \leq u(x) \leq u^*(x)$ 　　$(\forall x \in \overline{\Omega})$
(3) $u^* \in USC(\overline{\Omega}), u_* \in LSC(\overline{\Omega})$
(4) $x \in \overline{\Omega}$ で $u^*(x) = u_*(x)$ ならば，u は x で連続になる．

さて，一般の関数に対して粘性解を定義しよう．

定義 2.3 　$u : \overline{\Omega} \to \mathbb{R}$ が (2.1) の粘性劣解 (resp., 粘性優解) とは，u^* (resp., u_*) が (2.1) の粘性劣解 (resp., 粘性優解) であることとする．さらに，$u : \overline{\Omega} \to \mathbb{R}$ が (2.1) の**粘性解**とは，u が (2.1) の粘性劣解かつ，粘性優解であることとする．

注意 2.5 　以降，u^* (resp., u_*) と書くわずらわしさを避けるため，いくつかの命題では $u \in USC(\Omega)$ (resp., $u \in LSC(\Omega)$) を仮定することがある．

粘性解に関する簡単な性質を演習として述べておこう．

〚演習 2.2〛 　$u : \overline{\Omega} \to \mathbb{R}$ が (2.1) の粘性劣解の時，$-u$ が粘性優解となる方程式

$$G(x, u, Du, D^2 u) = 0 \quad \text{in } \Omega$$

の $G : \Omega \times \mathbb{R} \times \mathbb{R}^n \times S^n \to \mathbb{R}$ を求めよ．

〚演習 2.3〛 　(2.1) の F が r に依存していない場合，u が (2.1) の粘性劣解 (resp., 粘性優解) ならば，任意の定数 $C \in \mathbb{R}$ に対し，$u + C$ も (2.1) の粘性劣解 (resp., 粘性優解) になることを示せ．

次の命題により，粘性解が古典解の候補であることがわかる．

命題 2.1 　(1) $u : \overline{\Omega} \to \mathbb{R}$ が (2.1) の粘性劣解 (resp., 粘性優解) であり，かつ $u \in C^2(\Omega)$ ならば，(2.1) の古典劣解 (resp., 古典優解) になる．
(2) $u : \overline{\Omega} \to \mathbb{R}$ が (2.1) の粘性解であり，かつ $u \in C^2(\Omega)$ ならば，(2.1) の古典解になる．

証明 (1) の劣解に関する命題のみ証明する．(2) は (1) からすぐわかる．

定義の ϕ として u 自身をとると，$u-u$ は，任意の $x \in \Omega$ で局所最大値をとることに注意すれば，次の不等式が成り立ち，u は古典劣解になる．
$$F(x, u(x), Du(x), D^2u(x)) \leq 0 \qquad \blacksquare$$

次の記号を確認しておく．

定義 2.4 $k > 0$ と $f, g : \Omega \to \mathbb{R}$ と $z \in \Omega$ に対し，$x \to z$ において，
$$f(x) \leq g(x) + o(|x-z|^k) \quad \left(\text{resp.,} \ f(x) \geq g(x) + o\left(|x-z|^k\right)\right)$$
とは，次の不等式が成り立つこととする．
$$\limsup_{x \to z} \frac{f(x) - g(x)}{|x-z|^k} \leq 0 \quad \left(\text{resp.,} \ \liminf_{x \to z} \frac{f(x) - g(x)}{|x-z|^k} \geq 0\right)$$
さらに，$f(x) = g(x) + o(|x-z|^k) \ (x \to z)$ とは，$\lim_{x \to z} \frac{f(x) - g(x)}{|x-z|^k} = 0$ が成り立つこととする．

粘性劣解・優解がある点で不等式を満たすための条件で，命題 2.1 の仮定より弱いものを述べるために，まず次の命題を示す．

命題 2.2 $u : \overline{\Omega} \to \mathbb{R}, x \in \overline{\Omega}$ と $(p, X) \in \mathbb{R}^n \times S^n$ に対し，$y \in \overline{\Omega} \to x$ の時，
$$u(y) - u(x) - \langle p, y-x \rangle - \frac{1}{2}\langle X(y-x), y-x \rangle \leq o(|y-x|^2) \quad (\text{resp.,} \ \geq o(|y-x|^2))$$
が成り立つと仮定する．すると，次を満たす $\phi \in C^2(B_{r_0}(x))$ が存在する．
$$\begin{cases} (1) \ (u-\phi)(x) = 0 \geq (u-\phi)(y) \quad (y \in B_{r_0}(x) \cap \overline{\Omega}) \\ \quad (\text{resp.,} \ (u-\phi)(x) = 0 \leq (u-\phi)(y)) \quad (y \in B_{r_0}(x) \cap \overline{\Omega})) \\ (2) \ D\phi(x) = p, \ D^2\phi(x) = X \end{cases}$$

証明 劣解の方のみ示す．$\omega(r) = 0 \ (r \leq 0)$ と $\omega(r) > 0 \ (r > 0)$ および，次の不等式を満たす単調増加関数 $\omega \in C(\mathbb{R})$ が存在することがわかる．
$$u(x+h) \leq u(x) + \langle p, h \rangle + \frac{1}{2}\langle Xh, h \rangle + |h|^2 \omega(|h|) \quad (x+h \in \overline{\Omega} \text{ の時}) \qquad (2.2)$$

実際に，ω を構成してみよう．まず，$\omega_0(r) := 0$ $(r \leq 0)$ とし，$0 < r \leq r_0$ に対し，

$$\omega_0(r) := \sup\left\{ \frac{(u(x+h) - u(x) - \langle p, h \rangle - \frac{1}{2}\langle Xh, h \rangle)^+}{|h|^2} \;\middle|\; \begin{array}{l} 0 < |h| \leq r, \\ x + h \in \overline{\Omega} \end{array} \right\}$$

とおく．$\omega_1(r) := \omega_0(r) + r^+$ とすれば，$\omega_1(r) > 0$ $(r > 0)$ および $\lim_{r \to 0} \omega_1(r) = 0$ が成り立つ．さらに，$\omega(r) := 0$ $(r \leq 0)$ とし，$\omega(r)$ $(r > 0)$ を次のように定める．

$$\omega(r) := \inf\{a + br \mid a, b > 0, \omega_1(s) \leq a + bs \; (\forall s \geq 0)\}$$

最後に，(2.2) から，$u - \phi$ が x で最大値をとるような C^2 関数を構成しよう．まず，次のようにおく．

$$\psi(r) := \int_r^{\sqrt{3}r} \left(\int_s^{2s} \omega(t) dt \right) ds$$

次の性質が成り立つことがわかる (演習 2.4)．

$$\begin{cases} (1) \; \psi(r) \geq r^2 \omega(r) \\ (2) \; \psi'(r) = \sqrt{3} \int_{\sqrt{3}r}^{2\sqrt{3}r} \omega(t) dt - \int_r^{2r} \omega(t) dt \\ (3) \; \psi''(r) = 6\omega(2\sqrt{3}r) - 3\omega(\sqrt{3}r) - 2\omega(2r) + \omega(r) \end{cases} \quad (2.3)$$

さて，$\phi \in C^2(B_{r_0}(x))$ を次のように定義する．

$$\phi(y) := \langle p, y - x \rangle + \frac{1}{2}\langle X(y-x), y-x \rangle + \psi(|x-y|)$$

故に，ϕ の作り方から，$(D\phi(x), D^2\phi(x)) = (p, X)$ であり，$(u - \phi)(x) \geq (u - \phi)(y)$ $(\forall y \in B_{r_0}(x) \cap \overline{\Omega})$ となるので証明が終わる ∎

〖演習 2.4〗 命題 2.2 の証明において，次に答えよ．
(1) $\lim_{r \to 0} \omega(r) = 0$ を示せ．
(2) (2.3) を確かめよ．
(3) $\phi \in C^2(B_{r_0}(x))$ を示せ．

この命題の系として，命題 2.1 の一般化を述べる．

系 2.3　$u \in USC(\overline{\Omega})$ (resp., $LSC(\overline{\Omega})$) が (2.1) の粘性劣解 (resp., 粘性優解) とする．$(p, X) \in \mathbb{R}^n \times S^n$ と $x \in \Omega$ に対し，$y \in \Omega$ が x に収束する時，

$$u(y) - u(x) - \langle p, y-x \rangle - \frac{1}{2}\langle X(y-x), y-x \rangle \leq o(|y-x|^2) \quad (\text{resp.,} \ \geq o(|y-x|^2))$$

を満たすとする．すると，次の不等式が成り立つ．

$$F(x, u(x), p, X) \leq 0 \quad (\text{resp.,} \ F(x, u(x), p, X) \geq 0)$$

証明　命題 2.2 の ϕ を用いると，$x \in \Omega$ なので，定義から明らかである．■

命題 2.1 と逆に，古典劣解 (resp., 古典優解) が粘性劣解 (resp., 粘性優解) であることを示すためには，F が楕円型 (定義 1.4) であることが必要である．

命題 2.4　$F : \Omega \times \mathbb{R} \times \mathbb{R}^n \times S^n \to \mathbb{R}$ が楕円型とする．$u : \Omega \to \mathbb{R}$ が (2.1) の古典劣解 (resp., 古典優解) ならば，(2.1) の粘性劣解 (resp., 粘性優解) である．

証明　劣解に対する命題のみ示す．u を (2.1) の古典劣解とする．$\phi \in C^2(\Omega)$ に対し，$x \in \Omega$ で $u - \phi$ が局所最大値をとるとすると，命題 1.1 より，

$$Du(x) = D\phi(x), \quad D^2 u(x) \leq D^2 \phi(x)$$

が示せる．F は楕円型なので，次の不等式が成り立つ．

$$F(x, u(x), D\phi(x), D^2\phi(x)) \leq F(x, u(x), Du(x), D^2 u(x))$$

一方，u は古典劣解だから，上の右辺は非正であり，証明が終わる．■

次の命題は，粘性解の定義の中の「局所最大値」を「最大値」に置き換えることができるための十分条件を与えている．

命題 2.5　有界な開集合 $\Omega \subset \mathbb{R}^n$ に対し，$u \in USC(\overline{\Omega})$ (resp., $LSC(\overline{\Omega})$) が (2.1) の粘性劣解 (resp., 粘性優解) であることと，$\phi \in C^2(\Omega)$ と $x \in \Omega$ に対し，$(u - \phi)(x) \geq (u - \phi)(y)$ (resp., $\leq (u - \phi)(y)$) ($\forall y \in \overline{\Omega}$) ならば，次の不等式が成り立つことが必要十分条件になる．

$$F(x, u(x), D\phi(x), D^2\phi(x)) \leq 0 \quad (\text{resp.,} \ \geq 0)$$

証明 劣解の命題のみ示そう. $u \in USC(\overline{\Omega})$ が粘性劣解とする. $x \in \Omega$ が $(u - \phi)(x) = \sup_{\overline{\Omega}}(u - \phi)$ を満たすならば, x は $u - \phi$ の局所最大値にもなるので明らかである.

逆に, $\phi \in C^2(\Omega)$ に対し, $x \in \Omega$ で $u - \phi$ で局所最大をとると仮定する. 注意 2.4 より, 次が成り立つと仮定してよい.

$$\exists r > 0 \text{ s.t. } B_{2r}(x) \Subset \Omega, \text{ かつ } (u - \phi)(x) > (u - \phi)(y) \quad (\forall y \in B_{2r}(x) \setminus \{x\})$$

さらに, $\psi(y) := \phi(y) - \phi(x) + u(x)$ と置き換えると次の性質が成り立つ.

$$(u - \psi)(x) = 0 > (u - \psi)(y) \quad (\forall y \in B_{2r}(x) \setminus \{x\})$$

次を満たす $\xi_k \in C^2(\mathbb{R}^n)$ $(k = 1, 2)$ を選ぶ.

$$\begin{cases} 0 \leq \xi_k \leq 1 \text{ in } \mathbb{R}^n, \quad \xi_1 + \xi_2 = 1 \text{ in } \mathbb{R}^n, \\ \xi_1 = 1 \text{ in } B_r(x), \quad \xi_2 = 1 \text{ in } \mathbb{R}^n \setminus B_{2r}(x) \end{cases} \quad (2.4)$$

$M := \sup_{\overline{\Omega}} u + 1$ とおき, $\Phi = \xi_1 \psi + M\xi_2$ とする. $\Phi \in C^2(\mathbb{R}^n)$ であり,

$$(u - \Phi)(x) = 0 > (u - \Phi)(y) \quad (\forall y \in \overline{\Omega} \setminus \{x\}) \quad (2.5)$$

が示せる (演習 2.5 (2)). よって,

$$F(x, u(x), D\Phi(x), D^2\Phi(x)) \leq 0$$

が成り立つ. $D\Phi(x) = D\phi(x), D^2\Phi(x) = D^2\phi(x)$ なので証明が終わる. ∎

【**演習 2.5**】 命題 2.5 の証明に関して次の問いに答えよ.
(1) (2.4) を満たす ξ_k を具体的に作れ.
(2) (2.5) を示せ. (ヒント) 場合分けをする.

2.3 同値な定義

命題 2.2 で, 粘性劣解・粘性優解であるための必要条件をあげた. これをヒントに, 粘性劣解・粘性優解の必要十分条件を導くために, $u : \overline{\Omega} \to \mathbb{R}$ の $x \in$

$\overline{\Omega}$ におけるセミ・ジェットの概念を導入する．

$$J^{2,+}u(x) := \left\{ \begin{array}{l} (p,X) \in \\ \mathbb{R}^n \times S^n \end{array} \middle| \begin{array}{c} u(x+h) - u(x) - \langle p,h \rangle - \frac{1}{2}\langle Xh,h \rangle \\ \leq o(|h|^2) \ (h \in \overline{\Omega} - x \to 0) \end{array} \right\}$$

$$J^{2,-}u(x) := \left\{ \begin{array}{l} (p,X) \in \\ \mathbb{R}^n \times S^n \end{array} \middle| \begin{array}{c} u(x+h) - u(x) - \langle p,h \rangle - \frac{1}{2}\langle Xh,h \rangle \\ \geq o(|h|^2) \ (h \in \overline{\Omega} - x \to 0) \end{array} \right\}$$

【演習 2.6】 $u : \overline{\Omega} \to \mathbb{R}$ と $x \in \overline{\Omega}$ に対し，$J^{2,-}u(x) = -J^{2,+}(-u)(x)$ を示せ．

【演習 2.7】 $u \in USC(\overline{\Omega})$ (resp., $LSC(\overline{\Omega})$) と $x \in \overline{\Omega}$ に対し，次の関係式が成り立つことを示せ．

(1) $J^{2,+}u(x) = \left\{ (D\phi(x), D^2\phi(x)) \in \mathbb{R}^n \times S^n \middle| \begin{array}{c} \exists \phi \in C^2(\overline{\Omega}) \text{ s.t. } u - \phi \\ \text{が } x \text{ で局所最大値をとる} \end{array} \right\}$

$J^{2,-}u(x) = \left\{ (D\phi(x), D^2\phi(x)) \in \mathbb{R}^n \times S^n \middle| \begin{array}{c} \exists \phi \in C^2(\overline{\Omega}) \text{ s.t. } u - \phi \\ \text{が } x \text{ で局所最小値をとる} \end{array} \right\}$

(ヒント) 命題 2.2 の証明参照．
(2) (1) で，$x \in \Omega$ の時，$\phi \in C^2(\overline{\Omega})$ は $\phi \in C^2(\Omega)$ でよいことを確かめよ．
(3) $\phi \in C^2(\overline{\Omega})$ と $x \in \overline{\Omega}$ に対し，$J^{2,\pm}(u+\phi)(x) = (D\phi(x), D^2\phi(x)) + J^{2,\pm}u(x)$ が成り立つことを示せ．
(4) (3) で，$x \in \Omega$ の場合，$\phi \in C^2(\Omega)$ で成り立つことを確かめよ．

さらに，セミ・ジェットの基本性質をあげる．ここで，次の記号を用いる．

$$J^2 u(x) := J^{2,+}u(x) \cap J^{2,-}u(x)$$

命題 2.6 関数 $u : \overline{\Omega} \to \mathbb{R}$ と $x \in \overline{\Omega}$ に対し，以下の性質が成り立つ．
(1) $x \in \Omega$ かつ，$J^2 u(x) \neq \varnothing$ ならば，通常の一階微分 $Du(x)$ と二階微分 $D^2 u(x)$ が存在し，次の関係が成り立つ．

$$J^2 u(x) = \{(Du(x), D^2 u(x))\}$$

(2) $u \in USC(\overline{\Omega})$ (resp., $u \in LSC(\overline{\Omega})$) に対し，次の関係が成り立つ．

$$\overline{\Omega} = \left\{ x \in \overline{\Omega} \middle| \exists x_k \in \overline{\Omega} \text{ s.t. } J^{2,+}u(x_k) \neq \varnothing, \lim_{k \to \infty} x_k = x \right\}$$

$$\left(\text{resp.,}\ \overline{\Omega} = \left\{x \in \overline{\Omega}\ \middle|\ \exists x_k \in \overline{\Omega}\ \text{s.t.}\ J^{2,-}u(x_k) \neq \emptyset,\ \lim_{k \to \infty} x_k = x\right\}\right)$$

証明 (1) 定義から明らかである (下の注意も参照).
(2) $u \in USC(\overline{\Omega})$ に対する性質のみを示す. $x \in \overline{\Omega}$ と $r > 0$ を固定する. 任意の $\varepsilon > 0$ に対し, 次を満たす $x_\varepsilon \in \overline{B_r(x)} \cap \overline{\Omega}$ が存在する.

$$u(x_\varepsilon) - \frac{1}{2\varepsilon}|x - x_\varepsilon|^2 = \max_{y \in \overline{B_r(x)} \cap \overline{\Omega}} \left\{u(y) - \frac{1}{2\varepsilon}|x - y|^2\right\} \geq u(x)$$

よって, $|x_\varepsilon - x|^2 \leq 2\varepsilon \left\{\displaystyle\max_{y \in \overline{B_r(x)} \cap \overline{\Omega}} u(y) - u(x)\right\}$ となるので, $\displaystyle\lim_{\varepsilon \to 0} x_\varepsilon = x$ が成り立つ. 故に, 小さい $\varepsilon > 0$ に対して, $x_\varepsilon \in B_r(x) \cap \overline{\Omega}$ としてよい. 一方, 任意の $y \in B_r(x) \cap \overline{\Omega}$ に対し,

$$u(y) \leq u(x_\varepsilon) + \frac{|x-y|^2 - |x - x_\varepsilon|^2}{2\varepsilon} = u(x_\varepsilon) + \frac{2\langle x_\varepsilon - x, y - x_\varepsilon\rangle + |y - x_\varepsilon|^2}{2\varepsilon}$$

であるので, $\frac{1}{\varepsilon}(x_\varepsilon - x, I) \in J^{2,+}u(x_\varepsilon)$ となる. ∎

注意 2.6 この命題の (1) で, $x \in \partial\Omega$ の場合は, $u(y) = u(x) + \langle p, y - x\rangle + \frac{1}{2}\langle X(y-x), y-x\rangle + o(|y-x|^2)$ だが, $y \in \overline{\Omega}$ に制限されているので, $(p, X) = (Du(x), D^2u(x))$ となるかどうかはわからない.

次に, $u: \overline{\Omega} \to \mathbb{R}$ と $x \in \overline{\Omega}$ に対し, $J^{2,\pm}u(x)$ の閉包に近い概念を導入する.

$$\overline{J}^{2,\pm}u(x) := \left\{(p, X) \in \mathbb{R}^n \times S^n\ \middle|\ \begin{array}{l} \exists x_k \in \overline{\Omega} \text{と} \exists(p_k, X_k) \in J^{2,\pm}u(x_k)\ \text{s.t.} \\ \displaystyle\lim_{k \to \infty}(x_k, u(x_k), p_k, X_k) = (x, u(x), p, X) \end{array}\right\}$$

まず, 簡単な演習をあげる.

〖演習 2.8〗 $u: \overline{\Omega} \to \mathbb{R}$, $x \in \overline{\Omega}$ および, $\phi \in C^2(\overline{\Omega})$ に対し, 次の関係が成り立つことを示せ.
(1) $J^{2,\pm}u(x) \subset \overline{J}^{2,\pm}u(x)$
(2) $\overline{J}^{2,-}u(x) = -\overline{J}^{2,+}(-u)(x)$
(3) $\overline{J}^{2,\pm}(u + \phi)(x) = (D\phi(x), D^2\phi(x)) + \overline{J}^{2,\pm}u(x)$

(4) $(p, X) \in J^{2,\pm} u(x)$ $\left(\text{resp.}, \overline{J}^{2,\pm} u(x)\right)$ かつ, $Y \geq O$ ならば, $(p, X \pm Y) \in J^{2,\pm} u(x)$ $\left(\text{resp.}, \overline{J}^{2,\pm} u(x)\right)$ となる.

$J^{2,\pm}$ と $\overline{J}^{2,\pm}$ を用いた, 粘性解の同値な定義を述べる.

命題 2.7 $F \in C(\Omega \times \mathbb{R} \times \mathbb{R}^n \times S^n)$ の時, 関数 $u \in USC(\overline{\Omega})$ (resp., $LSC(\overline{\Omega})$) に対し, 次の三条件は同値である.

$$\begin{cases} (1)\ u \text{ は, (2.1) の粘性劣解 (resp., 粘性優解) である.} \\ (2)\ x \in \Omega \text{ と } (p, X) \in J^{2,+} u(x)\ \left(\text{resp.}, J^{2,-} u(x)\right) \text{ に対し,} \\ \quad F(x, u(x), p, X) \leq 0\ (\text{resp.}, \geq 0)\ \text{が成り立つ.} \\ (3)\ x \in \Omega \text{ と } (p, X) \in \overline{J}^{2,+} u(x)\ \left(\text{resp.}, \overline{J}^{2,-} u(x)\right) \text{ に対し,} \\ \quad F(x, u(x), p, X) \leq 0\ (\text{resp.}, \geq 0)\ \text{が成り立つ.} \end{cases}$$

注意 2.7 (1), (2), (3) で, $x \in \Omega$ であることに注意する. 命題 2.8 と比較せよ.

証明 劣解の同値性のみ示そう.

(2) ⇒ (3) の証明 $x \in \Omega$ と $(p, X) \in \overline{J}^{2,+} u(x)$ に対し, 次を満たす $(p_k, X_k) \in J^{2,+} u(x_k)$ と $x_k \in \Omega$ が選べる: $\lim_{k \to \infty} (x_k, u(x_k), p_k, X_k) = (x, u(x), p, X)$ かつ, 次の不等式が成り立つ.

$$F(x_k, u(x_k), p_k, X_k) \leq 0$$

ここで, $k \to \infty$ とすれば, F の連続性から (3) が示せる.

(3) ⇒ (1) の証明 任意の $\phi \in C^2(\Omega)$ に対し, $u - \phi$ が $x \in \Omega$ で局所最大値をとるとする. 注意 2.4 により, ある $r > 0$ に対し, $(u - \phi)(x) = 0 \geq (u - \phi)(y)$ ($\forall y \in B_r(x) \Subset \Omega$) と仮定してよい. よって, $u(y) \leq u(x) + \phi(y) - \phi(x)$ ($\forall y \in B_r(x)$) であり, 次の不等式が成り立つ.

$$\limsup_{h \to 0} \frac{u(x+h) - u(x) - \langle D\phi(x), h \rangle - \frac{1}{2} \langle D^2 \phi(x) h, h \rangle}{|h|^2} \leq 0$$

故に, $(D\phi(x), D^2\phi(x)) \in J^{2,+} u(x)$ であり, 演習 2.8 (1) より, (1) が示せる.

(1) ⇒ (2) の証明 命題 2.2 から導かれる. ■

2.3 同値な定義

注意 2.8 (i) (3) から (1) を導く証明は，実は，(2) から (1) を示している．証明をよく見ると，(1) と (2) の同値性は，F に連続性を仮定しなくても成り立つことがわかる．一方，(2) から (3) を示すためには F に連続性が必要である．F が連続でない場合の粘性劣解・粘性優解の定義は後述する．

(ii) 命題 2.7 において，$u \in USC(\overline{\Omega})$ (resp., $LSC(\overline{\Omega})$) を仮定しない場合，u を u^* (resp., u_*) で置き換えれば命題が成立することに注意せよ．

後述する「粘性解の意味での」境界値問題を扱う場合に役に立つので，連続を仮定しない関数 $F : \overline{\Omega} \times \mathbb{R} \times \mathbb{R}^n \times S^n \to \mathbb{R}$ に対し，粘性解の概念を一般化しておこう．F の最初の変数の定義域が $\overline{\Omega}$ になっていることに注意する．

まず，$\varepsilon > 0$ と $(x, r, p, X) \in \overline{\Omega} \times \mathbb{R} \times \mathbb{R}^n \times S^n$ に対し，その近傍を次で定める．

$$U_\varepsilon(x, r, p, X) := \left\{ (y, s, q, Y) \in \overline{\Omega} \times \mathbb{R} \times \mathbb{R}^n \times S^n \;\middle|\; \begin{array}{l} y \in \overline{\Omega} \cap B_\varepsilon(x), |r - s| < \varepsilon, \\ q \in B_\varepsilon(p), \|X - Y\| < \varepsilon \end{array} \right\}$$

次に，$F : \overline{\Omega} \times \mathbb{R} \times \mathbb{R}^n \times S^n \to \mathbb{R}$ に対し，F_* と F^* を次のように定義する．

$$F_*(x, r, p, X) := \lim_{\varepsilon \to 0} \left[\inf\{ F(y, s, q, Y) \mid (y, s, q, Y) \in U_\varepsilon(x, r, p, X) \} \right]$$

$$F^*(x, r, p, X) := \lim_{\varepsilon \to 0} \left[\sup\{ F(y, s, q, Y) \mid (y, s, q, Y) \in U_\varepsilon(x, r, p, X) \} \right]$$

(2.1) は，Ω での偏微分方程式だったが，次の式 (2.6) は，$\overline{\Omega}$ での偏微分方程式なので，境界条件も込めた方程式になっていることに注意せよ．

$$F(x, u, Du, D^2 u) = 0 \quad \text{in } \overline{\Omega} \tag{2.6}$$

定義 2.5 $F : \overline{\Omega} \times \mathbb{R} \times \mathbb{R}^n \times S^n \to \mathbb{R}$ に対し，$u : \overline{\Omega} \to \mathbb{R}$ が (2.6) の粘性劣解 (resp., 粘性優解) とは，$\phi \in C^2(\overline{\Omega})$ と $x \in \Omega$ に対し，$u^* - \phi$ (resp., $u_* - \phi$) が x で局所最大値 (resp., 局所最小値) をとるならば，

$$F_*(x, u^*(x), D\phi(x), D^2\phi(x)) \leq 0$$

$$\left(\text{resp., } F^*(x, u_*(x), D\phi(x), D^2\phi(x)) \geq 0 \right)$$

が成り立つこととする．$u:\overline{\Omega} \to \mathbb{R}$ が (2.6) の粘性解とは，u が (2.6) の粘性劣解かつ粘性優解であることとする．

この定義についての同値性に関する命題を述べておく．

命題 2.8　　$F:\overline{\Omega} \times \mathbb{R} \times \mathbb{R}^n \times S^n \to \mathbb{R}$ の時，関数 $u:\overline{\Omega} \to \mathbb{R}$ に対し，次の三条件は同値である．

$$\begin{cases}
(1) \ u \text{ は，(2.6) の粘性劣解 (resp., 粘性優解) である．}\\
(2) \ x \in \overline{\Omega} \text{ と } (p,X) \in J^{2,+}u^*(x) \ (\text{resp.,} \ J^{2,-}u_*(x)) \text{ に対し，}\\
\quad F_*(x, u^*(x), p, X) \leq 0 \ (\text{resp.,} \ F^*(x, u_*(x), p, X) \geq 0)\\
\quad \text{が成り立つ．}\\
(3) \ x \in \overline{\Omega} \text{ と } (p,X) \in \overline{J}^{2,+}u^*(x) \ (\text{resp.,} \ \overline{J}^{2,-}u_*(x)) \text{ に対し，}\\
\quad F_*(x, u^*(x), p, X) \leq 0 \ (\text{resp.,} \ F^*(x, u_*(x), p, X) \geq 0)\\
\quad \text{が成り立つ．}
\end{cases}$$

〚**演習 2.9**〛　　命題 2.8 を証明せよ．

問　題

1. $u(\pm 1) = 0$ を満たす
$$|u'| - 1 = 0 \quad \text{in } (-1, 1)$$
の粘性解は，$u(x) = 1 - |x|$ であることを示せ．さらに，$v(x) := |x| - 1$ が粘性解でないことを示せ．また，v はどんな方程式の粘性解になるか，その方程式を求めよ．

2. 次の関数 $f : \mathbb{R} \to \mathbb{R}$ の $x = 0$ における $J^{2,\pm}f(0)$ を求めよ．

(1) $f(x) := |x|$

(2) $f(x) := \begin{cases} 1 & (x < 0) \\ 0 & (x \geq 0) \end{cases}$

(3) $f(x) := \begin{cases} 1 & (x = 0) \\ 0 & (x \neq 0) \end{cases}$

3. $u \in USC(\overline{\Omega})$ (resp., $LSC(\overline{\Omega})$) が (2.1) の粘性劣解 (resp., 粘性優解) であり，$x \in \Omega$ で二階微分可能であるとする．次の不等式が成り立つことを示せ．
$$F(x, u(x), Du(x), D^2 u(x)) \leq 0 \quad (\text{resp., } \geq 0)$$

4. $\Omega = (0, 1)$ で，$\overline{\Omega} = [0, 1]$ の時に，次の関数 $f : [0, 1] \to \mathbb{R}$ の $J^{2,\pm}f(0)$ を求めよ．

(1) $f(x) := 0 \quad (x \in [0, 1])$

(2) $f(x) := \begin{cases} 1 & (x = 0) \\ 0 & (x \in (0, 1]) \end{cases}$

第 3 章 ◇ 比較原理

本章では，最初に Dirichlet 境界条件下での比較原理を扱う．典型的な比較原理は，劣解 u と優解 v に対し，次の性質が成り立つことである．

$$\sup_{\partial \Omega}(u-v) \leq 0 \text{ ならば } \sup_{\overline{\Omega}}(u-v) \leq 0$$

この比較原理から，Dirichlet 境界条件での粘性解の一意性が示せる (系 3.4).

$$\mathcal{M} := \{\omega \in C(\mathbb{R}) \mid \omega(0) = 0, \ \omega(r) > 0 \ (\forall r > 0)\}$$

$\omega(r) > 0 \ (\forall r > 0)$ であることが重要なので注意する．本書では，写像 $r \to F(x, r, p, X)$ は，r に関して狭義単調増加性を仮定することが多い．

$$\exists \omega_0 \in \mathcal{M} \text{ s.t. } \begin{cases} \omega_0(r-s) \leq F(x, r, p, X) - F(x, s, p, X) \\ (\forall (x, p, X) \in \Omega \times \mathbb{R}^n \times S^n, r > s) \end{cases} \quad (3.1)$$

注意 3.1　F が r に依存しない場合は，(3.1) は成り立たないことに注意せよ．r に関して，F が狭義単調増加ではなく，単調増加の場合は別の仮定が必要になる (命題 3.2, 定理 3.8, 3.9 を参照).

● **例 3.1**　仮定 (3.1) を満たす F の典型例をあげよう．定数 $\nu > 0$ と $\hat{F} : \Omega \times \mathbb{R}^n \times S^n \to \mathbb{R}$ に対し，$F(x, r, p, X) := \nu r + \hat{F}(x, p, X)$ とおくと (3.1) が成り立つ．

3.1　古典解と粘性解の比較原理

粘性劣解と粘性優解の比較原理を示す前に，(2.1) の粘性劣解 (resp., 古典劣解) と古典優解 (resp., 粘性優解) に対して比較原理を示す．

3.1 古典解と粘性解の比較原理

命題 3.1 $\Omega \subset \mathbb{R}^n$ は有界な開集合で,関数 $F: \Omega \times \mathbb{R} \times \mathbb{R}^n \times S^n \to \mathbb{R}$ は (3.1) を満たし,$u \in USC(\overline{\Omega})$ が (2.1) の粘性劣解 (resp., 古典劣解) で,$v \in LSC(\overline{\Omega})$ が (2.1) の古典優解 (resp., 粘性優解) とする. $\sup_{\partial \Omega}(u-v) \leq 0$ ならば,$\sup_{\overline{\Omega}}(u-v) \leq 0$ が成り立つ.

証明 u が粘性劣解の場合のみ示す. $\sup_{\overline{\Omega}}(u-v) =: \theta > 0$ と仮定して矛盾を導く.

$\overline{\Omega}$ が有界閉集合で,$u - v \in USC(\overline{\Omega})$ なので,命題 1.1 により,$(u-v)(x) = \theta$ となる $x \in \overline{\Omega}$ が存在する. $x \in \partial \Omega$ ならば $\sup_{\partial \Omega}(u-v) \leq 0$ に反するので,$x \in \Omega$ と仮定してよい.

$v \in C^2(\Omega)$ なので,u は粘性劣解だから

$$F(x, u(x), Dv(x), D^2v(x)) \leq 0$$

となる. 一方,v は古典優解だから

$$F(x, v(x), Dv(x), D^2v(x)) \geq 0$$

である. 二つの不等式と仮定 (3.1) より,

$$\omega_0((u-v)(x)) \leq F(x, u(x), Dv(x), D^2v(x)) - F(x, v(x), Dv(x), D^2v(x)) \leq 0$$

を得る. $\omega_0(\theta) > 0$ なので,矛盾する. 故に,$\theta \leq 0$ が成り立つ. ■

〖**演習 3.1**〗 命題 3.1 で,u が古典劣解の場合の証明をせよ.

F が (3.1) を満たさない場合,より強い楕円性を仮定すれば比較原理が成立することがある.

F が (3.1) の代わりに次の弱い仮定 (単調増加性) を満たすとする.

$$0 \leq F(x, r, p, X) - F(x, s, p, X) \quad (\forall (x, p, X) \in \Omega \times \mathbb{R}^n \times S^n, r > s) \quad (3.2)$$

楕円性に代えて,次の性質を仮定する.

$$\exists \lambda_0 > 0, \ \exists \xi_0 \in \partial B_1$$
$$\text{s.t.} \begin{cases} \lambda_0 \mu \leq F(x,r,p,X - \mu \xi_0 \otimes \xi_0) - F(x,r,p,X) \\ (\forall (x,r,p,X) \in \Omega \times \mathbb{R} \times \mathbb{R}^n \times S^n, \ \mu > 0) \end{cases} \tag{3.3}$$

注意 3.2 仮定 (3.3) は，$\xi_0 \otimes \xi_0$ 方向に関して，退化していないことを意味しており，通常の一様楕円性 (後述) は，この十分条件になる．ただし，$F(x,r,p,X) := -X_{11} + X_{22}$ は，$\xi_0 := (1,0,\ldots,0)$ とおけば (3.3) を満たすが，楕円型ではない．

最後に，p 変数に関する Lipschitz 連続性を仮定する．

$$\exists \Lambda \geq 0 \ \text{s.t.} \begin{cases} |F(x,r,p,X) - F(x,r,q,X)| \leq \Lambda |p-q| \\ (\forall (x,r,X) \in \Omega \times \mathbb{R} \times S^n, \ p,q \in \mathbb{R}^n) \end{cases} \tag{3.4}$$

2.1 章の例において，3.3 章で述べる (3.20) を仮定すると (3.4) が成り立つ．

命題 3.2 $\Omega \subset \mathbb{R}^n$ は有界な開集合で，関数 $F : \Omega \times \mathbb{R} \times \mathbb{R}^n \times S^n \to \mathbb{R}$ が (3.2), (3.3), (3.4) を満たし，$u \in USC(\overline{\Omega})$ が (2.1) の粘性劣解 (resp., 古典劣解) で，$v \in LSC(\overline{\Omega})$ が (2.1) の古典優解 (resp., 粘性優解) とする．$\sup_{\partial \Omega}(u-v) \leq 0$ ならば，$\sup_{\overline{\Omega}}(u-v) \leq 0$ が成り立つ．

証明 u が粘性劣解の場合のみ示す．

仮定 (3.3) に現れる $\xi_0 \in \partial B_1$ を選ぶ．$R_0 := \sup_{x \in \Omega} |x| > 0$ とおくと，任意の $x \in \Omega$ に対し，$\langle \xi_0, x + R_0 \xi_0 \rangle \geq 0$ となることに注意する．$\beta > \frac{\Lambda}{\lambda_0} > 0$ を固定する．

$\delta > 0$ に対し，$\phi_\delta(x) := \delta \{1 - \exp(-\beta \langle \xi_0, x + R_0 \xi_0 \rangle)\} \geq 0 \ (\forall x \in \overline{\Omega})$ とおく．さて，$(u - v - \phi_\delta)(x_\delta) = \sup_{\overline{\Omega}}(u - v - \phi_\delta) =: \theta_\delta$ が成り立つ点 $x_\delta \in \overline{\Omega}$ をとる．もし，$\limsup_{\delta \to 0} \theta_\delta \leq 0$ ならば，$\sup_{\overline{\Omega}}(u-v) \leq \theta_\delta + \sup_{\overline{\Omega}} \phi_\delta \leq \theta_\delta + \delta$ なので，$\sup_{\overline{\Omega}}(u-v) \leq 0$ が示せる．よって，$\limsup_{\delta \to 0} \theta_\delta \geq 2\hat{\theta}$ を満たす $\hat{\theta} > 0$ が存在すると仮定してよい．故に，次を満たす $\lim_{j \to \infty} \delta_j = 0$ で，$\theta_{\delta_j} \geq \hat{\theta} \ (\forall j \in \mathbb{N})$ を満たす $\delta_j > 0$ が存在する．簡単のため，以降，δ_j を δ と書く．

$x_\delta \in \partial \Omega$ とすると, $\hat{\theta} \leq (u-v)(x_\delta) \leq 0$ となり, 矛盾するので $x_\delta \in \Omega$ と仮定してよい. u が粘性劣解であることと, $(u-v)(x_\delta) = \theta_\delta + \phi(x_\delta) > 0$ に注意して (3.2) を用いれば, 次の不等式が成り立つ.

$$0 \geq F(x_\delta, u(x_\delta), D(v+\phi)(x_\delta), D^2(v+\phi)(x_\delta))$$

$$\geq F(x_\delta, v(x_\delta), D(v+\phi)(x_\delta), D^2(v+\phi)(x_\delta))$$

となる. (3.4) と v が古典優解であることより, 上の不等式から次の不等式を得る.

$$0 \geq -\Lambda|D\phi(x_\delta)| + F(x_\delta, v(x_\delta), Dv(x_\delta), D^2(v+\phi)(x_\delta))$$

$$- F(x_\delta, v(x_\delta), Dv(x_\delta), D^2 v(x_\delta))$$

ϕ の微分は次のように計算できる. ただし, $e_1(x) := e^{-\beta \langle \xi_0, x + R_0 \xi_0 \rangle}$ とおく.

$$D\phi(x) = \delta\beta e_1(x)\xi_0, \quad D^2\phi(x) = -\delta\beta^2 e_1(x)\xi_0 \otimes \xi_0 \tag{3.5}$$

(3.3) を用いて, 次の不等式が示せる. 故に, $\beta > \frac{\Lambda}{\lambda_0}$ なので矛盾する.

$$0 \geq \delta\beta e_1(x_\delta)(-\Lambda + \lambda_0 \beta) \qquad \blacksquare$$

3.2 粘性解の比較原理

命題 3.1 では, 古典優解をテスト関数として用いることができたが, 粘性劣解と粘性優解の場合には, この論法は使えない. ここで, 粘性解理論での比較原理の証明における重要なアイディア (**二重変数法**) が登場する. 歴史的進展に沿って, 最初に一階偏微分方程式に対するこのアイディアを紹介する.

3.2.1 一階偏微分方程式

粘性劣解と粘性優解の比較原理を述べるために, $H : \Omega \times \mathbb{R} \times \mathbb{R}^n \to \mathbb{R}$ に対し, 次の一階偏微分方程式を考える.

$$H(x, u, Du) = 0 \quad \text{in } \Omega \tag{3.6}$$

(3.1) に対応する条件を H にも仮定する.

$$\exists \omega_0 \in \mathcal{M} \text{ s.t. } \begin{cases} \omega_0(r-s) \leq H(x,r,p) - H(x,s,p) \\ (\forall (x,p) \in \Omega \times \mathbb{R}^n, r > s) \end{cases} \quad (3.7)$$

さらに, x に関する連続性を仮定する.

任意の $R > 0$ に対し,
$$\exists \hat{\omega}_R \in \mathcal{M} \text{ s.t. } \begin{cases} |H(x,r,\alpha(x-y)) - H(y,r,\alpha(x-y))| \\ \leq \hat{\omega}_R(|x-y|(\alpha|x-y|+1)) \\ (\forall x,y \in \Omega, \ |r| \leq R, \ \alpha > 1) \end{cases} \quad (3.8)$$

H の例としては, 2.1 節の例で. $A(\cdot, a, b) \equiv O$ とおいたものである.

$$H(x,r,p) := \sup_{a \in \boldsymbol{A}} \inf_{b \in \boldsymbol{B}} \{\nu r - \langle g(x,a,b), p \rangle - f(x,a,b)\}$$

定理 3.3 $\Omega \subset \mathbb{R}^n$ は有界な開集合で, $H : \Omega \times \mathbb{R} \times \mathbb{R}^n \to \mathbb{R}$ が (3.7), (3.8) を満たし, $u \in USC(\overline{\Omega})$ が (3.6) の粘性劣解で, $v \in LSC(\overline{\Omega})$ が (3.6) の粘性優解とする. $\sup_{\partial \Omega}(u-v) \leq 0$ ならば, $\sup_{\overline{\Omega}}(u-v) \leq 0$ が成り立つ.

注意 3.3 命題 3.1, 3.2 で, F は x に関して連続性を仮定していなかったことに注意せよ. 一方, (3.8) は, 第三変数を $p = \alpha(x-y)$ とした時の, 第一変数 x に関する連続性の仮定である.

証明 $\sup_{\overline{\Omega}}(u-v) =: \theta > 0$ と仮定して矛盾を導く.

ここで, $\varepsilon > 0$ に対し, $\phi_\varepsilon(x,y) := \frac{1}{2\varepsilon}|x-y|^2$ とおくと, 次の不等式が成り立つ.

$$\sup_{x,y \in \overline{\Omega}} \{u(x) - v(y) - \phi_\varepsilon(x,y)\} \geq \sup_{\overline{\Omega}}(u-v) = \theta$$

$x_\varepsilon, y_\varepsilon \in \overline{\Omega}$ を関数 $(x,y) \in \overline{\Omega} \times \overline{\Omega} \to u(x) - v(y) - \phi_\varepsilon(x,y)$ の最大値をとる点とする. $u(x_\varepsilon) - v(y_\varepsilon) \geq \theta > 0$ なので, $\inf_{\overline{\Omega}} v \leq u(x_\varepsilon) \leq \sup_{\overline{\Omega}} u$ となる. $R :=$

3.2 粘性解の比較原理

$\max\{u^+(x) \vee v^-(x) \mid x \in \overline{\Omega}\}$ とおく. $R = 0$ の場合は, $u(x) \leq 0 \leq v(x)$ $(\forall x \in \overline{\Omega})$ が簡単に示せるので, $R > 0$ と仮定してよい.

$\overline{\Omega}$ は有界閉集合なので, 次を満たす部分列 $\varepsilon_k > 0$ と $\hat{x}, \hat{y} \in \overline{\Omega}$ が存在する.

$$\lim_{k \to \infty} \varepsilon_k = 0, \ \lim_{k \to \infty} x_{\varepsilon_k} = \hat{x}, \ \lim_{k \to \infty} y_{\varepsilon_k} = \hat{y}$$

以下, 簡単のため ε_k を ε と書くことにする. $x_\varepsilon, y_\varepsilon$ の決め方から

$$0 < \theta \leq u(x_\varepsilon) - v(y_\varepsilon) - \phi_\varepsilon(x_\varepsilon, y_\varepsilon) \leq 2R - \frac{|x_\varepsilon - y_\varepsilon|^2}{2\varepsilon} \tag{3.9}$$

となる. よって, $|x_\varepsilon - y_\varepsilon|^2 \leq 4R\varepsilon$ が成り立つので, $\hat{x} = \hat{y}$ がわかる. (3.9) で $\phi_\varepsilon \geq 0$ に注意して, 上極限をとると, $\theta \leq (u - v)(\hat{x})$ となるので,

$$\theta = u(\hat{x}) - v(\hat{x}) \tag{3.10}$$

が成り立つ. さらに, (3.9) を用いて上下極限をとると次の不等式を得る.

$$u(\hat{x}) \geq \limsup_{\varepsilon \to 0} u(x_\varepsilon) \geq \liminf_{\varepsilon \to 0} u(x_\varepsilon) \geq \liminf_{\varepsilon \to 0} v(y_\varepsilon) + \theta \geq v(\hat{x}) + \theta = u(\hat{x})$$

$$v(\hat{x}) \leq \liminf_{\varepsilon \to 0} v(y_\varepsilon) \leq \limsup_{\varepsilon \to 0} v(y_\varepsilon) \leq \limsup_{\varepsilon \to 0} u(x_\varepsilon) - \theta \leq u(\hat{x}) - \theta = v(\hat{x})$$

よって, それぞれ, すべて等式になるので次の式が成り立つ.

$$\lim_{\varepsilon \to 0} u(x_\varepsilon) = u(\hat{x}), \quad \lim_{\varepsilon \to 0} v(y_\varepsilon) = v(\hat{x}) \tag{3.11}$$

さらに, (3.9) をもう一度用いると,

$$0 \leq \limsup_{\varepsilon \to 0} \frac{|x_\varepsilon - y_\varepsilon|^2}{2\varepsilon} \leq \lim_{\varepsilon \to 0}(u(x_\varepsilon) - v(y_\varepsilon)) - \theta = 0$$

となるから, 次式を得る.

$$\lim_{\varepsilon \to 0} \frac{|x_\varepsilon - y_\varepsilon|^2}{\varepsilon} = 0 \tag{3.12}$$

一方, $\sup_{\partial \Omega}(u - v) \leq 0$ を仮定しているので, (3.14) より, $\hat{x} \in \Omega$ となる. よって, 小さい $\varepsilon > 0$ に対しては, $x_\varepsilon, y_\varepsilon \in \Omega$ である. 以降, このような $\varepsilon > 0$ だけを考える.

関数 $x \in \Omega \to u(x) - v(y_\varepsilon) - \phi_\varepsilon(x, y_\varepsilon)$ は $x_\varepsilon \in \Omega$ で最大値をとるので，u の定義から次の不等式を得る．ただし，$p_\varepsilon := \frac{1}{\varepsilon}(x_\varepsilon - y_\varepsilon)$ とおいた．

$$H(x_\varepsilon, u(x_\varepsilon), p_\varepsilon) \leq 0$$

また，関数 $y \in \Omega \to v(y) - u(x_\varepsilon) + \phi_\varepsilon(x_\varepsilon, y)$ は $y_\varepsilon \in \Omega$ で最小値をとるので v は粘性優解だから

$$H(y_\varepsilon, v(y_\varepsilon), p_\varepsilon) \geq 0$$

が成り立つ．二つの不等式と仮定 (3.7), (3.8) より，次のように変形できる．

$$\begin{aligned}
\omega_0(u(x_\varepsilon) - v(y_\varepsilon)) &\leq H(y_\varepsilon, u(x_\varepsilon), p_\varepsilon) - H(y_\varepsilon, v(y_\varepsilon), p_\varepsilon) \\
&\leq H(y_\varepsilon, u(x_\varepsilon), p_\varepsilon) \\
&\leq H(y_\varepsilon, u(x_\varepsilon), p_\varepsilon) - H(x_\varepsilon, u(x_\varepsilon), p_\varepsilon) \\
&\leq \hat{\omega}_R(|x_\varepsilon - y_\varepsilon|(|p_\varepsilon| + 1))
\end{aligned}$$

最後の式は，(3.11) と (3.12) より，次のようになる．

$$\omega_0(\theta) \leq \lim_{\varepsilon \to 0} \hat{\omega}_R(|x_\varepsilon - y_\varepsilon|(|p_\varepsilon| + 1)) = 0$$

$\theta > 0$ なので，この式は $\omega_0(\theta) > 0$ に矛盾する．故に，$\theta \leq 0$ が示せた． ∎

Dirichlet 境界値問題に対する，粘性解の一意性定理を述べる．

系 3.4 (一意性定理) $\Omega \subset \mathbb{R}^n$ は有界な開集合で，$H : \Omega \times \mathbb{R} \times \mathbb{R}^n \to \mathbb{R}$ が (3.7), (3.8) を満たすとし，$u, v : \overline{\Omega} \to \mathbb{R}$ を (3.6) の粘性解とする．

$$u^*(x) = u_*(x) = v^*(x) = v_*(x) \quad (\forall x \in \partial \Omega) \tag{3.13}$$

ならば，$u, v \in C(\overline{\Omega})$ かつ，$u(x) = v(x)$ $(\forall x \in \overline{\Omega})$ となる．

注意 3.4 この系 3.4 では，(3.13) により，u と v は $\partial \Omega$ で連続で，値が一致する (3.6) の粘性解は，$C(\overline{\Omega})$ に属し，唯一つであることを主張している．

証明 u^* は粘性劣解で，v_* が粘性優解になる．$\sup_{\partial \Omega}(u^* - v_*) = 0 \; (\leq 0)$ なので，定理 3.3 により，$u^*(x) \leq v_*(x)$ $(\forall x \in \overline{\Omega})$ が示せる．u と v の役割を入れ代

えると，$v^*(x) \leq u_*(x)$ $(\forall x \in \Omega)$ が成り立つので，

$$u^* \leq v_* \leq v^* \leq u_* \quad \text{in } \overline{\Omega}$$

となる．故に，上の不等式はすべて等式になり，$u, v \in C(\overline{\Omega})$ かつ $u(x) = v(x)$ $(\forall x \in \overline{\Omega})$ が導かれる． ∎

3.2.2 二階偏微分方程式

一階偏微分方程式の粘性解の比較原理で用いた方法は，直接には二階偏微分方程式には適用できないことを次の例で確かめよう．

● 例 3.2 $\nu > 0$ に対し，$F(x, r, p, X) = \nu r - \text{Tr} X$ という単純な場合を考える．仮定 (3.1), (3.3) が成り立つことは明らかである．定理 3.3 の証明をそのまま使うと，

$$\nu u(x_\varepsilon) - \frac{n}{\varepsilon} \leq 0 \leq \nu v(y_\varepsilon) + \frac{n}{\varepsilon}$$

が成り立つが，$\nu(u(x_\varepsilon) - v(y_\varepsilon)) \leq \frac{2n}{\varepsilon}$ となり，$\varepsilon \to 0$ の極限をとっても $\nu\theta \leq \infty$ である．これでは矛盾が導かれない．

この困難を乗り越えるための重要な補題を述べる．

補題 3.5 (Ishii の補題) $u, w \in USC(\overline{\Omega})$ と $\phi \in C^2(\overline{\Omega} \times \overline{\Omega})$ に対し，$(\hat{x}, \hat{y}) \in \overline{\Omega} \times \overline{\Omega}$ が次の関係を満たすとする．

$$\sup_{x, y \in \overline{\Omega}} \{u(x) + w(y) - \phi(x, y)\} = u(\hat{x}) + w(\hat{y}) - \phi(\hat{x}, \hat{y})$$

任意の $\alpha > 1$ に対し，次の関係式を満たす $X = X_\alpha, Y = Y_\alpha \in S^n$ が存在する．

$$(D_x\phi(\hat{x}, \hat{y}), X) \in \overline{J}^{2,+}u(\hat{x}), \quad (D_y\phi(\hat{x}, \hat{y}), Y) \in \overline{J}^{2,+}w(\hat{y})$$

$$-(\alpha + \|A\|)\begin{pmatrix} I & O \\ O & I \end{pmatrix} \leq \begin{pmatrix} X & O \\ O & Y \end{pmatrix} \leq A + \frac{1}{\alpha}A^2$$

ただし，$A := D^2\phi(\hat{x}, \hat{y}) \in S^{2n}$ である．

注意 3.5 $u, w \in C^2(\Omega)$ の場合は，$X = D^2 u(\hat{x}), Y = D^2 w(\hat{y})$ とおけば，

$$-\begin{pmatrix} \|D^2 u(\hat{x})\|I & O \\ O & \|D^2 w(\hat{y})\|I \end{pmatrix} \leq \begin{pmatrix} X & O \\ O & Y \end{pmatrix} \leq A$$

が成り立つ．

〚**演習 3.2**〛 $x, y \in \mathbb{R}^n$ に対し，$\phi(x, y) := \frac{1}{2\varepsilon}|x - y|^2$ とおく．
(1) $D^2 \phi(x, y)$ と $(D^2 \phi(x, y))^2$ を求めよ．
(2) $\|D^2 \phi(x, y)\|$ を求めよ．

次に，F に関する仮定「**構造条件**」を述べる．

任意の $R > 0$ に対し，$\exists \hat{\omega}_R \in \mathcal{M}$
s.t. $\begin{cases} X, Y \in S^n, \alpha > 1 \text{ が次の行列不等式を満たすとする．} \\ \begin{pmatrix} X & O \\ O & Y \end{pmatrix} \leq 3\alpha \begin{pmatrix} I & -I \\ -I & I \end{pmatrix} \\ \text{すると，} F(y, r, \alpha(x - y), -Y) - F(x, r, \alpha(x - y), X) \\ \leq \hat{\omega}_R(|x - y|(\alpha|x - y| + 1)) \ (\forall x, y \in \Omega, |r| \leq R) \text{ が成り立つ．}\end{cases}$

注意 3.6 補題 3.5 では，$X, Y \in S^n$ が二つの不等式を満たしているが，構造条件では上からの評価だけが満たされれば，F のある種の (片側) 連続性が成り立つことを主張している．もちろん，補題 3.5 中のもう一つの不等式が満たされることを加えると，より弱い条件になる．しかしながら，後述する弱構造条件との強弱関係を明らかにするため本書では上述の構造条件を採用する．

構造条件と楕円性の関係や，構造条件を満たす F の例は後述する．まずは，比較原理を証明しよう．二階偏微分方程式の粘性解の比較原理の証明には，補題 3.5 を用いるので，$\overline{J}^{2,\pm}$ が必要になる．そのためには粘性解の同値な定義，つまり命題 2.7(3) を使う．よって，注意 2.8(i) でも述べたように，F の連続性を仮定しなくてはならない．

F が連続でない場合は，F_* や F^* を用いた一般化された定義を適用する．その場合，構造条件の最後の不等式を次の不等式に変える必要がある．

$$F^*(y, r, \alpha(x - y), -Y) - F_*(x, r, \alpha(x - y), X) \leq \hat{\omega}_R(|x - y|(\alpha|x - y| + 1))$$

しかしながら，応用上，不連続な F を扱う必要性は，境界値問題を扱う時に起こることが多い．その場合は，不連続性は $x \in \partial\Omega$ の時だけ起こるので，本書では上記の不等式を用いることはない．

定理 3.6　$\Omega \subset \mathbb{R}^n$ は有界な開集合で，$F \in C(\Omega \times \mathbb{R} \times \mathbb{R}^n \times S^n)$ が (3.1) と構造条件を満たし，$u \in USC(\overline{\Omega})$ が (2.1) の粘性劣解で，$v \in LSC(\overline{\Omega})$ が (2.1) の粘性優解とする．$\sup_{\partial\Omega}(u-v) \leq 0$ を満たすならば，$\sup_{\overline{\Omega}}(u-v) \leq 0$ が成り立つ．

証明　$\sup_{\overline{\Omega}}(u-v) =: \theta > 0$ と仮定して矛盾を導く．$\varepsilon > 0$ に対し，$\phi_\varepsilon(x,y) := \frac{1}{2\varepsilon}|x-y|^2$ とし，$(x_\varepsilon, y_\varepsilon) \in \overline{\Omega} \times \overline{\Omega}$ を $u(x) - v(y) - \phi_\varepsilon(x,y)$ の最大値をとる点とする．よって，次の不等式が成り立つ．

$$u(x_\varepsilon) - v(y_\varepsilon) - \phi_\varepsilon(x_\varepsilon, y_\varepsilon) \geq \sup_{\overline{\Omega}}(u-v) = \theta$$

ここで，$\sup_{\overline{\Omega}} u^+ \geq u(x_\varepsilon) \geq v(y_\varepsilon) \geq -\sup_{\overline{\Omega}} v^-$ に注意すると，次が成り立つ．

$$|u(x_\varepsilon)|, |v(y_\varepsilon)| \leq R := \sup\{u^+(x) \vee v^-(x) \mid x \in \overline{\Omega}\} \tag{3.14}$$

定理 3.3 と同じく，$\hat{x} \in \Omega$ に対し，$\lim_{\varepsilon \to 0} x_\varepsilon = \lim_{\varepsilon \to 0} y_\varepsilon = \hat{x}$ および，(3.11) と (3.12) が成り立つ．

$$\lim_{\varepsilon \to 0} u(x_\varepsilon) = u(\hat{x}), \quad \lim_{\varepsilon \to 0} v(y_\varepsilon) = v(\hat{x}), \quad u(\hat{x}) - v(\hat{x}) = \theta, \quad \lim_{\varepsilon \to 0} \frac{|x_\varepsilon - y_\varepsilon|^2}{\varepsilon} = 0$$

仮定 $\sup_{\partial\Omega}(u-v) \leq 0$ より，$\hat{x} \in \Omega$ なので，$\varepsilon > 0$ が小さい時，$x_\varepsilon, y_\varepsilon \in \Omega$ となる．

補題 3.5 において，$w := -v, \alpha := \frac{1}{\varepsilon}, \phi = \phi_\varepsilon$ とおくと，注意 3.5 を用いれば，次の関係式を満たす $X, Y \in S^n$ が存在する．

$$\begin{cases} (1) \ \left(\frac{1}{\varepsilon}(x_\varepsilon - y_\varepsilon), X\right) \in \overline{J}^{2,+} u(x_\varepsilon) \\ (2) \ \left(-\frac{1}{\varepsilon}(x_\varepsilon - y_\varepsilon), Y\right) \in \overline{J}^{2,+} w(y_\varepsilon) \\ (3) \ -\frac{3}{\varepsilon}\begin{pmatrix} I & O \\ O & I \end{pmatrix} \le \begin{pmatrix} X & O \\ O & Y \end{pmatrix} \le \frac{3}{\varepsilon}\begin{pmatrix} I & -I \\ -I & I \end{pmatrix} \end{cases}$$

$v := -w$ とおくと，(2) は，$(\frac{1}{\varepsilon}(x_\varepsilon - y_\varepsilon), -Y) \in \overline{J}^{2,-} v(y_\varepsilon)$ となる (演習 2.8).
粘性解の同値性に関する命題 2.7 より次の不等式が成り立つ.

$$F\left(x_\varepsilon, u(x_\varepsilon), \frac{x_\varepsilon - y_\varepsilon}{\varepsilon}, X\right) \le 0 \le F\left(y_\varepsilon, v(y_\varepsilon), \frac{x_\varepsilon - y_\varepsilon}{\varepsilon}, -Y\right)$$

よって，$p_\varepsilon := \frac{1}{\varepsilon}(x_\varepsilon - y_\varepsilon)$ とおいて，(3.14), (3.1) と構造条件から

$$\begin{aligned} \omega_0(u(x_\varepsilon) - v(y_\varepsilon)) &\le F(y_\varepsilon, u(x_\varepsilon), p_\varepsilon, -Y) - F(y_\varepsilon, v(y_\varepsilon), p_\varepsilon, -Y) \\ &\le F(y_\varepsilon, u(x_\varepsilon), p_\varepsilon, -Y) \\ &\le F(y_\varepsilon, u(x_\varepsilon), p_\varepsilon, -Y) - F(x_\varepsilon, u(x_\varepsilon), p_\varepsilon, X) \\ &\le \hat{\omega}_R\left(|x_\varepsilon - y_\varepsilon|(|p_\varepsilon| + 1)\right) \end{aligned}$$

上の不等式で，(3.11) と (3.12) を用いて，$\varepsilon \to 0$ とすれば，$0 < \omega_0(\theta) \le \hat{\omega}_R(0) = 0$ が成り立つので矛盾が導かれる. ∎

対応する一意性定理を述べる. 証明は，系 3.4 の証明を参照せよ.

系 3.7 (一意性定理) $\Omega \subset \mathbb{R}^n$ は有界な開集合で，$F \in C(\Omega \times \mathbb{R} \times \mathbb{R}^n \times S^n)$ が (3.1) と構造条件を満たすとし，$u, v : \overline{\Omega} \to \mathbb{R}$ を (2.1) の粘性解とする.

$$u^*(x) = u_*(x) = v^*(x) = v_*(x) \quad (\forall x \in \partial\Omega)$$

ならば，$u, v \in C(\overline{\Omega})$ かつ $u(x) = v(x) \ (\forall x \in \overline{\Omega})$ となる.

狭義単調性 (3.1) を仮定しない命題 3.2 に対応する結果を述べる.

定理 3.8 $\Omega \subset \mathbb{R}^n$ は有界な開集合で，$F \in C(\Omega \times \mathbb{R} \times \mathbb{R}^n \times S^n)$ が (3.2), (3.3), (3.4) と構造条件を満たし，$u \in USC(\overline{\Omega})$ が (2.1) の粘性劣解で，$v \in LSC(\overline{\Omega})$ が (2.1) の粘性優解とする．$\sup_{\partial\Omega}(u-v) \le 0$ を満たすならば，$\sup_{\overline{\Omega}}(u-v) \le 0$ が成り立つ.

3.2 粘性解の比較原理

証明 $\sup_{\overline{\Omega}}(u-v) =: 2\theta > 0$ と仮定する. $\delta \in (0, \theta]$ に対し, (3.3) の $\xi_0 \in \partial B_1$ を選び, 命題 3.2 の証明と同様に $\phi_\delta(x) := \delta\left(1 - e^{-\beta\langle \xi_0, x + R_0\xi_0\rangle}\right) \geq 0$ ($\forall x \in \overline{\Omega}$) とする. ただし, $\beta > \frac{\Lambda}{\lambda_0}$ と仮定する. $v_\delta := v + \phi_\delta$ とし, $\theta_\delta := \sup_{\overline{\Omega}}(u - v_\delta)$ とおくと, $\theta_\delta \geq \theta > 0$ が成り立つとしてよい.

$\varepsilon > 0$ に対し, $\sup_{x,y \in \overline{\Omega}}\left\{u(x) - v_\delta(y) - \frac{1}{2\varepsilon}|x-y|^2\right\} \geq \theta > 0$ である. 左辺の最大値をとる点を $x_\varepsilon, y_\varepsilon \in \overline{\Omega}$ とする. また, (3.14) も同様に得られるので, $\sup_{0 < \varepsilon < 1}|u(x_\varepsilon)| \leq R := \sup\{u^+(x) \vee v^-(x) \mid x \in \overline{\Omega}\}$ となる.

定理 3.3 の証明と同じく, ある $\hat{x} \in \Omega$ に対し, (3.11) および, (3.12) が成り立つ.

$$\lim_{\varepsilon \to 0}u(x_\varepsilon) = u(\hat{x}), \ \lim_{\varepsilon \to 0}v(y_\varepsilon) = v(\hat{x}), \ u(\hat{x}) - v_\delta(\hat{x}) = \theta_\delta, \ \lim_{\varepsilon \to 0}\frac{|x_\varepsilon - y_\varepsilon|^2}{\varepsilon} = 0$$

また, $\varepsilon > 0$ が小さい時, $x_\varepsilon, y_\varepsilon \in \Omega$ と仮定してよい. $p_\varepsilon := \frac{1}{\varepsilon}(x_\varepsilon - y_\varepsilon)$ とおき, 補題 3.5 より, $(p_\varepsilon, X_\varepsilon) \in \overline{J}^{2,+}u(x_\varepsilon)$, $(p_\varepsilon, -Y_\varepsilon) \in \overline{J}^{2,-}v_\delta(y_\varepsilon)$ かつ,

$$\begin{pmatrix} X_\varepsilon & O \\ O & Y_\varepsilon \end{pmatrix} \leq \frac{3}{\varepsilon}\begin{pmatrix} I & -I \\ -I & I \end{pmatrix}$$

が成り立つ. 以降, 簡単のため $x_\varepsilon, y_\varepsilon, p_\varepsilon, X_\varepsilon, Y_\varepsilon$ は x, y, p, X, Y と書く.

構造条件より, 次を満たす $\hat{\omega}_R \in \mathcal{M}$ が存在する.

$$F(y, u(x), p, -Y) - F(x, u(x), p, X) \leq \hat{\omega}_R(|x-y|(|p|+1)) \tag{3.15}$$

演習 2.8 により, $(p - D\phi_\delta(y), -Y - D^2\phi_\delta(y)) \in \overline{J}^{2,-}v(y)$ となる. ここで, $e_1(y) := \exp(-\beta\langle\xi_0, y + t_0\xi_0\rangle)$ とする. 粘性解の定義, (3.2), (3.4), (3.15) から

$$\begin{aligned} 0 &\leq F(y, v(y), p - D\phi_\delta(y), -Y - D^2\phi_\delta(y)) - F(x, u(x), p, X) \\ &\leq F(y, u(x), p, -Y - D^2\phi_\delta(y)) - F(x, u(x), p, X) + \Lambda\delta\beta e_1(y) \\ &\leq F(y, u(x), p, -Y - D^2\phi_\delta(y)) - F(y, u(x), p, -Y) \\ &\quad + \hat{\omega}_R(|x-y|(|p|+1)) + \Lambda\delta\beta e_1(y) \end{aligned}$$

と変形できる．仮定 (3.3) より，

$$F(y,u(x),p,-Y-D^2\phi_\delta(y))-F(y,u(x),p,-Y)\leq -\lambda_0\delta\beta^2 e_1(y)$$

が成り立つ．よって，次の不等式を得る．

$$\lambda_0\delta\beta^2 e_1(y)\leq \omega_R(|x-y|(|p|+1))+\Lambda\delta\beta e_1(y)$$

x,y,p が $x_\varepsilon,y_\varepsilon,p_\varepsilon$ であったことを思い出して，$\varepsilon\to 0$ とすると

$$\lambda_0\delta\beta^2 e_1(\hat{x})\leq \Lambda\delta\beta e_1(\hat{x})$$

となる．ここで $\beta>\frac{\Lambda}{\lambda_0}$ と仮定したので矛盾が導かれる． ∎

次に，狭義単調性 (3.1) と (3.3) が満たされない時でも，eikonal 方程式を含む方程式に対し，比較原理が成り立つことを調べる．そのため，F を斉次項 $\hat{F}:\Omega\times\mathbb{R}\times\mathbb{R}^n\times S^n\to\mathbb{R}$ と非斉次項 $f:\Omega\to\mathbb{R}$ に分ける．つまり次のような方程式を考える．

$$\hat{F}(x,u,Du,D^2u)-f(x)=0\quad \text{in }\Omega \tag{3.16}$$

$\hat{F}$ には次の斉次性を仮定する．

$$\exists \sigma>0 \text{ s.t. }\begin{cases}\hat{F}(x,tr,tp,tX)=t^\sigma \hat{F}(x,r,p,X)\\ (\forall(x,r,p,X)\in\Omega\times\mathbb{R}\times\mathbb{R}^n\times S^n,t>0)\end{cases} \tag{3.17}$$

よって，$\hat{F}$ が連続なら，$\hat{F}(x,0,0,O)=0\ (x\in\Omega)$ が導かれる．

さらに，非斉次項は正値であるとする．

$$f(x)>0\quad (\forall x\in\Omega) \tag{3.18}$$

注意 3.7 2.1 節に登場した記号を用いて，

$$\hat{F}(x,r,p,X):=\sup_{a\in\mathbf{A}}\inf_{b\in\mathbf{B}}\{-\mathrm{Tr}(A(x,a,b)X)+\langle g(x,a,b),p\rangle+c(x,a,b)r\}$$

とおくと，(3.17) が $\sigma=1$ で満たされる．

3.2 粘性解の比較原理

定理 3.9 $\Omega \subset \mathbb{R}^n$ は有界な開集合で，$\hat{F} \in C(\Omega \times \mathbb{R} \times \mathbb{R}^n \times S^n)$ は (3.2), (3.17) と構造条件，$f \in C(\Omega)$ は (3.18) を満たすとする．$u \in USC(\overline{\Omega})$ が (3.16) の粘性劣解で，$v \in LSC(\overline{\Omega})$ が (3.16) の粘性優解とする．$\sup_{\partial \Omega}(u-v) \leq 0$ を満たすならば，$\sup_{\overline{\Omega}}(u-v) \leq 0$ が成り立つ．

証明 $\sup_{\overline{\Omega}}(u-v) =: 2\Theta > 0$ として矛盾を導く．
$\theta \in (0,1)$ に対し，$w(x) := \theta u(x)$ とおくと，

$$(w-v)(x) \geq (u-v)(x) - (1-\theta)u(x) \geq (u-v)(x) - (1-\theta)\sup_{\overline{\Omega}} u$$

となるので，$(1-\theta)\sup_{\overline{\Omega}} u \leq \Theta$ となるように，$\theta \in (0,1)$ を 1 に近くとる (最後に，$\theta \uparrow 1$ とする．$\sup_{\overline{\Omega}} u \leq 0$ の時は，$\theta < 1$ ならば，いつも成立することに注意する)．つまり，$\sup_{\overline{\Omega}}(w-v) \geq \Theta$ が成り立つ．

$\phi_\varepsilon(x,y) := \frac{1}{2\varepsilon}|x-y|^2$ とし，$\max_{x,y \in \overline{\Omega}}\{w(x) - v(y) - \phi_\varepsilon(x,y)\} = w(x_\varepsilon) - v(y_\varepsilon) - \phi_\varepsilon(x_\varepsilon, y_\varepsilon)$ を満たす $x_\varepsilon, y_\varepsilon \in \overline{\Omega}$ を選ぶ．今までと同じ議論によって，$\lim_{\varepsilon \to 0} x_\varepsilon = \lim_{\varepsilon \to 0} y_\varepsilon = \hat{x}$ となる $\hat{x} \in \overline{\Omega}$ が存在する．さらに，$\lim_{\varepsilon \to 0} w(x_\varepsilon) = w(\hat{x})$, $\lim_{\varepsilon \to 0} v(y_\varepsilon) = v(\hat{x})$, $\lim_{\varepsilon \to 0} \frac{1}{\varepsilon}|x_\varepsilon - y_\varepsilon|^2 = 0$ が成り立つとしてよい．また，$\Theta \leq (w-v)(\hat{x})$ であることに注意すると，$\hat{x} \in \partial \Omega$ ならば，

$$\Theta \leq (\theta u - v)(\hat{x}) \leq (\theta - 1)v(\hat{x}) \leq (\theta - 1)\inf_{\overline{\Omega}} v$$

が得られる．故に，$\theta \in (0,1)$ が 1 に近ければ矛盾する．よって，$\hat{x} \in \Omega$ であり，$x_\varepsilon, y_\varepsilon \in \Omega$ と仮定してよい．

w が満たす方程式を導こう．$\phi \in C^2(\Omega)$ に対し，$w - \phi$ が $x \in \Omega$ で局所最大値をとるとする．$t := \frac{1}{\theta}$ とおくと，$u - t\phi$ が $x \in \Omega$ で局所最大値をとるから，

$$F(x, u(x), tD\phi(x), tD^2\phi(x)) \leq f(x)$$

が成り立つ．よって，(3.17) より，w は次の方程式の粘性劣解になる．

$$F(x,w,Dw,D^2w) - \theta^\sigma f(x) = 0 \quad \text{in } \Omega \tag{3.19}$$

前と同様に，$R := \sup\{w^+(x) \vee v^-(x) \mid x \in \overline{\Omega}\}$ とおくと，$|w(x_\varepsilon)| \leq R$ が成り立つことに注意する．

補題 3.5 により次を満たす $X = X_\varepsilon, Y = Y_\varepsilon \in S^n$ が存在する．

$$\begin{cases} (\frac{1}{\varepsilon}(x_\varepsilon - y_\varepsilon), X) \in \overline{J}^{2,+} w(x_\varepsilon), \quad (\frac{1}{\varepsilon}(x_\varepsilon - y_\varepsilon), -Y) \in \overline{J}^{2,-} v(y_\varepsilon) \\ \begin{pmatrix} X & O \\ O & Y \end{pmatrix} \leq \frac{3}{\varepsilon} \begin{pmatrix} I & -I \\ -I & I \end{pmatrix} \end{cases}$$

以降，$x_\varepsilon, y_\varepsilon, \frac{1}{\varepsilon}(x_\varepsilon - y_\varepsilon)$ を x, y, p と略して書くと，(3.2)，(3.19) および，v が粘性優解であることから，次のように計算できる．

$$\begin{aligned} 0 &\leq \hat{F}(y, w(x), p, -Y) - \hat{F}(y, v(y), p, -Y) \\ &\leq \hat{F}(y, w(x), p, -Y) - f(y) \\ &\leq \hat{F}(y, w(x), p, -Y) - \hat{F}(x, w(x), p, X) + \theta^\sigma f(x) - f(y) \\ &\leq \hat{\omega}_R(|x-y|(|p|+1)) + \omega_f(|x-y|) + (\theta^\sigma - 1)f(x) \end{aligned}$$

ここで，$\hat{\omega}_R \in \mathcal{M}$ は構造条件に現れるもので，$\omega_f \in \mathcal{M}$ は次を満たすものである．

$$|f(y) - f(y')| \leq \omega_f(|y-y'|) \quad (\forall y, y' \in B_r(\hat{x}) \Subset \Omega)$$

故に，$\varepsilon \to 0$ とすると，次の不等式が成り立つので，(3.18) に矛盾する．

$$0 \leq (\theta^\sigma - 1)f(\hat{x}) \qquad \blacksquare$$

3.3 構造条件に関する注意

2.1 節であげた例において，与えられた関数 A, g, c, f にどのような条件を仮定すれば構造条件を満たすかを調べる．まず，記号を思い出そう．パラメータ

3.3 構造条件に関する注意

の集合 $\boldsymbol{A}, \boldsymbol{B}$ があり，

$$F(x,r,p,X) := \sup_{a \in \boldsymbol{A}} \left[\inf_{b \in \boldsymbol{B}} \left\{ L^{a,b}(x,r,p,X) - f(x,a,b) \right\} \right]$$

とおいた．ここで，$(a,b) \in \boldsymbol{A} \times \boldsymbol{B}$ に対し，次のように定義する．

$$L^{a,b}(x,r,p,X) := -\mathrm{Tr}(A(x,a,b)X) + \langle g(x,a,b), p \rangle + c(x,a,b)r$$

以下，係数等の条件を与える．$g : \Omega \times \boldsymbol{A} \times \boldsymbol{B} \to \mathbb{R}^n$ は

$$\exists L_g \geq 0 \text{ s.t.} \begin{cases} |g(x,a,b) - g(y,a,b)| \leq L_g |x-y| \\ (\forall x, y \in \Omega, (a,b) \in \boldsymbol{A} \times \boldsymbol{B}) \end{cases} \tag{3.20}$$

を満たすとする．また，$c(\cdot, a, b) \in C(\Omega)$ は同程度連続とする．

$$\exists \omega_c \in \mathcal{M} \text{ s.t.} \begin{cases} |c(x,a,b) - c(y,a,b)| \leq \omega_c(|x-y|) \\ (\forall x, y \in \Omega, (a,b) \in \boldsymbol{A} \times \boldsymbol{B}) \end{cases} \tag{3.21}$$

ただし，ω_c は単調増加と仮定できる ($\hat{\omega}_c(t) := \max\{\omega_c(s) \mid 0 \leq s \leq t\}$ を ω_c の代わりに用いればよい)．

さらに，$A(\cdot, a, b)$ については，次の条件を仮定する．

$$\exists \sigma = (\sigma_{ij}) : \Omega \times \boldsymbol{A} \times \boldsymbol{B} \to M^n, \exists L_\sigma > 0$$
$$\text{s.t.} \begin{cases} \sigma^t(x,a,b)\sigma(x,a,b) = A(x,a,b) \\ |\sigma_{ij}(x,a,b) - \sigma_{ij}(y,a,b)| \leq L_\sigma |x-y| \\ (\forall x, y \in \Omega, (a,b) \in \boldsymbol{A} \times \boldsymbol{B}, 1 \leq i, j \leq n) \end{cases} \tag{3.22}$$

(以下の議論をよく見れば，σ は正方行列である必要がないことがわかる)．

線形の方程式の場合の非斉次項に対応する関数 $f(\cdot, a, b) \in C(\Omega)$ も同程度連続性を仮定する：

$$\exists \omega_f \in \mathcal{M} \text{ s.t.} \begin{cases} |f(x,a,b) - f(y,a,b)| \leq \omega_f(|x-y|) \\ (\forall x, y \in \Omega, (a,b) \in \boldsymbol{A} \times \boldsymbol{B}) \end{cases} \tag{3.23}$$

ここでも，ω_c と同様に，ω_f も単調増加であるとしてよい．

仮定 (3.20), (3.21), (3.22), (3.23) を満たすならば，F は構造条件を満たすことを示そう．$X, Y \in S^n$ が次を満たすとする．

$$\begin{pmatrix} X & O \\ O & Y \end{pmatrix} \leq 3\alpha \begin{pmatrix} I & -I \\ -I & I \end{pmatrix}$$

$k \in \{1, 2, \ldots, n\}$ を固定し，

$$\zeta := (\sigma_{k1}(x,a,b), \ldots, \sigma_{kn}(x,a,b), \sigma_{k1}(y,a,b), \ldots, \sigma_{kn}(y,a,b)) \in \mathbb{R}^{2n}$$

とおく．さらに，

$$Z := \begin{pmatrix} X & O \\ O & Y \end{pmatrix} \in S^{2n}, \quad J := \begin{pmatrix} I & -I \\ -I & I \end{pmatrix} \in S^{2n}$$

とおいて，$\langle Z\zeta, \zeta \rangle \leq 3\alpha \langle J\zeta, \zeta \rangle$ を計算すると，

$$\sum_{j,\ell=1}^{n} \{\sigma_{kj}(x,a,b)\sigma_{k\ell}(x,a,b)X_{j\ell} + \sigma_{kj}(y,a,b)\sigma_{k\ell}(y,a,b)Y_{j\ell}\}$$
$$\leq 3\alpha \sum_{j=1}^{n} |\sigma_{kj}(x,a,b) - \sigma_{kj}(y,a,b)|^2$$

となる．ここで，k について和を取れば，

$$\mathrm{Tr}(A(x,a,b)X + A(y,a,b)Y) \leq 3n^2 L_\sigma^2 \alpha |x-y|^2$$

が得られる．よって，任意の $R > 0$ に対し，$|r| \leq R$ ならば，

$$L^{a,b}(y, r, \alpha(x-y), -Y) - f(y,a,b) - L^{a,b}(x, r, \alpha(x-y), X) + f(x,a,b)$$
$$\leq 3n^2 L_\sigma^2 \alpha |x-y|^2 + L_g|x-y| + \omega_c(|x-y|)R + \omega_f(|x-y|)$$

が成り立つので，次のようにおけばよい (演習 3.3 参照)．

$$\omega_R(t) := 3n^2 L_\sigma^2 t + L_g t + R\omega_c(t) + \omega_f(t)$$

【演習 3.3】 上の ω_R が構造条件における不等式を満たすことを確かめよ．

次に，構造条件と楕円性および，一様楕円性の関係を述べる．まず，一様楕円性の定義を与える．

定義 3.1 $F : \Omega \times \mathbb{R} \times \mathbb{R}^n \times S^n \to \mathbb{R}$ が**一様楕円型**とは，次を満たす $\lambda \in (0,1]$ があることとする．

$$\lambda \mathrm{Tr}(X-Y) \leq F(x,r,p,Y) - F(x,r,p,X) \leq \frac{1}{\lambda} \mathrm{Tr}(X-Y)$$
$$(\forall (x,r,p) \in \Omega \times \mathbb{R} \times \mathbb{R}^n, X, Y \in S^n, X \geq Y)$$

行列不等式に関して，次の補題を後で用いる．証明は演習とする．

補題 3.10 $A, B, C \in S^n$ に対し，$A \leq B$ ならば $CAC \leq CBC$ が成り立つ．

〚演習 3.4〛 補題 3.10 を証明せよ．

構造条件を少し強くした仮定の下で，F が楕円型になる．

命題 3.11 $F : \Omega \times \mathbb{R} \times \mathbb{R}^n \times S^n \to \mathbb{R}$ が次の性質を満たすとする．

$$\text{s.t.} \begin{cases} \text{任意の } R > 0 \text{ に対し，} \exists \hat{\omega}_R \in \mathcal{M} \\ \begin{pmatrix} X & O \\ O & Y \end{pmatrix} \leq 3\alpha \begin{pmatrix} I & -I \\ -I & I \end{pmatrix} \\ \text{を } X, Y \in S^n, \alpha > 1 \text{ が満たせば，次の不等式が成り立つ．} \\ F(y,r,p,-Y) - F(x,r,p,X) \leq \hat{\omega}_R(|x-y|(|p|+1)) \\ (\forall x, y \in \Omega, p \in \mathbb{R}^n, |r| \leq R) \end{cases} \tag{3.24}$$

任意の $(r,p) \in \mathbb{R} \times \mathbb{R}^n$ に対し，関数 $(x,X) \in \Omega \times S^n \to F(x,r,p,X)$ が連続ならば，F は楕円型になる．

証明 $X, Y \in S^n$ が $X \leq Y$ を満たすと仮定する．任意の $\xi, \eta \in \mathbb{R}^n$ に対し，次のように変形できる．

$$\begin{aligned}
\langle X\xi,\xi\rangle - \langle Y\eta,\eta\rangle &\leq \langle Y\xi,\xi\rangle - \langle Y\eta,\eta\rangle \\
&= \langle Y(\xi+\eta),\xi-\eta\rangle \\
&= \langle Y(\xi-\eta)+2Y\eta,\xi-\eta\rangle \\
&= \langle Y(\xi-\eta),\xi-\eta\rangle + 2\langle Y\eta,\xi-\eta\rangle
\end{aligned}$$

よって,任意の $\varepsilon \in (0,1]$ に対し,最後の第 2 項に, $2\langle x,y\rangle \leq \varepsilon|x|^2 + \frac{1}{\varepsilon}|y|^2$ ($\forall x,y \in \mathbb{R}^n$) を適用すると,

$$\langle X\xi,\xi\rangle - \langle Y\eta,\eta\rangle \leq \|Y\| |\xi-\eta|^2 + \varepsilon|\eta|^2 + \frac{1}{\varepsilon}\|Y\|^2 |\xi-\eta|^2$$

が得られる.故に,次の行列の不等式が成り立つ.

$$\begin{pmatrix} X & O \\ O & -(Y+\varepsilon I) \end{pmatrix} \leq \left(\|Y\| + \frac{\|Y\|^2}{\varepsilon}\right) \begin{pmatrix} I & -I \\ -I & I \end{pmatrix}$$

ここで, $\alpha_0 := \frac{1}{3}(\|Y\| + \frac{1}{\varepsilon}\|Y\|^2)$ とおくと, $\alpha \geq \alpha_0$ に対し,

$$\begin{pmatrix} X & O \\ O & -(Y+\varepsilon I) \end{pmatrix} \leq 3\alpha \begin{pmatrix} I & -I \\ -I & I \end{pmatrix}$$

である. $r \in \mathbb{R}$ に対し, $R := |r|$ とすると,

$$F(y,r,p,Y+\varepsilon I) - F(x,r,p,X) \leq \hat{\omega}_R(|x-y|(|p|+1)) \quad (\forall x,y \in \Omega, p \in \mathbb{R}^n)$$

となる $\hat{\omega}_R \in \mathcal{M}$ が存在する.必要なら $\alpha > 0$ をさらに大きくとれば, $x - \frac{1}{\alpha}p \in \Omega$ と仮定してよいので, $y := x - \frac{1}{\alpha}p$ を代入すると,

$$F\left(x - \frac{1}{\alpha}p, r, p, Y+\varepsilon I\right) - F(x,r,p,X) \leq \omega_R\left(\frac{|p|}{\alpha}(|p|+1)\right)$$

を得る.最初に $\alpha \to \infty$ として,

$$F(x,r,p,Y+\varepsilon I) - F(x,r,p,X) \leq 0$$

となり, $\varepsilon \to 0$ とすれば,楕円型であることがわかる. ■

3.3 構造条件に関する注意

F が X 変数を含まない時，すなわち一階偏微分方程式の場合，構造条件はいつでも成立する．応用上重要な一様楕円型方程式の場合，構造条件が成り立つための十分条件を述べる．

命題 3.12 (Example 3 [15])　$F : \Omega \times \mathbb{R} \times \mathbb{R}^n \times S^n \to \mathbb{R}$ が一様楕円型であり，

任意の $R > 0$ に対し，$\exists \bar{\omega}_R \in \mathcal{M}$

s.t. $\begin{cases} (1) \ \sup_{t \geq 0} \dfrac{\bar{\omega}_R(t)}{t+1} < \infty \\ (2) \ |F(x, r, \alpha(x-y), X) - F(y, r, \alpha(x-y), X)| \\ \quad \leq \bar{\omega}_R(|x-y|(\alpha|x-y| + \|X\| + 1)) \\ \quad (\forall x, y \in \Omega, X \in S^n, |r| \leq R, \alpha > 1) \end{cases}$

を満たすとすると，F は構造条件を満たす．

証明　$X, Y \in S^n$ が構造条件中の行列不等式を満たすと仮定すると，$X \leq -Y$ がわかる．

$\begin{pmatrix} -I & -I \\ -I & I \end{pmatrix}$ を構造条件の行列不等式の両辺に左右両方からかけると，補題 3.10 より次の行列不等式を得る．

$$\begin{pmatrix} X+Y & X-Y \\ X-Y & X+Y \end{pmatrix} \leq 12\alpha \begin{pmatrix} O & O \\ O & I \end{pmatrix}$$

$\xi, \eta \in \mathbb{R}^n$ が $|\xi| = |\eta| = 1$ を満たすとする．$s \in \mathbb{R}$ に対し，$\zeta := (\xi, s\eta) \in \mathbb{R}^{2n}$ とおくと，次の行列不等式が成り立つ．

$$\left\langle \begin{pmatrix} X+Y & X-Y \\ X-Y & X+Y \end{pmatrix} \zeta, \zeta \right\rangle \leq 12\alpha \left\langle \begin{pmatrix} O & O \\ O & I \end{pmatrix} \zeta, \zeta \right\rangle$$

これを書き直して，s に関する 2 次不等式の形にする．

$$0 \leq (12\alpha + \langle (X+Y)\eta, \eta \rangle) s^2 + 2\langle (X-Y)\xi, \eta \rangle s + \langle (X+Y)\xi, \xi \rangle$$

判別式から，次の不等式を得る．

$$|\langle (X-Y)\xi, \eta\rangle|^2 \leq |\langle (X+Y)\xi, \xi\rangle|(12\alpha + |\langle (X+Y)\eta, \eta\rangle|)$$

よって，次の不等式が成り立つ．

$$\|X-Y\| \leq \sqrt{\|X+Y\|(12\alpha + \|X+Y\|)}$$

これらを用いて次のように変形できる．

$$\|X\| \leq \frac{1}{2}(\|X-Y\| + \|X+Y\|) \leq \sqrt{\|X+Y\|}\sqrt{12\alpha + \|X+Y\|}$$

$X+Y \leq O$ なので，次の不等式が得られる．

$$F(y,r,p,X) - F(y,r,p,-Y) \geq -\lambda \operatorname{Tr}(X+Y) \geq \lambda\|X+Y\|$$

任意の $R>0$ を固定し，対応する $\bar{\omega}_R \in \mathcal{M}$ を選ぶ．$\bar{\omega}_R$ の仮定から，$\bar{\omega}_R(r) \leq C_0(1+r)$ $(\forall r \geq 0)$ となる $C_0 > 0$ が存在する．よって，任意の $\varepsilon > 0$ に対し，

$$M_\varepsilon := \inf\{M > 0 \mid \bar{\omega}_R(r) \leq \varepsilon + Mr \ (\forall r \geq 0)\}$$

とおく ($M_\varepsilon < \infty$ であることは演習 3.5)．これを用いて次の不等式が成り立つ．

$$\bar{\omega}_R(r) \leq \inf\{\varepsilon + M_\varepsilon r \mid \varepsilon > 0\} \quad (\forall r \geq 0) \tag{3.25}$$

構造条件の行列不等式から，$\|X\| \leq 3\alpha, \|Y\| \leq 3\alpha$ が成り立つ．

$$\begin{aligned}
&F(y,r,\alpha(x-y),-Y) - F(x,r,\alpha(x-y),X) \\
&\leq F(y,r,\alpha(x-y),X) - F(x,r,\alpha(x-y),X) - \lambda\|X+Y\| \\
&\leq \varepsilon + M_\varepsilon |x-y|(\alpha|x-y| + \|X\| + 1) - \lambda\|X+Y\| \\
&\leq \varepsilon + M_\varepsilon |x-y|(\alpha|x-y| + 1) - \lambda\|X+Y\| \\
&\quad + M_\varepsilon |x-y|\sqrt{\|X+Y\|}\sqrt{12\alpha + \|X+Y\|} \\
&\leq \varepsilon + M_\varepsilon |x-y|(\alpha|x-y| + 1) + \sup_{0 \leq t \leq 6\alpha}\left\{M_\varepsilon |x-y|\sqrt{t(12\alpha+t)} - \lambda t\right\}
\end{aligned}$$

sup の中は，$M_\varepsilon |x-y|\sqrt{t(12\alpha+t)} - \lambda t \leq \frac{9\alpha M_\varepsilon^2}{2\lambda}|x-y|^2$ を用いて，

$$\begin{aligned}
&F(y,r,\alpha(x-y),-Y) - F(x,r,\alpha(x-y),X) \\
&\leq \varepsilon + M_\varepsilon |x-y|(\alpha|x-y| + 1) + \frac{9\alpha M_\varepsilon^2}{2\lambda}|x-y|^2
\end{aligned}$$

となる．ここで，
$$\omega_R(r) := \inf_{\varepsilon>0}\left\{\varepsilon + \left(M_\varepsilon + \frac{9M_\varepsilon^2}{2\lambda}\right)r\right\}$$
とおくと，次の不等式が成り立つ．
$$F(y, r, \alpha(x-y), -Y) - F(x, r, \alpha(x-y), X) \leq \omega_R(|x-y|(\alpha|x-y|+1))$$

さらに，$\lim_{r\to 0} \omega_R(r) = 0$ となることがわかる．実際，任意の $\delta > 0$ を固定し，$\varepsilon := \frac{\delta}{2}, \overline{M} := M_{\frac{\delta}{2}}$ とおく．次の性質を満たす，$r_\delta > 0$ がある．

$$0 \leq r < r_\delta \text{ ならば } \overline{M}r + \frac{9\overline{M}^2 r}{2\lambda} < \frac{\delta}{2}$$

つまり，$0 \leq \omega_R(r) < \delta \ (\forall r \in [0, r_\delta))$ となる． ∎

〖演習 3.5〗 上の証明で，$\varepsilon > 0$ に対し，次式を満たす $M > 0$ があることを示せ．
$$\bar{\omega}_R(t) \leq \varepsilon + Mt \quad (t \geq 0)$$

〖演習 3.6〗 証明の最後で ω_R の $r = 0$ での連続性は示されているが，$r > 0$ での連続性を示せ．(ヒント) 付録を参照．

〖演習 3.7〗 上の証明で，$\lambda = 0$ の時，どこで証明が破綻するかを示せ．

3.4 放物型方程式

この節では，関数 $F : \Omega \times (0, T) \times \mathbb{R}^n \times S^n \to \mathbb{R}$ に対し，未知関数 $u : \overline{\Omega} \times [0, T] \to \mathbb{R}$ とする次の方程式を考える．

$$u_t + F(x, t, u, Du, D^2u) = 0 \quad \text{in } \Omega \times (0, T] \tag{3.26}$$

ただし，$T > 0$ は固定し，$u_t := \frac{\partial u}{\partial t}$，$Du := \left(\frac{\partial u}{\partial x_1}, \ldots, \frac{\partial u}{\partial x_n}\right)$，$D^2u$ を i 行 j 列成分が $\frac{\partial^2 u}{\partial x_i \partial x_j}$ の n 次実対称行列とする．

以降，$F \in C(\Omega \times (0, T) \times \mathbb{R} \times \mathbb{R}^n \times S^n)$ を仮定する．F の例としては，2.1 章であげた関数において，変数を $x \in \Omega$ から $(x, t) \in \Omega \times (0, T]$ に代えたものが典型的である．

簡単のため，$Q = Q_T := \Omega \times (0, T)$ および，放物型境界を $\partial_p Q := \partial\Omega \times [0, T) \bigcup \Omega \times \{0\}$ と書く．

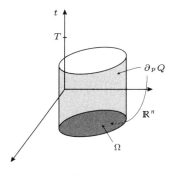

図 3.1

この節で用いる関数空間をまとめておく．

$$C^{2,1}(\overline{Q}) := \left\{ u \in C(\overline{Q}) \ \middle| \ \frac{\partial u}{\partial x_i}, \frac{\partial u}{\partial t}, \frac{\partial^2 u}{\partial x_i \partial x_j} \in C(\overline{Q}) \ (1 \le i, j \le n) \right\}$$

方程式 (3.26) は，$n+1$ 次元の楕円型方程式とも見なせるから，前節までの議論が適用できるが，t 変数の微分に関しては単純な形をしているので特別に扱った方がよい．まず，方程式 (3.26) の粘性解の定義を与える．そのために，一般の関数 $u : \overline{Q} \to \mathbb{R}$ に対して，上・下半連続包を考える．

定義 3.2 $u : \overline{Q} \to \mathbb{R}$ と $(x, t) \in \overline{Q}$ に対し，次のように上半連続包 $u^* : \overline{Q} \to \mathbb{R}$ と下半連続包 $u_* : \overline{Q} \to \mathbb{R}$ を定義する．

$$u^*(x, t) := \lim_{\varepsilon \to 0} \left[\sup\{u(y, s) \mid (y, s) \in \overline{Q} \cap B_\varepsilon(x) \times (t - \varepsilon, t + \varepsilon)\} \right]$$

$$u_*(x, t) := \lim_{\varepsilon \to 0} \left[\inf\{u(y, s) \mid (y, s) \in \overline{Q} \cap B_\varepsilon(x) \times (t - \varepsilon, t + \varepsilon)\} \right]$$

定義 3.3 $u : \overline{Q} \to \mathbb{R}$ が (3.26) の粘性劣解 (resp., 粘性優解) とは，$\phi \in C^{2,1}(\overline{Q})$ と $(x, t) \in Q$ に対し，$u^* - \phi$ (resp., $u_* - \phi$) が $(x, t) \in Q$ で局所最大値

(resp., 局所最小値) をとるならば，次の不等式が成り立つこととする．

$$\phi_t(x,t) + F(x,t,u^*(x,t), D\phi(x,t), D^2\phi(x,t)) \leq 0$$

$$\left(\text{resp.,} \ \phi_t(x,t) + F(x,t,u_*(x,t), D\phi(x,t), D^2\phi(x,t)) \geq 0\right)$$

u が (3.26) の粘性解とは，u が (3.26) の粘性劣解かつ粘性優解であることとする．

注意 3.8 3.2 節同様，粘性劣解の定義の「局所最大値」を「局所狭義最大値」$0 = (u^* - \phi)(x,t) > (u^* - \phi)(y,s)$ ($\forall (y,s) \in Q \setminus \{(x,t)\}$) で置き換えたものが必要十分条件になる (粘性優解も同様).

放物型方程式でも，粘性劣解・粘性優解の必要十分条件を導くために，$(x,t) \in \overline{Q}$ に対し，放物型セミ・ジェットの概念を導入する.

$$PJ^{2,+}u(x,t)$$
$$:= \left\{ \begin{array}{c} (p,\tau,X) \in \\ \mathbb{R}^n \times \mathbb{R} \times S^n \end{array} \middle| \begin{array}{l} u(x+h,t+k) - u(x,t) - \tau k - \langle p,h\rangle - \frac{1}{2}\langle Xh,h\rangle \\ \leq o(|k| + |h|^2) \quad ((x+h,t+k) \in \overline{Q} \to (x,t)) \end{array} \right\}$$

$$PJ^{2,-}u(x,t)$$
$$:= \left\{ \begin{array}{c} (p,\tau,X) \in \\ \mathbb{R}^n \times \mathbb{R} \times S^n \end{array} \middle| \begin{array}{l} u(x+h,t+k) - u(x,t) - \tau k - \langle p,h\rangle - \frac{1}{2}\langle Xh,h\rangle \\ \geq o(|k| + |h|^2) \quad ((x+h,t+k) \in \overline{Q} \to (x,t)) \end{array} \right\}$$

$J^{2,\pm}$ と同様の性質を演習として述べておく.

〚演習 3.8〛 $(x,t) \in \overline{Q}$ に対し，$PJ^{2,\pm}u(x,t) \neq \emptyset$ ならば，次の関係式が成り立つことを示せ. (ヒント) 命題 2.2 の証明参照.

$$PJ^{2,+}u(x,t)$$
$$= \left\{ \begin{array}{c} (D\phi(x,t), \phi_t(x,t), D^2\phi(x,t)) \\ \in \mathbb{R}^n \times \mathbb{R} \times S^n \end{array} \middle| \begin{array}{l} \exists \phi \in C^{2,1}(\overline{Q}) \ \text{s.t.} \ u - \phi \\ \text{が} (x,t) \text{で局所最大値をとる} \end{array} \right\}$$

$$PJ^{2,-}u(x,t)$$
$$= \left\{ \begin{array}{c} (D\phi(x,t), \phi_t(x,t), D^2\phi(x,t)) \\ \in \mathbb{R}^n \times \mathbb{R} \times S^n \end{array} \middle| \begin{array}{l} \exists \phi \in C^{2,1}(\overline{Q}) \ \text{s.t.} \ u - \phi \\ \text{が} (x,t) \text{で局所最小値をとる} \end{array} \right\}$$

さらに，$(x,t) \in \overline{Q}$ において，楕円型方程式の $\overline{J}^{2,\pm}$ に対応する概念を導入する．

$$\overline{PJ}^{2,\pm} u(x,t)$$
$$:= \left\{ \begin{array}{c} (p,\tau,X) \\ \in \mathbb{R}^n \times \mathbb{R} \times S^n \end{array} \middle| \begin{array}{c} \exists (x_k,t_k) \in \overline{Q}, (p_k,\tau_k,X_k) \in PJ^{2,\pm} u(x_k,t_k) \\ \text{s.t.} \lim_{k\to\infty} (x_k,t_k,u(x_k,t_k),p_k,\tau_k,X_k) \\ = (x,t,u(x,t),p,\tau,X) \end{array} \right\}$$

$PJ^{2,\pm}$ と $\overline{PJ}^{2,\pm}$ の性質を演習としてまとめておく．

〖**演習 3.9**〗 $u:\overline{Q} \to \mathbb{R}$, $(x,t) \in \overline{Q}$ と $\phi \in C^{2,1}(\overline{Q})$ に対し，次の関係が成り立つことを示せ．
(1) $PJ^{2,+} u(x,t) \cap PJ^{2,-} u(x,t) \neq \varnothing$ ならば，次が成り立つ．

$$PJ^{2,+} u(x,t) \cap PJ^{2,-} u(x,t) = \{(Du(x,t), u_t(x,t), D^2 u(x,t))\}$$

(2) $PJ^{2,\pm}(u+\phi)(x,t) = (D\phi(x,t), \phi_t(x,t), D^2\phi(x,t)) + PJ^{2,\pm} u(x,t)$
(3) $\overline{PJ}^{2,\pm}(u+\phi)(x,t) = (D\phi(x,t), \phi_t(x,t), D^2\phi(x,t)) + \overline{PJ}^{2,\pm} u(x,t)$
(4) $PJ^{2,\pm} u(x,t) \subset \overline{PJ}^{2,\pm} u(x,t)$
(5) $PJ^{2,-} u(x,t) = -PJ^{2,+}(-u)(x,t)$
(6) $\overline{PJ}^{2,-} u(x,t) = -\overline{PJ}^{2,+}(-u)(x,t)$

次の同値性は，命題 2.7 と同様に示されるので証明は演習にする．

命題 3.13 関数 $F \in C(\overline{Q} \times \mathbb{R} \times \mathbb{R}^n \times S^n)$ の時，関数 $u:\overline{Q} \to \mathbb{R}$ に対し，次の三条件は同値である．

$$\begin{cases}
(1)\ u\ \text{は，(3.26) の粘性劣解 (resp., 粘性優解) である．} \\
(2)\ (x,t) \in \overline{Q} \text{と} (p,\tau,X) \in PJ^{2,+} u^*(x,t)\ (\text{resp.,}\ PJ^{2,-} u_*(x,t)) \\
\quad \text{に対し，} \tau + F(x,t,u^*(x,t),p,X) \leq 0 \\
\quad (\text{resp.,}\ \tau + F(x,t,u_*(x,t),p,X) \geq 0)\ \text{が成り立つ．} \\
(3)\ (x,t) \in \overline{Q} \text{と} \forall (p,\tau,X) \in \overline{PJ}^{2,+} u^*(x,t)\ (\text{resp.,}\ \overline{PJ}^{2,-} u_*(x,t)) \\
\quad \text{に対し，} \tau + F(x,t,u^*(x,t),p,X) \leq 0 \\
\quad (\text{resp.,}\ \tau + F(x,t,u_*(x,t),p,X) \geq 0)\ \text{が成り立つ．}
\end{cases}$$

3.4 放物型方程式

〚演習 3.10〛 命題 3.13 の証明をせよ．

放物型境界上での Dirichlet 境界条件の下で比較原理を扱う．

多くの場合，写像 $r \to F(x,t,r,p,X)$ は，次のような仮定をする．

$$\exists \nu \in \mathbb{R} \text{ s.t. } \begin{cases} \nu(r-s) \leq F(x,t,r,p,X) - F(x,t,s,p,X) \\ (\forall (x,t,p,X) \in Q \times \mathbb{R}^n \times S^n, \ \forall r > s) \end{cases} \quad (3.27)$$

この仮定で $\nu \leq 0$ の場合は，通常の比較原理の証明方法は直接は適用できない．次に，(3.27) の ν を正数と仮定してよいための十分条件を述べる．

任意の $\tau > 0$ に対し，$\exists \omega_\tau^\star \in \mathcal{M}$ s.t.
$$\begin{cases} (x,t,r,p,X) \in Q \times \mathbb{R} \times \mathbb{R}^n \times S^n, \theta, \theta' \geq \tau \text{ ならば次を得る．} \\ \left| \frac{1}{\theta} F(x,t,\theta r, \theta p, \theta X) - \frac{1}{\theta'} F(x,t,\theta' r, \theta' p, \theta' X) \right| \leq \omega_\tau^\star(|\theta - \theta'|) \end{cases} \quad (3.28)$$

この条件が多くの例で満たされることは次の演習で確かめられる．

〚演習 3.11〛 次のような条件下で，2.1 節に対応する $L^{a,b}(x,t,r,p,X)$ が定義できる．

$$\begin{cases} \sup_{(x,t) \in \overline{Q}, (a,b) \in \mathbf{A} \times \mathbf{B}} \{\|A(x,t,a,b)\| + |g(x,t,a,b)| + |c(x,t,a,b)|\} < \infty \\ \sup_{(x,t) \in \overline{Q}, (a,b) \in \mathbf{A} \times \mathbf{B}} |f(x,t,a,b)| < \infty \end{cases}$$

これらを用いて定義した F (2.1 節参照) は (3.28) を満たすことを示せ．

ここで，比較原理で使う変換に関する簡単な演習を述べる．

〚演習 3.12〛 $u: \Omega \times (0,T) \to \mathbb{R}$ が (3.26) の粘性劣解 (resp., 粘性優解) ならば，$\beta \in \mathbb{R}$ に対し，$v(x,t) := e^{-\beta t} u(x,t)$ は次の粘性劣解 (resp., 粘性優解) になる．

$$v_t + G(x,t,v,Dv,D^2v) = 0 \quad \text{in } \Omega \times (0,T)$$

ただし，G は次で与えられる．

$$G(x,t,r,p,X) := \beta r + e^{-\beta t} F(x,t,e^{\beta t}r, e^{\beta t}p, e^{\beta t}X)$$

次に，Ishii の補題の放物型版を述べる．

補題 3.14 $u, w \in USC(\overline{Q})$ と $\phi \in C^2(\overline{Q} \times \overline{Q})$ に対し, $(\hat{x}, \hat{t}, \hat{y}, \hat{s}) \in \overline{Q} \times \overline{Q}$ が次の関係を満たすとする.

$$\sup_{(x,t),(y,s) \in \overline{Q}} \{u(x,t) + w(y,s) - \phi(x,t,y,s)\} = u(\hat{x}, \hat{t}) + w(\hat{y}, \hat{s}) - \phi(\hat{x}, \hat{t}, \hat{y}, \hat{s})$$

任意の $\alpha > 1$ に対し, 次の関係式を満たす $X = X_\alpha, Y = Y_\alpha \in S^n$ が存在する.

$$\begin{cases} (D_x\phi(\hat{x}, \hat{t}, \hat{y}, \hat{s}), \phi_t(\hat{x}, \hat{t}, \hat{y}, \hat{s}), X) \in \overline{PJ}^{2,+} u(\hat{x}, \hat{t}) \\ (D_y\phi(\hat{x}, \hat{t}, \hat{y}, \hat{s}), \phi_s(\hat{x}, \hat{t}, \hat{y}, \hat{s}), -Y) \in \overline{PJ}^{2,+} w(\hat{y}, \hat{s}) \\ -(\alpha + \|A\|) \begin{pmatrix} I & O \\ O & I \end{pmatrix} \leq \begin{pmatrix} X & O \\ O & Y \end{pmatrix} \leq A + \frac{1}{\alpha} A^2 \end{cases}$$

ただし, $A := D^2\phi(\hat{x}, \hat{t}, \hat{y}, \hat{s}) \in S^{2n}$ ((x,y) に関する二階偏微分の行列) である.

〘演習 3.13〙 補題 3.14 を証明せよ. (ヒント) 補題 3.5 をうまく用いる.

F に対して, 次の**放物型構造条件**を仮定する.

任意の $R > 0$ に対し, $\exists \hat{\omega}_R \in \mathcal{M}$

s.t. $\begin{cases} X, Y \in S^n, \alpha > 1 \text{ が次の行列不等式を満たすとする.} \\ \begin{pmatrix} X & O \\ O & Y \end{pmatrix} \leq 3\alpha \begin{pmatrix} I & -I \\ -I & I \end{pmatrix} \\ \text{すると, } F(y, s, r, \alpha(x-y), -Y) - F(x, t, r, \alpha(x-y), X) \\ \quad \leq \hat{\omega}_R((|x-y| + |t-s|)(\alpha|x-y| + 1)) \\ (\forall t, s \in \mathbb{R}, x, y \in \Omega, |r| \leq R) \text{ が成り立つ.} \end{cases}$

定理 3.15 $\Omega \subset \mathbb{R}^n$ は有界な開集合で, $Q := \Omega \times (0, T)$ とおく. $F \in C(\overline{Q} \times \mathbb{R} \times \mathbb{R}^n \times S^n)$ が放物型構造条件と (3.27), (3.28) を満たし, $u \in USC(\overline{Q})$ が (3.26) の粘性劣解, $v \in LSC(\overline{Q})$ が (3.26) の粘性優解とする. $\sup_{\partial_p Q}(u-v) \leq 0$ ならば, $\sup_{\overline{\Omega} \times [0,T]}(u-v) \leq 0$ が成り立つ.

注意 3.9 (3.27) の ν が非負ならば, 仮定 (3.28) は必要ない (問題 2).

3.4 放物型方程式

証明 $\beta := -\nu + 1$ とおき, $U(x,t) := e^{-\beta t}u(x,t)$, $V(x,t) := e^{-\beta t}v(x,t)$ とする. 演習 3.12 より, U (resp., V) は次の粘性劣解 (resp., 粘性優解) である.

$$u_t + \beta u + e^{-\beta t}F(x,t,e^{\beta t}u, e^{\beta t}Du, e^{\beta t}D^2 u) = 0 \quad \text{in } \Omega \times (0,T) \qquad (3.29)$$

$\delta \in (0,1]$ に対し, $U_\delta(x,t) := U(x,t) - \frac{\delta}{T-t}$ $((x,t) \in \overline{\Omega} \times [0,T))$ とおくと, U_δ も (3.29) の粘性劣解になることに注意する.

$\Theta_\delta := \sup_{\overline{Q}}(U_\delta - V)$ とおく. $\Theta_0 := \liminf_{\delta \to 0} \Theta_\delta \leq 0$ ならば, 任意の $(x,t) \in \overline{\Omega} \times [0,T)$ に対し,

$$e^{-\beta t}(u-v)(x,t) \leq \Theta_\delta + \frac{\delta}{T-t}$$

が成り立つので, $\delta \to 0$ とすれば, $u(x,t) \leq v(x,t)$ が得られる. 故に, $\Theta_0 > 0$ として矛盾を導こう. 以降, $\Theta_\delta \geq \frac{1}{2}\Theta_0 > 0$ となる十分小さい $\delta > 0$ のみを考える.

$\varepsilon > 0$ に対し, $\phi_\varepsilon(x,t,y,s) := \frac{1}{2\varepsilon}(|x-y|^2 + |t-s|^2)$ とし, 写像 $\Phi : (x,y,t,s) \in \overline{\Omega} \times [0,T] \times \overline{\Omega} \times [0,T] \to U_\delta(x,t) - V(y,s) - \phi_\varepsilon(x,t,y,s)$ を考える. $(x_\varepsilon, t_\varepsilon, y_\varepsilon, s_\varepsilon) \in \overline{\Omega} \times [0,T] \times \overline{\Omega} \times [0,T]$ を Φ の最大値をとる点とする. 定理 3.3 の証明と同じく, ある $(\hat{x}, \hat{t}) \in \overline{Q}$ に対し, (3.11) と (3.12) と同様の性質が成り立つ.

$$\begin{cases} \lim_{\varepsilon \to 0} U(x_\varepsilon, t_\varepsilon) = U(\hat{x}, \hat{t}) \\ \lim_{\varepsilon \to 0} V(y_\varepsilon, s_\varepsilon) = V(\hat{x}, \hat{t}) \\ \lim_{\varepsilon \to 0} \frac{1}{\varepsilon}\left(|x_\varepsilon - y_\varepsilon|^2 + (t_\varepsilon - s_\varepsilon)^2\right) = 0 \end{cases} \qquad (3.30)$$

$\delta > 0$ なので, $\hat{t} < T$ に注意する. また, 仮定から, $\sup_{\partial_p Q}(U_\delta - V) \leq 0$ が成り立つので, $(\hat{x}, \hat{t}) \in \Omega \times (0,T)$ となる. よって, $\varepsilon > 0$ が小さい時を扱うので, $(x_\varepsilon, t_\varepsilon), (y_\varepsilon, s_\varepsilon) \in \Omega \times (0,T)$ と仮定してよい.

故に, 次の不等式が成り立つ.

$$U(x_\varepsilon, t_\varepsilon) - V(y_\varepsilon, s_\varepsilon) - \phi_\varepsilon(x_\varepsilon, y_\varepsilon, t_\varepsilon, s_\varepsilon) \geq \frac{\Theta_0}{2} + \frac{\delta}{T-t_\varepsilon} \geq \frac{\Theta_0}{2}$$

よって, 次の評価が成り立つ.

$$|U(x_\varepsilon, t_\varepsilon)|, |V(y_\varepsilon, s_\varepsilon)| \leq R := \sup\{U^+(x,t) \vee V^-(x,t) \mid (x,t) \in \overline{Q}\} \qquad (3.31)$$

補題 3.14 において，$u := U_\delta, w := -V, \alpha := \frac{1}{\varepsilon}$ とおくと，注意 3.5 を用いれば，次の関係式を満たす $X, Y \in S^n$ が存在する．

$$\begin{cases} (1) \ \left(\frac{1}{\varepsilon}(x_\varepsilon - y_\varepsilon), \frac{1}{\varepsilon}(t_\varepsilon - s_\varepsilon) + \frac{\delta}{(T-t_\varepsilon)^2}, X\right) \in \overline{PJ}^{2,+} U(x_\varepsilon, t_\varepsilon) \\ (2) \ \left(-\frac{1}{\varepsilon}(x_\varepsilon - y_\varepsilon), -\frac{1}{\varepsilon}(t_\varepsilon - s_\varepsilon), Y\right) \in \overline{PJ}^{2,+} w(y_\varepsilon, t_\varepsilon) \\ (3) \ \begin{pmatrix} X & O \\ O & Y \end{pmatrix} \leq \frac{3}{\varepsilon} \begin{pmatrix} I & -I \\ -I & I \end{pmatrix} \end{cases}$$

(2) は，演習 3.9 より，$\left(\frac{1}{\varepsilon}(x_\varepsilon - y_\varepsilon), \frac{1}{\varepsilon}(t_\varepsilon - s_\varepsilon), -Y\right) \in \overline{PJ}^{2,-} V(y_\varepsilon, s_\varepsilon)$ となる．

粘性解の同値性に関する命題 3.13 と演習 3.12 の G を用いて，

$$\begin{aligned} &\frac{1}{\varepsilon}(t_\varepsilon - s_\varepsilon) + \frac{\delta}{(T-t_\varepsilon)^2} + G\left(x_\varepsilon, t_\varepsilon, U(x_\varepsilon, t_\varepsilon), \frac{1}{\varepsilon}(x_\varepsilon - y_\varepsilon), X\right) \\ &\leq 0 \\ &\leq \frac{1}{\varepsilon}(t_\varepsilon - s_\varepsilon) + G\left(y_\varepsilon, s_\varepsilon, V(y_\varepsilon, s_\varepsilon), \frac{1}{\varepsilon}(x_\varepsilon - y_\varepsilon), -Y\right) \end{aligned}$$

が成り立つ．以降，$x_\varepsilon, y_\varepsilon, t_\varepsilon, s_\varepsilon$ を x, y, t, s と書き，$p := \frac{1}{\varepsilon}(x-y)$, $U := U(x,t)$, $V := V(y,s)$, $\theta := e^{\beta t}$, $\theta' := e^{\beta s}$, $\tau := e^{-\beta T}$ とおいて，上の式を変形していく．

$$\begin{aligned} \beta(U-V) &\leq \frac{1}{\theta'}F(y,s,\theta'V,\theta'p,-\theta'Y) - \frac{1}{\theta}F(x,t,\theta U,\theta p,\theta X) \\ &\leq \frac{1}{\theta}\{F(y,s,\theta V,\theta p,-\theta Y) - F(x,t,\theta U,\theta p,\theta X)\} \\ &\quad + \omega_\tau^\star(|\theta - \theta'|) \qquad ((3.28) \text{ より}) \\ &\leq \frac{1}{\theta}\{F(y,s,\theta U,\theta p,-\theta Y) - F(x,t,\theta U,\theta p,\theta X)\} \\ &\quad + \omega_\tau^\star(|\theta - \theta'|) - \nu(U-V) \qquad ((3.27) \text{ より}) \\ &\leq \frac{1}{\theta}\hat{\omega}_{\hat{R}}((|x-y| + |t-s|)(\theta|p| + 1)) \\ &\quad + \omega_\tau^\star(|\theta - \theta'|) - \nu(U-V) \qquad (\text{放物型構造条件より}) \end{aligned}$$

ここで，次の等式に注意する．

$$|t-s| \cdot |p| = \sqrt{\frac{|t-s|^2}{\varepsilon} \frac{|x-y|^2}{\varepsilon}}$$

$\varepsilon \to 0$ とすれば，$\theta - \theta' \to 0$ となる．(3.30) と $\beta = -\nu + 1$ を用いると $\frac{\Theta_0}{2} \leq (U-V)(\hat{x}, \hat{t}) \leq \hat{\omega}_{\hat{R}}(0) = 0$ となり，矛盾が導かれる． ∎

対応する一意性定理を述べる．証明は，系 3.4 と同様にできるので演習にする．

系 3.16　$F \in C(Q \times \mathbb{R} \times \mathbb{R}^n \times S^n)$ が放物型構造条件と (3.27), (3.28) を満たすとし，$u, v : \overline{Q} \to \mathbb{R}$ を (3.26) の粘性解とする．

$$u^*(x,t) = u_*(x,t) = v^*(x,t) = v_*(x,t) \quad (\forall (x,t) \in \partial_p Q)$$

ならば，$u, v \in C(\overline{\Omega} \times [0,T))$ かつ，$u(x,t) = v(x,t) \ (\forall (x,t) \in \overline{\Omega} \times [0,T))$ が成り立つ．

〘演習 3.14〙　系 3.16 を証明せよ．

3.5　境界値問題

再び楕円型方程式に戻ろう．今まで扱った Dirichlet 境界条件は，$\partial\Omega$ 全体で未知関数が，与えられた Dirichlet 条件を満たすという条件だった．これは二階一様楕円型 (および，放物型) 偏微分方程式の場合は適切だったが，退化楕円型方程式の場合は境界条件を $\partial\Omega$ の上のすべての点で与えるのは強すぎる要求である．次の具体例でこの事実を確かめる．

$\Omega := (-1, 1) \subset \mathbb{R}$ とし，次の (線形) 微分方程式を考える．

$$-u' + u = 0 \quad \text{in } \Omega \tag{3.32}$$

この方程式の一般解は $u(x) = Ae^x \ (\forall A \in \mathbb{R})$ となる．任意の $a, b \in \mathbb{R}$ に対して，$u(-1) = a$ と $u(1) = b$ を同時に満たす関数 u は存在しない．

そこで，2.3 節の定義で与えた意味で境界値問題を考えることにする．

$F : \overline{\Omega} \times \mathbb{R} \times \mathbb{R}^n \times S^n \to \mathbb{R}$ と $B : \partial\Omega \times \mathbb{R} \times \mathbb{R}^n \times S^n \to \mathbb{R}$ を与えられた関数とする．有界開集合 $\Omega \subset \mathbb{R}^n$ に対して，次の境界値問題を考える．

$$\begin{cases} F(x, u, Du, D^2 u) = 0 \text{ in } \Omega \\ B(x, u, Du) = 0 \text{ on } \partial\Omega \end{cases} \tag{3.33}$$

B は $D^2 u$ に依存する時は難しいので，依存しない場合のみを扱う．

この問題に対応する粘性解の意味での境界値問題を考えるために，関数 $G: \overline{\Omega} \times \mathbb{R} \times \mathbb{R}^n \times S^n \to \mathbb{R}$ を次のように定める．$(r,p,X) \in \mathbb{R} \times \mathbb{R}^n \times S^n$ に対し，

$$G(x,r,p,X) := \begin{cases} F(x,r,p,X) & (x \in \Omega) \\ B(x,r,p) & (x \in \partial\Omega) \end{cases}$$

とおく．この G を用いて境界値問題 (3.33) を考える．

$$G(x,u,Du,D^2u) = 0 \quad \text{in } \overline{\Omega} \tag{3.34}$$

簡単のため F と B を連続関数とする．(3.34) の粘性解の定義に現れる G_* と G^* が次のようになることがわかる

$$G_*(x,r,p,X) = \begin{cases} F(x,r,p,X) & (x \in \Omega) \\ F(x,r,p,X) \wedge B(x,r,p) & (x \in \partial\Omega) \end{cases}$$
$$G^*(x,r,p,X) = \begin{cases} F(x,r,p,X) & (x \in \Omega) \\ F(x,r,p,X) \vee B(x,r,p) & (x \in \partial\Omega) \end{cases}$$

粘性解の意味での境界値問題では，粘性劣解・粘性優解は境界上では，方程式または境界条件を満たすことになる．境界上で粘性劣解と粘性優解の両方が，方程式を満たしていれば，通常の粘性解の比較原理の手法が使えるが，一方でも境界条件を満たす場合は，今までの議論が通用しない．よって，粘性解の意味で境界条件を考える時は，今までの方法を修正しなくてはならない．本節では，典型的な境界条件に対して，粘性解の意味での境界値問題の比較原理を扱う．そのために，今までの仮定を少し強める必要がある．

まず，関数 $(p,X) \to F(x,r,p,X)$ の連続性の仮定を追加しよう．

$$\exists \tilde{\omega}_L \in \mathcal{M}$$
$$\text{s.t.} \begin{cases} |F(x,r,p,X) - F(x,r,q,Y)| \leq \tilde{\omega}_L(|p-q| + \|X-Y\|) \\ (\forall x \in \overline{\Omega}, r \in \mathbb{R}, p,q \in \mathbb{R}^n, X,Y \in S^n) \end{cases} \tag{3.35}$$

構造条件も，強い方の (3.24) を用いることがある．

3.5.1 Dirichlet 境界値問題

定理 3.6 等では，Dirichlet 境界条件は，普通の意味で考えている．しかし，例 (3.32) で見たように，一般には Dirichlet 境界条件を古典的な意味で満たすことは期待できない．ここでは粘性解の意味で Dirichlet 境界値問題を扱う．ただし，境界が次の**内部錐条件** (図 3.2 参照) を満たすとし，境界でのある種の連続性を仮定して比較原理を導く．以降，$\bm{n}(z)$ で $z \in \partial\Omega$ における<u>外向き</u>単位法線ベクトルを表す．

$$\begin{cases} \text{任意の } z \in \partial\Omega \text{ に対し, } \exists \hat{r} = \hat{r}_z, \hat{s} = \hat{s}_z \in (0,1) \\ \text{s.t. } x - r\bm{n}(z) + r\xi \in \Omega \ (\forall x \in \overline{\Omega} \cap B_{\hat{r}}(z), r \in (0,\hat{r}), \xi \in B_{\hat{s}}) \end{cases} \quad (3.36)$$

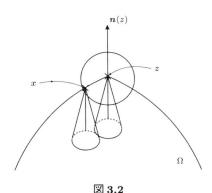

図 3.2

定理 3.17　$\Omega \subset \mathbb{R}^n$ は有界な開集合で，$F \in C(\Omega \times \mathbb{R} \times \mathbb{R}^n \times S^n)$ が (3.1)，(3.24)，(3.35) を満たし，(3.36) を仮定する．さらに，$g \in C(\partial\Omega)$ とする．$u, v : \overline{\Omega} \to \mathbb{R}$ が，それぞれ次の粘性劣解，粘性優解とする．

$$\begin{cases} F(x, u, Du, D^2u) = 0 & \text{in } \Omega \\ u - g(x) = 0 & \text{on } \partial\Omega \end{cases}$$

さらに，任意の $z \in \partial\Omega$ に対し，

$$\begin{cases} (1) \displaystyle\liminf_{x\in\Omega\to z} u^*(x) = u^*(z) \\ (2) \displaystyle\limsup_{x\in\Omega\to z} v_*(x) = v_*(z) \end{cases} \tag{3.37}$$

を満たすとすると，$u^*(x) \leq v_*(x)$ ($\forall x \in \overline{\Omega}$) が成り立つ．

注意 3.10 (3.37) の (1) は，$\displaystyle\liminf_{x\to z} u^*(x) = u^*(z)$ とは違うことに注意する．以下の証明で，さらに弱い条件でも証明できることがわかる (図 3.3 参照).

$$\begin{cases} (i) \displaystyle\liminf_{r\to 0}\{u^*(x) \mid x \in rB_{\hat{s}}(y - r\boldsymbol{n}(z)),\ y \in B_r(x) \cap \Omega\} = u^*(z) \\ (ii) \displaystyle\limsup_{r\to 0}\{v_*(x) \mid x \in rB_{\hat{s}}(y - r\boldsymbol{n}(z)),\ y \in B_r(x) \cap \Omega\} = v_*(z) \end{cases}$$

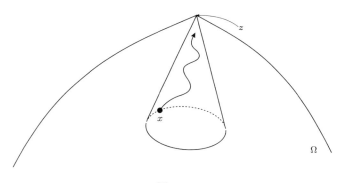

図 **3.3**

証明 $\displaystyle\sup_{\overline{\Omega}}(u^* - v_*) =: \theta > 0$ と仮定して矛盾を導く．簡単のため u^* と v_* をそれぞれ，u と v と書こう．$\displaystyle\sup_{\partial\Omega}(u - v) < \theta$ の場合は，定理 3.6 の証明と同様に通常の二重変数法で矛盾が導けるので，ここでは $(u - v)(z) = \theta$ となる $z \in \partial\Omega$ が存在すると仮定する．

$u(z) \leq g(z)$ と $v(z) \geq g(z)$ が同時に起こらないので，$u(z) > g(z)$ または，$v(z) < g(z)$ の場合を考える．ここでは

$$u(z) > g(z)$$

の時に証明する ($v(z) < g(z)$ の場合は演習にする). $\varepsilon, \delta \in (0,1)$ に対し, $\phi(x,y) := \frac{1}{2\varepsilon}|x - y - \sqrt{\varepsilon}\delta \boldsymbol{n}(z)|^2 + \delta|x - z|^2$ とおく. 関数 $(x,y) \in \overline{\Omega} \times \overline{\Omega} \to \Phi(x,y) := u(x) - v(y) - \phi(x,y)$ の最大値をとる点を $(x_\varepsilon, y_\varepsilon) \in \overline{\Omega} \times \overline{\Omega}$ とする. まず, 次の不等式が十分小さい $\varepsilon > 0$ に対して成り立つことに注意する.

$$|u(x_\varepsilon)|, |v(y_\varepsilon)| \leq \sup\{u^+(x) \vee v^-(x) \mid x \in \overline{\Omega}\} =: R \tag{3.38}$$

実際, $\varepsilon > 0$ が小さい場合に, (3.36) より $z - \sqrt{\varepsilon}\delta \boldsymbol{n}(z) \in \Omega$ となるので, (3.37)(2) より, 次の不等式が成り立つ $\varepsilon_0 > 0$ が存在する.

$$v(z - \sqrt{\varepsilon}\delta \boldsymbol{n}(z)) \leq v(z) + \theta \quad (0 < \varepsilon < \varepsilon_0) \tag{3.39}$$

$\varepsilon \in (0, \varepsilon_0)$ に対して, $\Phi(x_\varepsilon, y_\varepsilon) \geq \Phi(z, z - \sqrt{\varepsilon}\delta \boldsymbol{n}(z))$ を変形して

$$\begin{aligned}
&\frac{1}{2\varepsilon}|x_\varepsilon - y_\varepsilon - \sqrt{\varepsilon}\delta \boldsymbol{n}(z)|^2 \\
&\leq u(x_\varepsilon) - v(y_\varepsilon) - u(z) + v(z - \sqrt{\varepsilon}\delta \boldsymbol{n}(z)) - \delta|x_\varepsilon - z|^2 \\
&\leq u(x_\varepsilon) - v(y_\varepsilon) - \delta|x_\varepsilon - z|^2
\end{aligned} \tag{3.40}$$

が導かれる. よって, $\sup_{\overline{\Omega}} u^+ \geq u(x_\varepsilon) \geq v(y_\varepsilon) \geq -\sup_{\overline{\Omega}} v^-$ となり, 仮定 (3.37)(2) より, (3.38) が成り立つ. さらに, (3.40) より, 次の不等式を得る.

$$\frac{|x_\varepsilon - y_\varepsilon|}{\sqrt{\varepsilon}} \leq M := \sqrt{2R+1}$$

故に, 部分列 $\varepsilon_k > 0$ をとり, いつもの様にあらたに ε と書くと, $\lim_{\varepsilon \to 0}(x_\varepsilon, y_\varepsilon) = (\hat{x}, \hat{x})$, $\lim_{\varepsilon \to 0} \frac{x_\varepsilon - y_\varepsilon}{\sqrt{\varepsilon}} = \hat{z}$ となる $\hat{x} \in \overline{\Omega}$ と $\hat{z} \in \overline{B}_M$ がある. $z \in \partial\Omega$ での v の連続性と (3.40) から

$$\theta \leq u(\hat{x}) - v(\hat{x}) - \delta|\hat{x} - z|^2$$

が示せるので, $\hat{x} = z$ となる. よって, 再び (3.40) から次の式が示せる.

$$\lim_{\varepsilon \to 0} \frac{|x_\varepsilon - y_\varepsilon - \sqrt{\varepsilon}\delta \boldsymbol{n}(z)|^2}{\varepsilon} = 0 \tag{3.41}$$

これを変形すれば，次の式を得る．

$$\lim_{\varepsilon \to 0} \frac{|x_\varepsilon - y_\varepsilon|}{\sqrt{\varepsilon}} = \delta \tag{3.42}$$

また，(3.40) の最初の不等式を用いて，次の不等式が導かれる．

$$\begin{aligned} u(z) \geq \limsup_{\varepsilon \to 0} u(x_\varepsilon) &\geq \liminf_{\varepsilon \to 0} u(x_\varepsilon) \\ &\geq u(z) + \liminf_{\varepsilon \to 0} v(y_\varepsilon) - \limsup_{\varepsilon \to 0} v(z - \sqrt{\varepsilon}\delta \boldsymbol{n}(z)) \\ &\geq u(z) \end{aligned}$$

よって，$\lim_{\varepsilon \to 0} u(x_\varepsilon) = u(z)$ が成り立つ．同様に，$\lim_{\varepsilon \to 0} v(y_\varepsilon) = v(z)$ が導かれる．
一方，(3.40) から，$y_\varepsilon - x_\varepsilon + \sqrt{\varepsilon}\delta \boldsymbol{n}(z) = o(\sqrt{\varepsilon})$ であるので，$y_\varepsilon \in \Omega$ となる．
Ishii の補題3.5 を $u(x) + \frac{1}{\sqrt{\varepsilon}}\delta\langle \boldsymbol{n}(z), x\rangle - \delta|x-z|^2 - \frac{1}{2}\delta^2$ と $v(y) + \frac{1}{\sqrt{\varepsilon}}\delta\langle \boldsymbol{n}(z), y\rangle$ に適用すると，演習2.8 より，次を満たす $X, Y \in S^n$ が存在する．

$$\left(\tfrac{1}{\varepsilon}(x_\varepsilon - y_\varepsilon) - \tfrac{\delta}{\sqrt{\varepsilon}}\boldsymbol{n}(z) + 2\delta(x_\varepsilon - z), X + 2\delta I\right) \in \overline{J}^{2,+} u(x_\varepsilon)$$

$$\left(\tfrac{1}{\varepsilon}(x_\varepsilon - y_\varepsilon) - \tfrac{\delta}{\sqrt{\varepsilon}}\boldsymbol{n}(z), -Y\right) \in \overline{J}^{2,-} v(y_\varepsilon)$$

$$\begin{pmatrix} X & O \\ O & Y \end{pmatrix} \leq \frac{3}{\varepsilon}\begin{pmatrix} I & -I \\ -I & I \end{pmatrix}$$

$p_\varepsilon := \frac{1}{\varepsilon}(x_\varepsilon - y_\varepsilon) - \frac{\delta}{\sqrt{\varepsilon}}\boldsymbol{n}(z)$, とおくと，(3.35) より，次の不等式が成り立つ．

$$\begin{aligned} F(x_\varepsilon, u(x_\varepsilon), p_\varepsilon, X) - F(x_\varepsilon, u(x_\varepsilon), p_\varepsilon + 2\delta(x_\varepsilon - z), X + 2\delta I) \\ \leq \tilde{\omega}_L(2\delta|x_\varepsilon - z| + 2\delta) \end{aligned} \tag{3.43}$$

$\varepsilon > 0$ が十分小さければ，$u(x_\varepsilon) > g(x_\varepsilon)$ であり，さらに，$x_\varepsilon \in \partial\Omega$ の時は，$y_\varepsilon \in \Omega$ となる．よって，(3.1) より

$$\begin{aligned} &\omega_0(u(x_\varepsilon) - v(y_\varepsilon)) \\ &\leq F(y_\varepsilon, u(x_\varepsilon), p_\varepsilon, -Y) - F(x_\varepsilon, u(x_\varepsilon), p_\varepsilon + 2\delta(x_\varepsilon - z), X + 2\delta I) \end{aligned}$$

が成り立つ．これと (3.35) と (3.24) を用いると次の不等式を得る．

$$\omega_0(u(x_\varepsilon) - v(y_\varepsilon)) \leq \tilde{\omega}_L(2\delta|x_\varepsilon - z| + 2\delta) + \hat{\omega}_R(|x_\varepsilon - y_\varepsilon|(|p_\varepsilon| + 1))$$

(3.42) に注意して，$\varepsilon \to 0$ とすると次の不等式が成り立つので矛盾が導かれる．

$$\omega_0(\theta) \leq \tilde{\omega}_L(2\delta) + \hat{\omega}_R(\delta^2)$$

∎

〖**演習 3.15**〗 定理 3.17 の証明で，$v(z) < g(z)$ の場合に矛盾を導け．

注意 3.11 一般には，境界での連続性を仮定しないと比較原理は成立しない．例えば，$F(x,r,p,X) \equiv r$ と $g(x) \equiv -1$ に対し，次の関数を考える．

$$u(x) := \begin{cases} 0 & (x \in \Omega) \\ -1 & (x \in \partial\Omega) \end{cases}$$

$u^* \equiv 0$ と $u_* \equiv u$ が，それぞれ粘性劣解，粘性優解であることがわかる．よって，一般には比較原理が成り立たない．

3.5.2 Neumann 境界値問題

次に，Neumann 境界条件を考える．

$$\langle \boldsymbol{n}(x), Du(x) \rangle - g(x) = 0 \quad \text{on } \partial\Omega$$

ここでは，次の**一様外部球条件**を仮定する (図 3.4 参照)．

$$\exists \hat{r} > 0 \text{ s.t. } \Omega \subset (B_{\hat{r}}(z + \hat{r}\boldsymbol{n}(z)))^c \ (\forall z \in \partial\Omega) \tag{3.44}$$

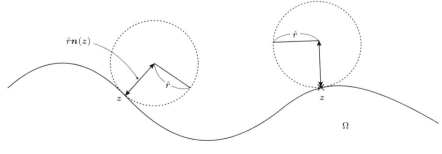

図 3.4

注意 3.12　(3.44) を仮定すると，$z \in \partial\Omega$ と $x \in \overline{\Omega}$ に対し，$|x - z - \hat{r}\boldsymbol{n}(z)| \geq \hat{r}$ となるので，次の不等式が成り立つ．

$$\langle \boldsymbol{n}(z), x - z \rangle \leq \frac{|x-z|^2}{2\hat{r}} \quad (z, x) \in \partial\Omega \times \overline{\Omega} \tag{3.45}$$

また，$\partial\Omega$ が十分滑らかならば，仮定 (3.44) は成り立つ．

境界 $\partial\Omega$ からの符号付距離関数を次のように定義する．

$$d_0(x) := \begin{cases} \mathrm{dist}(x, \partial\Omega) & (x \in \Omega^c) \\ -\mathrm{dist}(x, \partial\Omega) & (x \in \Omega) \end{cases}$$

さらに，d_0 を修正した関数 $d \in C^2(\overline{\Omega})$ の存在を仮定する．

$$\begin{cases} (1)\ \exists \tilde{r} > 0 \text{ s.t. } d(x) = d_0(x) \quad (\mathrm{dist}(x, \Omega^c) \leq \tilde{r}) \\ (2)\ Dd(x) = \boldsymbol{n}(x) \quad (x \in \partial\Omega) \end{cases} \tag{3.46}$$

注意 3.13　仮定 (3.46) を用いなくても，d_0 が $\partial\Omega$ の近傍で C^1 関数ならば，以下の証明を注意深く見れば同じ論法で証明できる (問題 4)．証明では，$\partial\Omega$ の近傍での議論になるので，d_0 が $\partial\Omega$ の近傍で C^2 であることを仮定すれば十分であるが，ここでは簡単のため，$d \in C^2(\overline{\Omega})$ を仮定しておく．

$B(x, r, p) := \langle \boldsymbol{n}(x), p \rangle - g(x)$ とおいて，Neumann 境界値問題を考える．

$$\begin{cases} F(x, u, Du, D^2u) = 0 \text{ in } \Omega \\ \langle \boldsymbol{n}(x), Du \rangle - g(x) = 0 \text{ on } \partial\Omega \end{cases} \tag{3.47}$$

定理 3.18　$\Omega \subset \mathbb{R}^n$ を有界な開集合とし，$F \in C(\Omega \times \mathbb{R} \times \mathbb{R}^n \times S^n)$ が (3.1), (3.24), (3.35) を満たし，(3.44), (3.46) を仮定する．さらに，$g \in C(\partial\Omega)$ とする．$u, v : \overline{\Omega} \to \mathbb{R}$ をそれぞれ，(3.47) の粘性劣解と粘性優解とするならば，$u^*(x) \leq v_*(x)$ $(\forall x \in \overline{\Omega})$ が成り立つ．

注意 3.14　Dirichlet 条件での比較原理と違い，$\partial\Omega$ で u と v の (3.37) のような，ある種の連続性を仮定してないことに注意する．

3.5 境界値問題

証明 u^* と v_* を簡単のため u, v と書くことにする. $\sup_{\overline{\Omega}}(u-v) =: 2\Theta > 0$
と仮定する. $\alpha \in (0,1)$ に対し, $U(x) := u(x) - \alpha d(x)$ とおくと, U は次の境界値問題の粘性劣解になることがわかる. ただし, $C_1 := \max_{\overline{\Omega}}(|Dd| + |D^2d|) > 0$
とおく.

$$\begin{cases} F(x, U, DU, D^2 U) - \tilde{\omega}_L(C_1 \alpha) = 0 & \text{in } \Omega \\ \langle \boldsymbol{n}(x), DU \rangle - g(x) + \alpha = 0 & \text{on } \partial\Omega \end{cases} \tag{3.48}$$

同様に, $V(x) := v(x) + \alpha d(x)$ は次の粘性優解になる (これらは演習にする).

$$\begin{cases} F(x, V, DV, D^2 V) + \tilde{\omega}_L(C_1 \alpha) = 0 & \text{in } \Omega \\ \langle \boldsymbol{n}(x), DV \rangle - g(x) - \alpha = 0 & \text{on } \partial\Omega \end{cases} \tag{3.49}$$

α を十分小さくとれば, $\theta := \theta_\alpha = \sup_{\overline{\Omega}}(U-V) \geq \Theta > 0$ としてよい. $\sup_{\partial\Omega}(U-V) < \theta$ の場合は, 定理 3.6 の証明と以降の議論が適用できるので, $\sup_{\partial\Omega}(U-V) = \theta$ の時だけ考えよう.

$z \in \partial\Omega$ を $(U-V)(z) = \theta$ を満たす点とする. $\delta > 0$ に対し, 関数 $x \in \overline{\Omega} \to U(x) - V(x) - \delta|x-z|^2$ は z で局所狭義最大値をとる.

$\varepsilon, \delta \in (0,1)$ に対し,

$$\phi(x,y) := \frac{1}{2\varepsilon}|x-y|^2 + g(z)\langle \boldsymbol{n}(z), x-y \rangle + \delta|x-z|^2$$

とおく. $(x_\varepsilon, y_\varepsilon) \in \overline{\Omega \cap B_s(z)} \times \overline{\Omega \cap B_s(z)}$ を $\Phi(x,y) := U(x) - V(y) - \phi(x,y)$ の $\overline{\Omega \cap B_s(z)} \times \overline{\Omega \cap B_s(z)}$ 上で最大値をとる点とする. ここで, (3.44) の $\hat{r}$ と (3.46) の $\tilde{r}$ に対し, $s := \frac{1}{2}(\hat{r} \vee \tilde{r})$ とおく. まず, 次の評価が得られる.

$$|U(x_\varepsilon)|, |V(y_\varepsilon)| \leq \sup\{U^+(x) \vee V^-(x) \mid x \in \overline{\Omega}\} + \text{diam}(\Omega) \sup_{\partial\Omega} |g| =: R$$

$\Phi(x_\varepsilon, y_\varepsilon) \geq \Phi(z,z)$ なので, $\lim_{\varepsilon \to 0}(x_\varepsilon, y_\varepsilon) = (\hat{x}, \hat{x})$ となる $\hat{x} \in \overline{\Omega \cap B_s(z)}$ がある. $\Phi(\hat{x}, \hat{x}) \geq \limsup_{\varepsilon \to 0} \Phi(x_\varepsilon, y_\varepsilon)$ なので, 次の不等式が成り立つ.

$$U(\hat{x}) - V(\hat{x}) - \delta|\hat{x} - z|^2 \geq \theta$$

よって，$\hat{x} = z$ となる．さらに，次の性質が成り立つ．

$$\lim_{\varepsilon \to 0} \frac{|x_\varepsilon - y_\varepsilon|^2}{\varepsilon} = 0 \tag{3.50}$$

補題 3.5 を $U(x) - g(z)\langle \boldsymbol{n}(z), x\rangle - \delta|x-z|^2$ と $-V(y) + g(z)\langle \boldsymbol{n}(z), y\rangle$ に適用すれば，次を満たす $X, Y \in S^n$ が選べる．

$$\begin{cases} (p_\varepsilon + 2\delta(x_\varepsilon - z), X + 2\delta I) \in \overline{J}^{2,+}U(x_\varepsilon),\ (p_\varepsilon, -Y) \in \overline{J}^{2,-}V(y_\varepsilon) \\ \begin{pmatrix} X & O \\ O & Y \end{pmatrix} \leq \dfrac{3}{\varepsilon}\begin{pmatrix} I & -I \\ -I & I \end{pmatrix} \end{cases}$$

ただし，$p_\varepsilon := \frac{1}{\varepsilon}(x_\varepsilon - y_\varepsilon) + g(z)\boldsymbol{n}(z)$ とした．

$x_\varepsilon \in \partial\Omega$ の時は，(3.45) を用いて，次のように計算できる．

$$\begin{aligned}\langle \boldsymbol{n}(x_\varepsilon), D_x\phi(x_\varepsilon, y_\varepsilon)\rangle &= \langle \boldsymbol{n}(x_\varepsilon), p_\varepsilon + 2\delta(x_\varepsilon - z)\rangle \\ &\geq -\tfrac{1}{2\hat{r}\varepsilon}|x_\varepsilon - y_\varepsilon|^2 + g(z)\langle \boldsymbol{n}(x_\varepsilon), \boldsymbol{n}(z)\rangle - 2\delta|x_\varepsilon - z|\end{aligned}$$

よって，$\alpha > 0$ を固定するごとに，十分小さな $\varepsilon > 0$ に対して，(3.50) より，$g, \boldsymbol{n}$ の連続性から次の不等式を得る．

$$\langle \boldsymbol{n}(x_\varepsilon), D_x\phi(x_\varepsilon, y_\varepsilon)\rangle - g(x_\varepsilon) > -\alpha$$

故に，U が $\partial\Omega$ で (3.48) の粘性劣解であることの定義から，

$$F(x_\varepsilon, U(x_\varepsilon), p_\varepsilon + 2\delta(x_\varepsilon - z), X + 2\delta I) - \tilde{\omega}_L(C_1\alpha) \leq 0$$

が成り立つ．$x_\varepsilon \in \Omega$ の場合は，上の不等式は定義から直接得られる．

一方，$y_\varepsilon \in \partial\Omega$ の場合も同様に次の不等式が成り立つ．

$$\langle \boldsymbol{n}(y_\varepsilon), -D_y\phi(x_\varepsilon, y_\varepsilon)\rangle - g(y_\varepsilon) < \alpha$$

よって，(3.49) の粘性優解の定義から次の不等式を得る．

$$F(y_\varepsilon, V(y_\varepsilon), p_\varepsilon, -Y) + \tilde{\omega}_L(C\alpha) \geq 0$$

3.5 境界値問題

以上の考察により,

$\omega_0(U(x_\varepsilon) - V(y_\varepsilon))$
$\leq F(y_\varepsilon, U(x_\varepsilon), p_\varepsilon, -Y) - F(x_\varepsilon, U(x_\varepsilon), p_\varepsilon, X) + \tilde{\omega}_L(2\delta \mathrm{diam}(\Omega)) + 2\tilde{\omega}_L(C_1\alpha)$
$\leq \hat{\omega}_R(|x_\varepsilon - y_\varepsilon|(|p_\varepsilon| + 1)) + \tilde{\omega}_L(2\delta \mathrm{diam}(\Omega)) + 2\tilde{\omega}_L(C_1\alpha)$

が導かれる.$\varepsilon \to 0$ とすれば (3.50) を用いると,次の不等式が成り立つ.

$$\omega_0(\Theta) \leq \omega_0(\theta) \leq \tilde{\omega}_L(2\delta \mathrm{diam}(\Omega)) + 2\tilde{\omega}_L(C_1\alpha)$$

故に,$\delta, \alpha \to 0$ とすると $\omega_0(\Theta) \leq 0$ となるので矛盾が導かれる.■

〖演習 3.16〗 証明中の U と V がそれぞれ,(3.48) と (3.49) の粘性劣解,粘性優解になることを示せ.

3.5.3 全空間での比較原理

次に $\mathbb{R}^n$ での比較原理を考察する.ここでは境界条件の代わりに,無限遠で解に増大度の制限をつけて比較原理を導く.無限遠での増大度を仮定するため,条件 (3.1) では扱いにくいので,$\nu > 0$ を固定して次のような方程式を考える.

$$\nu u + \hat{F}(x, Du, D^2u) = 0 \quad \text{in } \mathbb{R}^n \tag{3.51}$$

まず,$\hat{F}$ に対する構造条件を $\mathbb{R}^n$ 上に拡張しておく.

$\exists \hat{\omega} \in \mathcal{M}$

s.t. $\begin{cases} X, Y \in S^n \text{ と } \alpha > 1 \text{ が次の行列不等式を満たすとする.} \\ \begin{pmatrix} X & O \\ O & Y \end{pmatrix} \leq 3\alpha \begin{pmatrix} I & -I \\ -I & I \end{pmatrix} \\ \text{すると,} \hat{F}(y, \alpha(x-y), -Y) - \hat{F}(x, \alpha(x-y), X) \\ \leq \hat{\omega}(|x-y|(\alpha|x-y|+1)) \ (x, y \in \mathbb{R}^n) \text{ が成り立つ.} \end{cases}$ (3.52)

$\hat{F}$ の "線形化" に現れる記号を導入する.

$$F_0(x, p, X) := \inf_{(q,Y) \in \mathbb{R}^n \times S^n} \{\hat{F}(x, p+q, X+Y) - \hat{F}(x, q, Y)\}$$

この F_0 が意味を持つための次の仮定をする．

$$F_0(x,p,X) > -\infty \quad (\forall (x,p,X) \in \mathbb{R}^n \times \mathbb{R}^n \times S^n) \tag{3.53}$$

補題 3.19 (線形化) $\hat{F}$, F_0 はそれぞれ，(3.52), (3.53) を満たすとする．$u \in USC(\mathbb{R}^n)$ と $v \in LSC(\mathbb{R}^n)$ をそれぞれ，(3.51) の粘性劣解，粘性優解とする．$w := u - v$ は次の方程式の粘性劣解になる．

$$\nu w + F_0(x, Dw, D^2 w) = 0 \quad \text{in } \mathbb{R}^n$$

証明 $\phi \in C^2(\mathbb{R}^n)$ に対し，$(w - \phi)(x) \geq (w - \phi)(y)$ $(y \in B_r(x))$ が成り立つとする．$w(y)$ の代わりに，$\delta > 0$ に対し，$w(y) - \delta|y-x|^4$ を考えれば，$w - \phi$ は x で狭義局所最大値をとるとしてよい．$x = 0$ としよう．$\varepsilon > 0$ に対し，$(x,y) \in \mathbb{R}^n \times \mathbb{R}^n \to u(x) - v(y) - \phi(x) - \frac{1}{2\varepsilon}|x-y|^2$ として，$(x_\varepsilon, y_\varepsilon) \in \overline{B}_r \times \overline{B}_r$ で最大値をとるとする．$\Phi(x_\varepsilon, y_\varepsilon) \geq \Phi(0,0) = 0$ なので，$\lim_{\varepsilon \to 0}(x_\varepsilon, y_\varepsilon) = (0,0)$, $\lim_{\varepsilon \to 0}\frac{|x_\varepsilon - y_\varepsilon|^2}{\varepsilon} = 0$, $\lim_{\varepsilon \to 0}(u(x_\varepsilon), v(y_\varepsilon)) = (u(0), v(0))$ が成り立つことがわかる．$x_\varepsilon, y_\varepsilon$ を x, y と書き，$p := \frac{1}{\varepsilon}(x-y)$ とおく．u, v の定義から，

$$\nu u(x) + \hat{F}(x, p + D\phi(x), X + D^2\phi(x)) \leq 0 \leq \nu v(y) + \hat{F}(y, p, -Y)$$

を得る．ただし，$X, Y \in S^n$ は構造条件 (3.52) の行列不等式を満たす．よって，

$$\begin{aligned}\nu(u(x) - v(y)) &\leq \hat{F}(y, p, -Y) - \hat{F}(x, p, X) - F_0(x, D\phi(x), D^2\phi(x)) \\ &\leq \hat{\omega}(|x-y|(|p|+1)) - F_0(x, D\phi(x), D^2\phi(x))\end{aligned}$$

が成り立つ．故に，$\varepsilon \to 0$ とすると，次の不等式が得られるので証明が終わる．

$$\nu w(0) + F_0(0, D\phi(0), D^2\phi(0)) \leq 0 \qquad \blacksquare$$

　有界領域の場合，比較原理が成立する設定の下では，粘性解は連続になるので有界性を仮定するのは自然であろう．しかし，非有界領域では，連続関数が有界とは限らない．また，応用上も有界性を仮定するのは強すぎる要求のことがある．さらに，係数や非斉次項にあたる関数も非有界な場合を扱う必要なこともある．

3.5 境界値問題

以下, $\langle x \rangle := \sqrt{|x|^2 + 1}$ とおく. ここでは, F_0 に次の仮定をおく.

$$\exists \alpha_0, \mu_0 > 0$$
$$\text{s.t.} \begin{cases} F_0(x, p, X) \geq -\alpha_0 \langle x \rangle^2 \text{Tr}(X) - \mu_0 \langle x \rangle |p| \\ (x, p \in \mathbb{R}^n, X \in S^n) \end{cases} \tag{3.54}$$

(3.54) が成立する例を与えよう. 2.1 節と 3.3 節の例で, $\Omega = \mathbb{R}^n$ の時に,

$$L_0^{a,b}(x, p, X) := -\text{Tr}(\sigma^t(x, a, b) \sigma(x, a, b) X) + \langle g(x, a, b), p \rangle$$

と $f(x, a, b)$ を用いて,

$$\hat{F}(x, p, X) := \sup_{a \in \boldsymbol{A}} \inf_{b \in \boldsymbol{B}} \{L_0^{a,b}(x, p, X) - f(x, a, b)\}$$

とおく. すると, F_0 は,

$$F_0(x, p, X) = \inf_{(a,b) \in \boldsymbol{A} \times \boldsymbol{B}} L_0^{a,b}(x, p, X)$$

となるので, ある $\Lambda > 0$ に対して,

$$\|\sigma(x, a, b)\| \leq \Lambda \langle x \rangle, \; |g(x, a, b)| \leq \Lambda \langle x \rangle \quad (x \in \mathbb{R}^n, (a, b) \in \boldsymbol{A} \times \boldsymbol{B})$$

と仮定すれば, (3.54) を満たす $\alpha_0, \mu_0 > 0$ が選べる.

まずは, 有界な粘性解の一意性を導くための比較原理を述べる.

命題 3.20 $\nu > 0$, (3.52) および, (3.54) を仮定し, $u, v : \mathbb{R}^n \to \mathbb{R}$ をそれぞれ, (3.51) の粘性劣解, 粘性優解とする. $\sup_{\mathbb{R}^n}(u^* - v_*) < \infty$ ならば, $\sup_{\mathbb{R}^n}(u^* - v_*) \leq 0$ が成り立つ.

証明 u^* と v_* をそれぞれ, u と v と書くことにする. $w(x) := u(x) - v(x)$ とおくと, 補題 3.19 と仮定 (3.54) より, w は次の粘性劣解になる.

$$\nu w - \alpha_0 \langle x \rangle^2 \triangle w - \mu_0 \langle x \rangle |Dw| = 0 \quad \text{in } \mathbb{R}^n \tag{3.55}$$

任意の $\varepsilon > 0$ と $\beta \in (0,1)$ に対し，$\zeta(x) := \varepsilon(\langle x \rangle^\beta + 1)$ とおいて，次のように計算できる．

$$D\zeta(x) = \varepsilon \beta \langle x \rangle^{\beta-2} x, \quad D^2\zeta(x) = \varepsilon \beta \langle x \rangle^{\beta-4}(\langle x \rangle^2 I + (\beta-2) x \otimes x)$$

これらを (3.55) の右辺に代入すると，

$$\nu\zeta - \alpha_0 \varepsilon \langle x \rangle^{\beta-2} \beta(n\langle x \rangle^2 + (\beta-2)|x|^2) - \mu_0 \langle x \rangle^{\beta-1} \varepsilon\beta|x|$$
$$\geq \varepsilon \langle x \rangle^\beta \{\nu - \beta(\alpha_0 n + \mu_0)\} + \varepsilon\nu$$

なので，$0 < \beta < \beta_0 := \frac{\nu}{\alpha_0 n + \mu_0}$ の時に，次の不等式が成り立つ．

$$\nu\zeta(x) - \alpha_0 \langle x \rangle^2 \triangle \zeta(x) - \mu_0 \langle x \rangle |D\zeta(x)| > 0$$

さて，$\lim_{|x|\to\infty}(w-\zeta) = -\infty$ なので，$(w-\zeta)(\hat{x}) = \sup_{\mathbb{R}^n}(w-\zeta)$ となる $\hat{x} \in \mathbb{R}^n$ がある．$(w-\zeta)(\hat{x}) > 0$ とすると，

$$\nu\zeta(\hat{x}) - \alpha_0 \langle \hat{x} \rangle^2 \triangle \zeta(\hat{x}) - \mu_0 \langle \hat{x} \rangle |D\zeta(\hat{x})| \leq 0$$

となるが，これは ζ の選び方に矛盾する．故に，$w(x) \leq \zeta(x) = \varepsilon(\langle x \rangle^\beta + 1)$ $(x \in \mathbb{R}^n)$ が成り立つので，$\varepsilon \to 0$ として証明が終わる． ∎

注意 3.15 仮定 $\sup_{\mathbb{R}^n}(u^* - v_*) < \infty$ の代わりに，

$$\limsup_{R\to\infty} \sup_{x\in B_R} \frac{(u^* - v_*)(x)}{\langle x \rangle^{\beta_0}} \leq 0$$

を仮定しても比較原理が成り立つ．実際，$\limsup_{|x|\to\infty}(w-\zeta) < 0$ となるので，$\langle x \rangle^{\beta_0}$ より増大度が小さい関数としては一意に定まることがわかる．

一次の増大度を持った粘性解の比較原理を述べておく．証明は問題にする．

命題 3.21 (3.52) および, (3.54) が $\alpha_0, \mu_0 > 0$ で成り立つならば，次を満たす $\nu_0 = \nu_0(\alpha_0, \mu_0, n) > 0$ が存在する．任意の $\nu \geq \nu_0$ に対し，$u, v : \mathbb{R}^n \to \mathbb{R}$ がそれぞれ，(3.51) の粘性劣解，粘性優解で $\sup_{x\in\mathbb{R}^n} \frac{u^*(x) - v_*(x)}{\langle x \rangle} < \infty$ を満たすならば，$\sup_{\mathbb{R}^n}(u^* - v_*) \leq 0$ が成り立つ．

問題

1. $a \in \boldsymbol{A}$ に対し, $F_a : \Omega \times \mathbb{R} \times \mathbb{R}^n \times S^n \to \mathbb{R}$ が構造条件を同じ $\omega_R \in \mathcal{M}$ で満たすとする. 次の性質を示せ.
(1) $a, b \in \boldsymbol{A}$ と $A, B \geq 0$ に対し, $AF_a + BF_b$ が構造条件を満たす.
(2) $\inf_{a \in \boldsymbol{A}} F_a(x, r, p, X) > -\infty$ $(\forall (x, r, p, X) \in \Omega \times \mathbb{R} \times \mathbb{R}^n \times S^n)$ が成り立つならば, $\inf_{a \in \boldsymbol{A}} F_a$ が構造条件を満たす.
(3) $\sup_{a \in \boldsymbol{A}} F_a(x, r, p, X) < \infty$ $(\forall (x, r, p, X) \in \Omega \times \mathbb{R} \times \mathbb{R}^n \times S^n)$ が成り立つならば, $\sup_{a \in \boldsymbol{A}} F_a$ が構造条件を満たす.

2. 定理 3.15 の仮定において, (3.27) が $\nu \geq 0$ の場合, $e^{-\beta t}$ を u, v に掛けなくても, 証明できることを示せ. (注意)$\nu = 0$ の場合も証明できることに注意せよ.

3. 定理 3.17 と定理 3.18 で通常の構造条件より強い (3.24) を仮定したが, 通常の構造条件ではこれらの証明のどこが破綻するか述べよ.

4. 定理 3.18 の仮定で, d_0 が $\partial \Omega$ の近傍で C^1 とする. $d_m := d_0 * \rho_m$ とおくと, 十分大きな $m \in \mathbb{N}$ を固定して用いれば, $d \in C^2(\overline{\Omega})$ の存在を仮定しなくても同じ論法で証明できることを確かめよ. ただし, ρ_m は付録 A を参照せよ.

5. 命題 3.21 を証明せよ. (ヒント)$\zeta(x) := \varepsilon \langle x \rangle^{1+\delta}$ を用いる. $(\delta > 0)$

6. $\Omega \subset \mathbb{R}^n$ を有界とし, $(x, r, p, X) \in \Omega \times \mathbb{R} \times \mathbb{R}^n \times S^n$ に対し,

$$F(x, r, p, X) := -\mathrm{Tr}(\sigma^t(x)\sigma(x)X) + \langle g(x), p \rangle + \nu r - f(x)$$

とおく. $\nu > 0$, $\sigma, g \in W^{1,\infty}(\Omega)$, $f \in C(\Omega)$ を満たし, $u \in USC(\overline{\Omega})$, $v \in LSC(\overline{\Omega})$ がそれぞれ, (2.1) の粘性劣解, 粘性優解であり, $u(x) \leq v(x)$ $(\forall x \in \partial \Omega)$ を満たすとする. 線形化の方法を用いて, $u(x) \leq v(x)$ $(\forall x \in \overline{\Omega})$ を示せ.

第 4 章 ◇ 比較原理　−再訪−

　前章では，本書の主題である比較原理の基礎的な結果を述べた．これらは，User's guide [8] や Beginner's guide [16] にもある標準的な議論である．本章はその後のいくつかの展開に関して述べる．まず，比較原理の別証明を最初に述べる．そのために，関数の近似に関する結果をまとめておく．さらに，一般論で扱えない幾つかの重要な方程式に対する比較原理を紹介する．

4.1　関数の近似

　通常，弱解の性質を調べる際に，古典解であると仮定して形式的に確かめることで方針がわかることがある．この形式的な議論を正当化するために，弱解を近似した関数がほとんど同じ偏微分方程式の古典解になることを利用して，近似した関数の性質を導き，最後に極限をとることがある．

　発散型方程式を扱う場合は，軟化子を用いた合成積による近似が通常用いられてきた．一方，非発散型方程式に対して導入された粘性解には，別の近似が有効である．

　まず，凸集合，凸関数・凹関数の定義を復習しよう．

定義 4.1　　$\Omega \subset \mathbb{R}^n$ が**凸集合**とは，任意の $x, y \in \Omega$ と $t \in (0, 1)$ に対し，

$$tx + (1-t)y \in \Omega$$

となることである (図 4.1 参照)．

定義 4.2　　$\Omega \subset \mathbb{R}^n$ を凸集合とする．$u : \Omega \to \mathbb{R}$ が Ω での**凸** (resp., **凹**) で

4.1 関数の近似

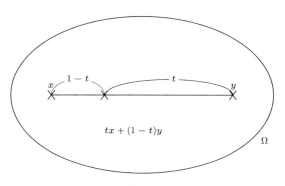

図 4.1

あるとは,任意の $x, y \in \Omega$ と $t \in (0,1)$ に対し,次の不等式が成り立つことである.

$$u(tx + (1-t)y) \leq tu(x) + (1-t)u(y)$$
$$\left(\text{resp., } u(tx + (1-t)y) \geq tu(x) + (1-t)u(y)\right)$$

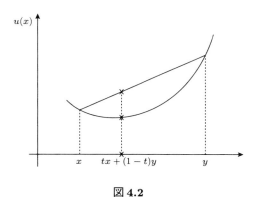

図 4.2

役に立つ凸・凹な関数の例を演習で述べる.

〖演習 4.1〗 空でない集合 $\boldsymbol{A}$ があり,$a \in \boldsymbol{A}$ に対して,$p_a \in \mathbb{R}^n$ と $\ell_a \in \mathbb{R}$ が与えられている時,

$$u(x) := \sup_{a \in \boldsymbol{A}} \{\langle p_a, x \rangle + \ell_a\} \quad \left(\text{resp., } \inf_{a \in \boldsymbol{A}} \{\langle p_a, x \rangle + \ell_a\}\right)$$

とおく. 任意の $x \in \mathbb{R}^n$ に対し, $u(x) < \infty$(resp., $u(x) > -\infty$) ならば, u は $\mathbb{R}^n$ 上で, 凸 (resp., 凹) であることを示せ.

C^2 関数が凸または凹であることのよく知られた十分条件を演習とする.

〖**演習 4.2**〗 $\Omega \subset \mathbb{R}^n$ を凸開集合とする. $u \in C^2(\Omega)$ が $\forall x \in \Omega$ に対し, $D^2u(x) \geq O$ (resp., $\leq O$) が成り立つならば, u は凸 (resp., 凹) である.

逆に凸関数に対して, 2 階微分が存在すれば, 非負になることを次の命題で示す.

命題 4.1 $\Omega \subset \mathbb{R}^n$ を凸開集合とする. 関数 $u : \Omega \to \mathbb{R}$ が凸 (resp., 凹) で, $x \in \Omega$ で 2 階微分可能であれば, $D^2u(x) \geq O$ (resp., $\leq O$) となる.

証明 凸の場合を示す. $B_{t_0}(x) \subset \Omega$ となる $t_0 > 0$ を固定する. u は x で 2 階微分可能なので, $\xi \in \partial B_1$ と $|t| < t_0$ に対し,

$$\left| u(x \pm t\xi) - u(x) \mp t\langle Du(x), \xi\rangle - \frac{t^2}{2}\langle D^2u(x)\xi, \xi\rangle \right| \leq o(t^2)$$

が成り立つので次を満たす $\omega_u \in \mathcal{M}$ がある.

$$u(x \pm t\xi) - u(x) \mp t\langle Du(x), \xi\rangle - \frac{t^2}{2}\langle D^2u(x)\xi, \xi\rangle \leq t^2 \omega_u(t) \quad (4.1)$$

一方, u は凸なので, 次の不等式が成り立つことに注意する.

$$u(x) \leq \frac{1}{2}\{u(x + t\xi) + u(x - t\xi)\} \quad (4.2)$$

よって, (4.1) の和をとると, 一階微分項が打ち消しあって次のようになる.

$$u(x + t\xi) + u(x - t\xi) - 2u(x) - t^2\langle D^2u(x)\xi, \xi\rangle \leq 2t^2 \omega_u(t)$$

故に, (4.2) より, 最初の三項を合わせると非負なので, $-\langle D^2u(x)\xi, \xi\rangle \leq 2\omega_u(t)$ となる. $t \to 0$ とすると $-D^2u(x) \leq O$ が示せる. ∎

本節では, 開集合 $\Omega \subset \mathbb{R}^n$ を固定する. 関数 $u : \overline{\Omega} \to \mathbb{R}$ を $\mathbb{R}^n$ 全体に拡張する関数を次の記号で表す.

$$\overline{u}(x) := \begin{cases} u(x) & (x \in \overline{\Omega}) \\ \infty & (x \notin \overline{\Omega}) \end{cases} \quad \underline{u}(x) := \begin{cases} u(x) & (x \in \overline{\Omega}) \\ -\infty & (x \notin \overline{\Omega}) \end{cases}$$

4.1 関数の近似

関数 $u : \mathbb{R}^n \to \mathbb{R}$ に対しては, $u = \overline{u} = \underline{u}$ であることに注意する.

定義 4.3 $u : \overline{\Omega} \to \mathbb{R}$ と $\varepsilon > 0$ に対し, u の**上限近似** $u^\varepsilon : \mathbb{R}^n \to \mathbb{R}$(resp., **下限近似** $u_\varepsilon : \mathbb{R}^n \to \mathbb{R}$) を次で定義する。

$$u^\varepsilon(x) := \sup\left\{\underline{u}(y) - \frac{1}{2\varepsilon}|x-y|^2 \;\Big|\; y \in \mathbb{R}^n\right\}$$
$$\left(\text{resp., } u_\varepsilon(x) := \inf\left\{\overline{u}(y) + \frac{1}{2\varepsilon}|x-y|^2 \;\Big|\; y \in \mathbb{R}^n\right\}\right)$$

次に, 凸性・凹性を弱めた概念を導入する.

定義 4.4 $u : \mathbb{R}^n \to \mathbb{R}$ が**半凸** (resp., **半凹**) とは, 次を満たす $\alpha \geq 0$ が存在することとする.

$$x \to u(x) + \alpha|x|^2 \text{ が凸} \quad (\text{resp., } x \to u(x) - \alpha|x|^2 \text{ が凹})$$

この時, u は α 半凸 (resp., α 半凹) という.

$\alpha = 0$ の時, 0 凸 (resp., 0 凹) は凸 (resp., 凹) のことである.

〖演習 4.3〗 $u : \mathbb{R}^n \to \mathbb{R}$ が α 半凸 (resp., 半凹) ならば, 任意の $\alpha' > \alpha$ に対して, α' 半凸 (resp., 半凹) になることを示せ.

〖演習 4.4〗 $t \in \mathbb{R} \setminus \{0\}$ と $s \geq 1$ に対し, 関数 $t|x|^s$ が半凸になる t の条件を与え, その証明をせよ.

上限近似・下限近似の基本的な性質を述べる.

命題 4.2 $u : \overline{\Omega} \to \mathbb{R}$ が, $\sup_{\overline{\Omega}} u < \infty$ $\left(\text{resp., } \inf_{\overline{\Omega}} u > -\infty\right)$ を仮定する. 次の性質が成り立つ.

(1) $u_\varepsilon(x) \leq u(x) \leq u^\varepsilon(x) \quad (\varepsilon > 0, x \in \overline{\Omega})$
(2) $u_\varepsilon(x) \leq u_\delta(x) \leq u^\delta(x) \leq u^\varepsilon(x) \quad (0 < \delta < \varepsilon, x \in \mathbb{R}^n)$
(3) u^ε (resp., u_ε) は $\frac{1}{2\varepsilon}$ 半凸 (resp., $\frac{1}{2\varepsilon}$ 半凹) である.

(4) $u \in USC(\overline{\Omega})$(resp., $u \in LSC(\overline{\Omega})$) ならば，次の式が成り立つ．

$$\lim_{\varepsilon \to 0} u^\varepsilon(x) = u(x) \quad \left(\text{resp.,} \lim_{\varepsilon \to 0} u_\varepsilon(x) = u(x)\right) \quad (\forall x \in \overline{\Omega})$$

(5) $u \in C(\Omega) \cap L^\infty(\Omega)$ ならば，$\varepsilon \to 0$ の時，u^ε と u_ε は u に Ω 上で局所一様収束する．

注意 4.1　(3) より，$u^\varepsilon, u_\varepsilon \in W^{1,\infty}_{loc}(\mathbb{R}^n)$ となる (付録 B の定理 B.12 を参照).

証明　上限近似の方だけ示す．
(1) と (2) は，定義より明らかなので略する．
(3) 任意の $x \in \mathbb{R}^n$ に対し，

$$u^\varepsilon(x) + \frac{1}{2\varepsilon}|x|^2 = \sup_{y \in \overline{\Omega}}\left\{u(y) - \frac{1}{2\varepsilon}(2\langle x,y\rangle - |y|^2)\right\}$$

となり，任意の $y \in \Omega$ を固定すると，$u(y) - \frac{1}{2\varepsilon}(2\langle x,y\rangle - |y|^2)$ は x について一次関数である．故に，$x \to u^\varepsilon(x) + \frac{1}{2\varepsilon}|x|^2$ は凸関数になる (演習 4.1 参照).
(4) (2) から，$\varepsilon \to 0$ の時，$u^\varepsilon(x)$ は単調減少なので，$\lim_{\varepsilon \to 0} u^\varepsilon(x)$ は存在する．u は，上に有界なので，$u^\varepsilon(x) = u(x_\varepsilon) - \frac{1}{2\varepsilon}|x_\varepsilon - x|^2$ となる，$x_\varepsilon \in \overline{\Omega}$ が存在する．故に，次の不等式が成り立つ．

$$\frac{1}{2\varepsilon}|x_\varepsilon - x|^2 \leq u(x_\varepsilon) - u(x) \leq \sup_{\overline{\Omega}} u - u(x) =: M_x < \infty$$

よって，$\lim_{\varepsilon \to 0} x_\varepsilon = x$ となる．もう一度，この不等式の最初の方を用いると，$u \in USC(\overline{\Omega})$ なので，$\lim_{\varepsilon \to 0} \frac{|x_\varepsilon - x|^2}{\varepsilon} = 0$ かつ，$\lim_{\varepsilon \to 0} u(x_\varepsilon) = u(x)$ が導かれる．
(5) 有界閉集合 $K \Subset \Omega$ と任意に $\varepsilon \in (0,1]$ を固定する．$M := \sup_{\overline{\Omega}} |u| \geq 0$ とし，$x \in K$ に対し，次を満たす $x_\varepsilon \in \Omega$ を選ぶ．

$$u^\varepsilon(x) - \varepsilon < u(x_\varepsilon) - \frac{|x - x_\varepsilon|^2}{2\varepsilon}$$

すると，$|x - x_\varepsilon| \leq \sqrt{2\varepsilon(2M+1)}$ が示せる．$\varepsilon_0 := \frac{1}{2}\text{dist}(K, \partial\Omega)$ とおいて，さらに ε が $0 < \varepsilon < \frac{\varepsilon_0^2}{2(2M+1)}$ を満たすとする．有界閉集合

$$\hat{K} := \{y \in \Omega \mid \text{dist}(y, K) \leq \varepsilon_0\}$$

は，$\varepsilon_0 > 0$ の決め方から，$\hat{K} \Subset \Omega$ となる．u は $\hat{K}$ 上で一様連続だから

$$\omega_1(t) := \sup\{|u(x) - u(y)| \mid x, y \in \hat{K}, |x - y| \leq t\}$$

とすると，$\lim_{t \to 0} \omega_1(t) = 0$ が成り立つ．$u(x) \leq u^\varepsilon(x)$ と $x_\varepsilon \in \hat{K}$ に注意すれば，

$$|u^\varepsilon(x) - u(x)| \leq \varepsilon + u(x_\varepsilon) - u(x) \leq \varepsilon + \omega_1\left(\sqrt{2\varepsilon(2M+1)}\right)$$

を得る．よって，K 上で一様収束する．∎

4.2　関数の二重近似

上限近似と下限近似を組み合わせた，関数の二重近似は，比較原理の別証明等に用いられることがある．本書では，次節以降で用いないが，基本的な結果なのでまとめて述べておく．

命題 4.3　$u: \overline{\Omega} \to \mathbb{R}$ と $\varepsilon, \delta > 0$ に対し，次の性質が成り立つ．
(1) $(u_\delta)^\delta(x) \leq u(x) \leq (u^\delta)_\delta(x)$　　$(\forall x \in \overline{\Omega})$
(2) $u_{\varepsilon+\delta}(x) = (u_\varepsilon)_\delta(x)$, $u^{\varepsilon+\delta}(x) = (u^\varepsilon)^\delta(x)$　　$(\forall x \in \mathbb{R}^n)$
(3) $(u_{\varepsilon+\delta})^\delta(x) \leq u_\varepsilon(x)$, $u^\varepsilon(x) \leq (u^{\varepsilon+\delta})_\delta(x)$　　$(\forall x \in \mathbb{R}^n)$

証明　(1) 次の不等式から $(u_\delta)^\delta \leq u$ は，簡単に示せる (もう一方も同様)．

$$\begin{aligned}(u_\delta)^\delta(x) &= \sup\left\{u_\delta(y) - \tfrac{1}{2\delta}|x-y|^2 \mid y \in \mathbb{R}^n\right\} \\ &\leq \sup\left\{u(x) + \tfrac{1}{2\delta}|y-x|^2 - \tfrac{1}{2\delta}|x-y|^2 \mid y \in \overline{\Omega}\right\} \\ &= u(x)\end{aligned}$$

(2) 最初の方のみ示す．$x \in \mathbb{R}^n$ を固定する．下限をとる順番を交換すると次の関係式が成り立つ．

$$(u_\varepsilon)_\delta(x) = \inf_{z \in \mathbb{R}^n}\left\{\overline{u}(z) + \inf_{y \in \mathbb{R}^n}\left(\frac{|y-z|^2}{2\varepsilon} + \frac{|x-y|^2}{2\delta}\right)\right\}$$

任意の $z \in \mathbb{R}^n$ を固定すると，$\inf_{y \in \mathbb{R}^n}(\cdots)$ は，最小値をある点 $\hat{y} \in \mathbb{R}^n$ でとることがわかる．$\hat{y}$ では，y について微分がゼロなので

$$\frac{\hat{y}-z}{\varepsilon} + \frac{\hat{y}-x}{\delta} = 0$$

が導かれる．故に，$\hat{y} = \frac{\varepsilon x + \delta z}{\varepsilon + \delta}$ となる．これを $\frac{|y-z|^2}{2\varepsilon} + \frac{|y-x|^2}{2\delta}$ に代入すると，

$$\frac{\delta|\varepsilon x + \delta z - (\varepsilon+\delta)z|^2 + \varepsilon|\varepsilon x + \delta z - (\varepsilon+\delta)x|^2}{2\varepsilon\delta(\varepsilon+\delta)^2} = \frac{|x-z|^2}{2(\varepsilon+\delta)}$$

となるので，次式が得られて，証明が終わる．

$$(u_\varepsilon)_\delta(x) = \inf_{z\in\mathbb{R}^n}\left\{\overline{u}(z) + \frac{|x-z|^2}{2(\varepsilon+\delta)}\right\}$$

(3) 最初の方のみ示す．任意の $y\in\mathbb{R}^n$ と $z\in\overline{\Omega}$ に対し，次の不等式が成り立つ．

$$u(z) + \frac{|y-z|^2}{2(\varepsilon+\delta)} - \frac{|x-y|^2}{2\delta} \leq u(z) + \sup_{y\in\mathbb{R}^n}\left\{\frac{|y-z|^2}{2(\varepsilon+\delta)} - \frac{|x-y|^2}{2\delta}\right\}$$

$\varepsilon > 0$ なので，上の式の上限は，最大値をとる $\tilde{y}\in\mathbb{R}^n$ がある．この $\tilde{y}$ で y に関する微分はゼロなので，$\delta(\tilde{y}-z) = (\varepsilon+\delta)(\tilde{y}-x)$ が成り立つ．よって，$\tilde{y} = \frac{(\varepsilon+\delta)x - \delta z}{\varepsilon}$ となる．この $\tilde{y}$ を代入すると，

$$\frac{|\tilde{y}-z|^2}{2(\varepsilon+\delta)} - \frac{|x-\tilde{y}|^2}{2\delta} = \frac{\delta|(\varepsilon+\delta)(x-z)|^2 - (\varepsilon+\delta)|\delta(x-z)|^2}{2\varepsilon^2\delta(\varepsilon+\delta)} = \frac{|x-z|^2}{2\varepsilon}$$

であるので，次の不等式が成り立つ．

$$u(z) + \frac{|y-z|^2}{2(\varepsilon+\delta)} - \frac{|x-y|^2}{2\delta} \leq u(z) + \frac{|x-z|^2}{2\varepsilon} \quad (y\in\mathbb{R}^n, z\in\overline{\Omega})$$

まず z に関して下限をとり，次式を得てから y について上限をとればよい．

$$u_{\varepsilon+\delta}(y) - \frac{|x-y|^2}{2\delta} \leq u_\varepsilon(x) \qquad \blacksquare$$

後で，上限近似と下限近似を組み合わせた関数の性質を調べるために，凸解析から補題を二つ用意しておく．

4.2 関数の二重近似

補題 4.4 $g : \mathbb{R}^n \to \mathbb{R}$ が凸ならば，次の等式が成り立つ．

$$g(x) = \sup_{y \in \mathbb{R}^n} \inf_{z \in \mathbb{R}^n} \{g(z) + \alpha \langle y, x - z \rangle\} \quad (\forall x \in \mathbb{R}^n, \alpha \neq 0) \tag{4.3}$$

証明 (4.3) の右辺を $h(x)$ とおく．まず，

$$h(x) \leq \sup_{y \in \mathbb{R}^n} \{g(x) + \alpha \langle y, x - x \rangle\} = g(x)$$

は明らかである．命題 B.15 より，次を満たす $\hat{y} \in \mathbb{R}^n$ が存在する．

$$g(z) \geq \langle \hat{y}, z - x \rangle + g(x) \quad (\forall z \in \mathbb{R}^n) \tag{4.4}$$

故に，(4.4) の右辺第一項を左辺に移行して下限をとると，

$$\inf_{z \in \mathbb{R}^n} \{g(z) + \langle \hat{y}, x - z \rangle\} \geq g(x) \tag{4.5}$$

が得られる．一方，$\alpha \neq 0$ なので，$h(x) \geq \inf_{z \in \mathbb{R}^n} \{g(z) + \alpha \langle \frac{1}{\alpha} \hat{y}, x - z \rangle\}$ である．故に，(4.5) より，$h(x) \geq g(x)$ が成り立つ． ∎

補題 4.5 $g : \mathbb{R}^n \times \mathbb{R}^n \to \mathbb{R}$ を凸とする．$G(x) := \inf_{y \in \mathbb{R}^n} g(x, y)$ とおく．任意の $x \in \mathbb{R}^n$ に対し，$G(x) > -\infty$ ならば，G は凸になる．

証明 $x_k \in \mathbb{R}^n$ ($k = 1, 2$) と $t \in (0, 1)$ を固定する．任意の $\varepsilon > 0$ に対し，次の不等式を満たす $y_k \in \mathbb{R}^n$ がある．

$$G(x_k) + \varepsilon > g(x_k, y_k)$$

g は凸だから，次のようになる．

$$\begin{aligned} G(tx_1 + (1-t)x_2) &\leq g(tx_1 + (1-t)x_2, ty_1 + (1-t)y_2) \\ &\leq tg(x_1, y_1) + (1-t)g(x_2, y_2) \\ &\leq tG(x_1) + (1-t)G(x_2) + \varepsilon \end{aligned}$$

よって，$\varepsilon > 0$ は任意なので G は凸になる． ∎

半凸・半凹な関数を上限・下限近似した場合の性質を述べる.

命題 4.6　$\varepsilon > 0$ に対し, $v : \mathbb{R}^n \to \mathbb{R}$ を $\frac{1}{2\varepsilon}$ 半凸 (resp., 半凹) とすると, 次の性質が成り立つ.
(1) $v(x) = (v_\varepsilon)^\varepsilon(x)(\text{resp.}, = (v^\varepsilon)_\varepsilon(x))$　　$(\forall x \in \mathbb{R}^n)$.
(2) $0 < \delta < \varepsilon$ ならば, v_δ (resp., v^δ) は $\frac{1}{2(\varepsilon-\delta)}$ 半凸 (resp., 半凹) になる.

証明　半凸の方を示す.
(1) を示すために $(v_\varepsilon)^\varepsilon$ を次のように変形する.

$$\begin{aligned}(v_\varepsilon)^\varepsilon(x) &= \sup_{y \in \mathbb{R}^n} \inf_{z \in \mathbb{R}^n} \left\{ v(z) + \frac{|y-z|^2}{2\varepsilon} - \frac{|x-y|^2}{2\varepsilon} \right\} \\ &= \sup_{y \in \mathbb{R}^n} \inf_{z \in \mathbb{R}^n} \left\{ v(z) + \frac{|z|^2}{2\varepsilon} + \frac{\langle y, x-z \rangle}{\varepsilon} \right\} - \frac{|x|^2}{2\varepsilon} \end{aligned}$$

上式で, $g(z) := v(z) + \frac{|z|^2}{2\varepsilon}$ は凸関数だから, 補題 4.4 より, 最後の式は $g(x) - \frac{|x|^2}{2\varepsilon}$ と等しくなり, 証明が終わる.
(2) 次のように変形する.

$$\begin{aligned} v_\delta(x) + \frac{|x|^2}{2(\varepsilon-\delta)} &= \inf_{y \in \mathbb{R}^n} \left\{ v(y) + \frac{|x-y|^2}{2\delta} + \frac{|x|^2}{2(\varepsilon-\delta)} \right\} \\ &= \inf_{y \in \mathbb{R}^n} \left\{ v(y) + \frac{|y|^2}{2\varepsilon} + h(x,y) \right\} \end{aligned}$$

ただし, $h(x,y) = -\frac{|y|^2}{2\varepsilon} + \frac{|x-y|^2}{2\delta} + \frac{|x|^2}{2(\varepsilon-\delta)}$ とした. h の二階微分を計算すると

$$D^2 h(x,y) = \begin{pmatrix} \left(\frac{1}{\delta} + \frac{1}{\varepsilon-\delta}\right) I & -\frac{1}{\delta} I \\ -\frac{1}{\delta} I & \left(-\frac{1}{\varepsilon} + \frac{1}{\delta}\right) I \end{pmatrix}$$

となる. 任意の $\xi, \eta \in \mathbb{R}^n$ に対し, $\zeta := (\xi, \eta) \in \mathbb{R}^{2n}$ とおくと,

$$\begin{aligned} \langle D^2 h(x,y)\zeta, \zeta \rangle &= \left(\frac{1}{\delta} + \frac{1}{\varepsilon-\delta}\right) |\xi|^2 - \frac{2}{\delta}\langle \xi, \eta \rangle + \left(-\frac{1}{\varepsilon} + \frac{1}{\delta}\right) |\eta|^2 \\ &= \frac{1}{\varepsilon\delta(\varepsilon-\delta)} |\varepsilon\xi - (\varepsilon-\delta)\eta|^2 \\ &\geq 0 \end{aligned}$$

であるので, h は凸関数になる (演習 4.2). v は $\frac{1}{2\varepsilon}$ 半凸なので, 最後に $g(x,y) := v(y) + \frac{1}{2\varepsilon}|y|^2 + h(x,y)$ とおくと, 凸関数である. 故に, 補題 4.5 により, v_δ は $\frac{1}{2(\varepsilon-\delta)}$ 半凸となることがわかる.　■

〖演習 4.5〗　命題 4.6 の半凹関数に対する命題を証明せよ．

半凸かつ半凹な関数は，Du が Lipschitz 連続になることが示せる．

補題 4.7　$\alpha, \alpha' \geq 0$ に対し，$u : \mathbb{R}^n \to \mathbb{R}$ が α 半凸かつ α' 半凹とする．
(1) 任意の $x \in \mathbb{R}^n$ に対し，$Du(x)$ が存在する．
(2) $|Du(x) - Du(y)| \leq 6(\alpha \vee \alpha')|x - y|$ $(\forall x, y \in \mathbb{R}^n)$ が成り立つ．つまり，$D^2 u \in L^\infty(\mathbb{R}^n)$ となる．

注意 4.2　(半) 凸関数が局所 Lipschitz 連続 (定理 B.14) なので，Rademacher の定理 (定理 B.12) より，ほとんどすべての点で一階微分が可能だが，この補題の仮定の下ではすべての点で一階微分可能である．実際，次の関数は凸関数だが，$x = 0$ で微分可能でないことがすぐわかる．

$$u(x) := \begin{cases} 2x & (x \geq 0) \\ x & (x < 0) \end{cases}$$

〖演習 4.6〗　注意 4.2 の関数 u は半凹でないことを，補題 4.7 を用いずに直接示せ．

また，(半) 凸関数ならばほとんどすべての点で二階微分可能 (定理 A.3) だが，この補題の仮定の下では，二階微分が $L^\infty(\mathbb{R}^n)$ に属することまでわかる．

証明　以下，$\alpha \geq \alpha'$ の場合に示す．この時，u は α 半凸かつ，α 半凹であることに注意する．
(1) $\xi \in \mathbb{R}^n$ に対し，命題 B.15 から，次を満たす $p = p(\xi), q = q(\xi) \in \mathbb{R}^n$ がある．

$$\begin{cases} u(\eta) \geq u(\xi) + \langle p, \eta - \xi \rangle + \alpha(|\xi|^2 - |\eta|^2) \\ \quad\quad = u(\xi) + \langle p - 2\alpha\xi, \eta - \xi \rangle - \alpha|\eta - \xi|^2 & (\forall \eta \in \mathbb{R}^n) \end{cases}$$
$$\begin{cases} u(\eta) \leq u(\xi) + \langle q, \eta - \xi \rangle - \alpha(|\xi|^2 - |\eta|^2) \\ \quad\quad = u(\xi) + \langle q + 2\alpha\xi, \eta - \xi \rangle + \alpha|\eta - \xi|^2 & (\forall \eta \in \mathbb{R}^n) \end{cases}$$

よって，次の不等式が成り立つ．

$$\langle p - q - 4\alpha\xi, \eta - \xi \rangle \leq 2\alpha|\eta - \xi|^2$$

ここで，任意の $e \in \partial B_1$ と $t > 0$ に対し，$\eta := \xi + te$ を代入して t で割り，$t \to 0+$ とすると，$\langle p - q - 4\alpha\xi, e \rangle \leq 0$ となる．故に，$p - 2\alpha\xi = q + 2\alpha\xi$ を得る．

よって,
$$|u(\eta) - u(\xi) - \langle p - 2\alpha\xi, \eta - \xi\rangle| \leq \alpha|\eta - \xi|^2 \tag{4.6}$$
が成り立つ．故に，u は ξ で微分可能で，$Du(\xi) = p - 2\alpha\xi$ である．

(2) (4.6) において，$(\eta, \xi) := (z, x), := (x, y), := (z, y)$ を代入すると，それぞれ

$$-\alpha|z-x|^2 \leq u(z) - u(x) - \langle Du(x), z - x\rangle \leq \alpha|z-x|^2$$
$$-\alpha|x-y|^2 \leq u(x) - u(y) - \langle Du(y), x - y\rangle \leq \alpha|x-y|^2$$
$$-\alpha|y-z|^2 \leq u(y) - u(z) - \langle Du(y), y - z\rangle \leq \alpha|y-z|^2$$

となる．上記3式を加えると，次の不等式が成り立つ．

$$|\langle Du(x) - Du(y), x - z\rangle| \leq \alpha(|z-x|^2 + |x-y|^2 + |y-z|^2)$$

$z := x - p$ とおくと，次の不等式が成り立つ．

$$|\langle Du(x) - Du(y), p\rangle| \leq \alpha(|p|^2 + |x-y|^2 + |y-x+p|^2) \tag{4.7}$$

式 (4.7) から，$|Du(x) - Du(y)| \leq 6\alpha|x-y|$ が成り立つことを示す．$Du(x) = Du(y)$ の時は，自明なので，$Du(x) \neq Du(y)$ の場合を考える．

$p := \frac{|x-y|}{|Du(x)-Du(y)|}(Du(x) - Du(y))$ とおくと，$|p| = |x - y|$ が成り立つことに注意する．(4.7) に代入すると，次の不等式を得るので証明が終わる．

$$|Du(x) - Du(y)| \, |x - y| \leq 6\alpha|x-y|^2 \qquad \blacksquare$$

補題 4.7 によって，上限近似と下限近似をうまく組み合わせると，$W^{2,\infty}$ 関数になることが次の命題でわかる．

<u>**命題 4.8**</u> $\varepsilon, \delta > 0$ に対し，次の性質が成り立つ．
(1) $v : \mathbb{R}^n \to \mathbb{R}$ が $\frac{1}{2\varepsilon}$ 半凸 (resp., $\frac{1}{2\varepsilon}$ 半凹) ならば，$(v^\delta)_\delta$ (resp., $(v_\delta)^\delta$) は $\frac{1}{2\varepsilon}$ 半凸 (resp., $\frac{1}{2\varepsilon}$ 半凹) になる．
(2) $u \in L^\infty(\Omega)$ ならば，$D^2(u^{\varepsilon+\delta})_\delta, D^2(u_{\varepsilon+\delta})^\delta \in L^\infty(\mathbb{R}^n)$ となる．
(3) $u \in L^\infty(\Omega)$ ならば，次の不等式が成り立つ．

$$-\frac{1}{\varepsilon}I \leq D^2(u^{\varepsilon+\delta})_\delta \leq \frac{1}{\delta}I, \quad -\frac{1}{\delta}I \leq D^2(u_{\varepsilon+\delta})^\delta \leq \frac{1}{\varepsilon}I \quad \text{a.e. in } \mathbb{R}^n \tag{4.8}$$

証明 (1) 半凸の方のみ示す. 命題 4.6(1) より, $(v_\varepsilon)^\varepsilon(x) = v(x)$ $(\forall x \in \mathbb{R}^n)$ を得る. よって, $(v^\delta)_\delta = ((v_\varepsilon)^\varepsilon)_\delta$ となり, 命題 4.3 から, $(v^\delta)_\delta = ((v_\varepsilon)^{\varepsilon+\delta})_\delta$ である. $(v_\varepsilon)^{\varepsilon+\delta}$ は $\frac{1}{2(\varepsilon+\delta)}$ 半凸なので, 命題 4.6(2) より, $(v^\delta)_\delta$ は $\frac{1}{2\varepsilon}$ 半凸になる.

(2) (1) と定義から, それぞれ $(u^{\varepsilon+\delta})_\delta$ は $\frac{1}{2\varepsilon}$ 半凸, $\frac{1}{2\delta}$ 半凹がわかる. よって, 補題 4.7 より $W^{2,\infty}(\mathbb{R}^n)$ に属することがわかる. $(u_{\varepsilon+\delta})^\delta$ も同様に示せる.

(3) $(u^{\varepsilon+\delta})_\delta$ について示す. u^ε は $\frac{1}{2\varepsilon}$ 半凸なので, 命題 4.3 より, $(u^{\varepsilon+\delta})_\delta = ((u^\varepsilon)^\delta)_\delta$ となる. よって, 命題 4.8(1) より, $(u^{\varepsilon+\delta})_\delta$ は $\frac{1}{2\varepsilon}$ 半凸である. 故に, 付録の定理 A.3 より, ほとんどすべての点で二階微分可能である. よって, 命題 4.1 と (2) より, 次の不等式が得られる.

$$D^2(u^{\varepsilon+\delta})_\delta \geq -\frac{1}{\varepsilon}I \quad \text{a.e. in } \mathbb{R}^n$$

一方, $(u^{\varepsilon+\delta})_\delta$ は $\frac{1}{2\delta}$ 半凹なので, 同じく次の不等式が成り立つ.

$$D^2(u^{\varepsilon+\delta})_\delta \leq \frac{1}{\delta}I \quad \text{a.e. in } \mathbb{R}^n \qquad \blacksquare$$

次の命題は, (4.8) がぎりぎりの評価であることを示している. また, 命題 4.3(3) で, 等式が成り立たない点での大切な情報を与えている.

命題 4.9 $\delta > 0$ と $v \in C(\mathbb{R}^n) \cap L^\infty(\mathbb{R}^n)$ に対し, $(v^\delta)_\delta$ (resp., $(v_\delta)^\delta$) が $\mathbb{R}^n$ 上で一階微分可能と仮定する. すると, 次の性質が成り立つ.

$$\begin{cases} (v^\delta)_\delta \text{ (resp., } (v_\delta)^\delta\text{) が, } \hat{x} \in \mathbb{R}^n \text{で二階微分可能であり,} \\ (v^\delta)_\delta(\hat{x}) > v(\hat{x}) \text{ (resp., } (v_\delta)^\delta(\hat{x}) < v(\hat{x})\text{) を満たすならば,} \\ \frac{1}{\delta} \text{ が, } D^2(v^\delta)_\delta(\hat{x}) \text{ (resp., } -D^2(v_\delta)^\delta(\hat{x})\text{) の固有値になる.} \end{cases}$$

証明 $(v^\delta)_\delta$ の方のみ示す. $w := (v^\delta)_\delta$ とおく. 以下, 補題 A.5 の注意 A.3 を繰り返す. $x \in \mathbb{R}^n$ に対し, $w(x) = v^\delta(\hat{x}) + \frac{1}{2\delta}|x - \hat{x}|^2$ となる $\hat{x} \in \mathbb{R}^n$ を選ぶ. 一方, x で一階微分可能だから, 次の式が成り立つ.

$$w(y) - w(x) - \langle Dw(x), y - x \rangle = o(|y - x|) \quad (|y - x| \to 0)$$

また定義より，任意の $y, y' \in \mathbb{R}^n$ に対し，次の不等式が成り立つ．

$$v^\delta(y') + \frac{1}{2\delta}|y - y'|^2 \geq w(y)$$

故に，次の不等式が導かれる．

$$v^\delta(y') + \frac{1}{2\delta}|y - y'|^2 - v^\delta(\hat{x}) - \frac{1}{2\delta}|x - \hat{x}|^2 - \langle Dw(x), y - x\rangle \geq o(|y - x|)$$

任意の $\xi \in \partial B_1$ と $t \in \mathbb{R}$ に対し，$y := x + t\xi$ および，$y' := \hat{x}$ とおくと

$$\frac{1}{2\delta}\langle 2(x - \hat{x}) + t\xi, t\xi\rangle - \langle Dw(x), t\xi\rangle \geq o(|t|)$$

を得る．$t > 0$ として，t で割って $t \to 0$ とすると，$\langle x - \hat{x} - \delta Dw(x), \xi\rangle \geq 0$ が導かれる．$t < 0$ とすれば同様に，逆の不等式が成り立つので等式が求まる．故に，$\hat{x} = x - \delta Dw(x)$ となるので，次の等式が成り立つ．

$$w(x) = v^\delta(x - \delta Dw(x)) + \frac{\delta}{2}|Dw(x)|^2$$

よって，次のように変形できる．

$$\begin{aligned} w(x) &= \sup_{z \in \mathbb{R}^n}\left\{v(z) - \frac{1}{2\delta}|x - \delta Dw(x) - z|^2 + \frac{\delta}{2}|Dw(x)|^2\right\} \\ &= \sup_{z \in \mathbb{R}^n}\left\{v(z) - \frac{1}{2\delta}|x - z|^2 + \langle x - z, Dw(x)\rangle\right\} \end{aligned} \quad (4.9)$$

さて，$v \in C(\mathbb{R}^n) \cap L^\infty(\mathbb{R}^n)$ なので，$z_x \in \mathbb{R}^n$ を

$$w(x) = v(z_x) - \frac{1}{2\delta}|x - z_x|^2 + \langle x - z_x, Dw(x)\rangle$$

が成り立つ点とする．$\hat{x}$ に対しては，$\hat{z} := z_{\hat{x}}$ とする．つまり，

$$w(\hat{x}) = v(\hat{z}) - \frac{1}{2\delta}|\hat{x} - \hat{z}|^2 + \langle \hat{x} - \hat{z}, Dw(\hat{x})\rangle \quad (4.10)$$

である．そこで，(4.9) より，

$$w(x) \geq v(\hat{z}) - \frac{1}{2\delta}|x - \hat{z}|^2 + \langle x - \hat{z}, Dw(x)\rangle$$

となるので,関数 $x \to \Phi(x) := w(x) + \frac{1}{2\delta}|x-\hat{z}|^2 - \langle x-\hat{z}, Dw(x)\rangle$ は $\hat{x}$ で最小値をとる.故に,w は $\hat{x}$ で二階微分可能であることに注意して,$D\Phi(\hat{x}) = 0$ が成り立つから,次の等式を得る.

$$\frac{1}{\delta}(\hat{x}-\hat{z}) + D^2 w(\hat{x})(\hat{z}-\hat{x}) = 0$$

$\hat{x} = \hat{z}$ ならば,(4.10) より,$w(\hat{x}) = v(\hat{z})$ であり矛盾するので,$\hat{z}-\hat{x} \neq 0$ となる.よって,$\hat{z}-\hat{x}$ が $D^2 w(\hat{x})$ の固有ベクトルで,その固有値が $\frac{1}{\delta}$ である. ∎

この命題の系を述べておく.

系 4.10 $u \in USC(\overline{\Omega})$ (resp., $LSC(\overline{\Omega})$) に対し,$(u^{\varepsilon+\delta})_\delta$ (resp., $(u_{\varepsilon+\delta})^\delta$) $(\varepsilon, \delta > 0)$ が $x \in \mathbb{R}^n$ で二階微分可能とする.さらに,

$$(u^{\varepsilon+\delta})_\delta(x) > u(x) \quad \left(\text{resp.,}\ (u_{\varepsilon+\delta})^\delta(x) < u(x)\right)$$

を満たすならば,$D^2 (u^{\varepsilon+\delta})_\delta(x)$ (resp., $-D^2 (u_{\varepsilon+\delta})^\delta(x)$) は,$\frac{1}{\delta}$ を固有値に持つ.

証明 $(u^{\varepsilon+\delta})_\delta$ の方を示す.命題 4.8 より,$(u^{\varepsilon+\delta})_\delta \in W^{2,\infty}(\mathbb{R}^n)$ なので,命題 4.3(2) に注意して,命題 4.9 を u^ε に適用すればよい. ∎

4.3 比較原理の別証明

この節では,F に構造条件より一般的な条件の下で,比較原理が成り立つことを示す.そのために,次のような**弱構造条件**を導入する.

任意の $R > 0$ に対し,$\exists \omega_R \in \mathcal{M}$

s.t. $\begin{cases} (1)\ (r, X) \in \mathbb{R} \times S^n\ \text{が}\ |r| \leq R\ \text{と}\ -\alpha I < X \leq 2\alpha I\ \text{を満たすならば,} \\ \quad F(y, r, \alpha(x-y), X) - F\left(x, r, \alpha(x-y), (I + \frac{1}{\alpha}X)^{-1}X\right) \\ \quad \leq \omega_R(|x-y| + \alpha|x-y|^2)\ (\alpha > 1, x, y \in \Omega)\ \text{が成り立つ.} \\ (2)\ (r, X) \in \mathbb{R} \times S^n\ \text{が}\ |r| \leq R\ \text{と}\ -2\alpha I \leq X < \alpha I\ \text{を満たすならば,} \\ \quad F(y, r, \alpha(y-x), X) - F\left(x, r, \alpha(y-x), (I - \frac{1}{\alpha}X)^{-1}X\right) \\ \quad \geq -\omega_R(|x-y| + \alpha|x-y|^2)\ (\alpha > 1, x, y \in \Omega)\ \text{が成り立つ.} \end{cases}$

ここで，行列に関して追加事項を述べる．$A, B \in S^n$ に対し，$A < B$ とは，$B - A$ のすべての固有値が正であることとする ($A \leq B$ かつ $A \neq B$ ではない!)．また，対角成分が $\lambda_1, \ldots, \lambda_n$ となる n 次対角行列をクロネッカーのデルタ記号 δ_{ij} を用いて，次のように表す．

$$\begin{pmatrix} \lambda_1 & 0 & \cdots & 0 \\ 0 & \lambda_2 & \cdots & 0 \\ \vdots & \vdots & \ddots & \vdots \\ 0 & 0 & \cdots & \lambda_n \end{pmatrix} =: (\lambda_i \delta_{ij})$$

まず，弱構造条件という名称が正しいことを示す．

命題 4.11 F が構造条件を満たせば，弱構造条件を満たす．

証明 弱構造条件の (1) を確かめる．$|r| \leq R$ と $-\alpha I < X \leq 2\alpha I$ を満たす $X \in S^n$ を固定する．次の行列不等式が成り立つことを示そう．

$$\begin{pmatrix} \left(I + \frac{1}{\alpha} X\right)^{-1} X & O \\ O & -X \end{pmatrix} \leq \alpha \begin{pmatrix} I & -I \\ -I & I \end{pmatrix} \tag{4.11}$$

任意の $(\xi, \eta) \in \mathbb{R}^{2n}$ に対し，左辺は次のように変形できる．

$$\begin{aligned}
& \left\langle \begin{pmatrix} \left(I + \frac{1}{\alpha} X\right)^{-1} X & O \\ O & -X \end{pmatrix} (\xi, \eta), (\xi, \eta) \right\rangle \\
&= \left\langle \left(I + \frac{1}{\alpha} X\right)^{-1} X \xi, \xi \right\rangle - \langle X\eta, \eta \rangle \\
&= \langle X\xi, \xi \rangle - \langle X\eta, \eta \rangle - \frac{1}{\alpha} \left\langle X \left(I + \frac{1}{\alpha} X\right)^{-1} X \xi, \xi \right\rangle
\end{aligned} \tag{4.12}$$

最後の式が $\alpha |\xi - \eta|^2$ より小さいことを示せば (4.11) が成り立つことがわかる．

X の固有値を $\lambda_i \in \mathbb{R}$ ($i = 1, 2, \ldots, n$) とし，X を対角化する直交行列を $A \in M^n$ とする．つまり，次式が成り立つとする．

$$AA^t = I, \quad A^t X A = (\lambda_i \delta_{ij})$$

$I + \frac{1}{\alpha} X > O$ なので，$A^t (I + \frac{1}{\alpha} X)^{-1} A = \left(\frac{\alpha}{\alpha + \lambda_i} \delta_{ij}\right)$ となる (演習 4.7 を参照)．$\xi' := A^t \xi, \eta' := A^t \eta$ として，$A\xi' = \xi, A\eta' = \eta$ に注意して，(4.12) に，$A\xi', A\eta'$

4.3 比較原理の別証明

を代入すると，

$$\langle XA\xi', A\xi'\rangle - \langle XA\eta', A\eta'\rangle - \tfrac{1}{\alpha}\left\langle X\left(I+\tfrac{1}{\alpha}X\right)^{-1}XA\xi', A\xi'\right\rangle \\ = \sum_{j=1}^{n}\left\{\lambda_j((\xi_j')^2 - (\eta_j')^2) - \tfrac{(\xi_j')^2\lambda_j^2}{\alpha+\lambda_j}\right\} \tag{4.13}$$

が導かれる ($\xi' = (\xi_1', \ldots, \xi_n')$, $\eta' = (\eta_1', \ldots, \eta_n')$ とした). ただし，ここで，次の行列の式変形を用いた.

$$\begin{aligned}A^tX\left(I+\tfrac{1}{\alpha}X\right)^{-1}XA &= A^tXAA^t\left(I+\tfrac{1}{\alpha}X\right)^{-1}AA^tXA \\ &= (\lambda_i\delta_{ik})\left(\tfrac{\alpha}{\alpha+\lambda_k}\delta_{k\ell}\right)(\lambda_\ell\delta_{\ell j}) \\ &= \left(\tfrac{\alpha\lambda_i^2}{\alpha+\lambda_i}\delta_{ij}\right)\end{aligned}$$

次に，任意の $j \in \{1,2,\ldots,n\}$ に対し，次の不等式が成り立つことを示そう.

$$\lambda_j((\xi_j')^2 - (\eta_j')^2) - \frac{(\xi_j')^2\lambda_j^2}{\alpha+\lambda_j} \leq \alpha(\xi_j' - \eta_j')^2 \tag{4.14}$$

これが示せれば，j について和をとって，右辺は $\alpha|\xi' - \eta'|^2$ となるが，これは $\alpha|\xi - \eta|^2$ と等しいので，(4.12) が $\alpha|\xi - \eta|^2$ より小さくなる.

<u>(4.14) の証明</u>　簡単のため，$\xi_j', \eta_j', \lambda_j$ をそれぞれ ξ, η, λ と書く. $\xi = 0$ の場合，$\alpha + \lambda > 0$ なので (4.14) は成り立っている. また，$\eta = 0$ の場合も (4.14) が簡単に示せる. 故に，$\xi \neq 0$ かつ $\eta \neq 0$ の場合を考える. 関数 $x \in (-\alpha, \infty) \to f(x) := x(\xi^2 - \eta^2) - \frac{\xi^2 x^2}{\alpha+x}$ とおく. $\lim_{x \to -\alpha+0} f(x) = \lim_{x \to \infty} f(x) = -\infty$ なので，f は $(-\alpha, \infty)$ で最大値をとる. さらに，$f''(x) < 0$ となるので，$f'(x) = 0$ となる $x > -\alpha$ で $f(x)$ は最大値をとる. 簡単な計算により，$f'(x) = 0$ となる $x > -\alpha$ は

$$\eta^2 x^2 + 2\alpha\eta^2 x + \alpha^2(\eta^2 - \xi^2) = 0$$

を満たすことがわかる. よって，$x = \alpha\left(\left|\tfrac{\xi}{\eta}\right| - 1\right)$ で f が最大値をとるので，その値は $\alpha(|\xi| - |\eta|)^2$ となり，(4.14) が成り立つ.

故に，(4.11) と構造条件より $|r| \leq R$ ならば，次を満たす $\omega_R \in \mathcal{M}$ がある.

$$F(y, r, \alpha(x-y), X) - F\left(x, r, \alpha(x-y), \left(I+\tfrac{1}{\alpha}X\right)^{-1}X\right) \\ \leq \omega_R(|x-y|(\alpha|x-y|+1))$$

つまり，弱構造条件 (1) を満たす．(2) も同様に示せる． ∎

【演習 4.7】 $A \in M^n$ と $X \in S^n$ が，$A^t A = I$, $A^t X A = (\lambda_i \delta_{ij})$, $X + \alpha I > O$ を満たすならば，$A^t(I + \frac{1}{\alpha}X)^{-1}A = (\frac{\alpha}{\alpha+\lambda_i}\delta_{ij})$ となることを示せ．

【演習 4.8】 命題 4.11 の証明で，弱構造条件 (2) を導け．

さて，弱構造条件下で比較原理の別証明を述べよう．

定理 4.12 $\Omega \subset \mathbb{R}^n$ は有界な開集合で，$F \in C(\Omega \times \mathbb{R} \times \mathbb{R}^n \times S^n)$ が (3.1) と弱構造増条件を満たし，$u \in USC(\overline{\Omega})$ が (2.1) の粘性劣解で，$v \in LSC(\overline{\Omega})$ が (2.1) の粘性優解とする．$\sup_{\partial \Omega}(u - v) \leq 0$ ならば，$\sup_{\overline{\Omega}}(u - v) \leq 0$ が成り立つ．

注意 4.3 以下の証明法では，$\overline{J}^{2,\pm}$ は必要でないことに注意せよ．

証明 $\sup_{\overline{\Omega}}(u - v) =: \theta > 0$ と仮定する．

$$K_0 := \{x \in \overline{\Omega} \mid (u-v)(x) = \theta\}$$

とおくと，$K_0 \Subset \Omega$ および，$K_0 \neq \emptyset$ が成り立つ．

$\varepsilon > 0$ に対し，$\theta_\varepsilon := \sup_{\overline{\Omega}}(u^\varepsilon - v_\varepsilon) \, (\geq \theta)$ とし ($u^\varepsilon, v_\varepsilon$ は，定義 4.3 を参照)，

$$K_\varepsilon := \{x \in \overline{\Omega} \mid \theta_\varepsilon = (u^\varepsilon - v_\varepsilon)(x)\}$$

とおく．$\hat{x}_\varepsilon \in K_\varepsilon$ を固定し，$B_r(\hat{x}_\varepsilon) \Subset \Omega$ となる $r > 0$ を選ぶ．次に，$\rho \in (0, 1)$ を固定する．$\delta \in (0, \rho]$ に対し，次を満たす $z_{\rho,\delta}^\varepsilon \in \Omega$ が存在する．

$$\begin{cases} (1) \ u^\varepsilon, v_\varepsilon \text{は} z_{\rho,\delta}^\varepsilon \text{で二階微分可能} \\ (2) \ \lim_{\delta \to 0} z_{\rho,\delta}^\varepsilon = \hat{x}_\varepsilon \\ (3) \ \lim_{\delta \to 0} |D(u^\varepsilon - v_\varepsilon)(z_{\rho,\delta}^\varepsilon)| = 0 \\ (4) \ D^2(u^\varepsilon - v_\varepsilon)(z_{\rho,\delta}^\varepsilon) \leq \rho I \end{cases} \quad (4.15)$$

以下，(4.15) を示そう．$W^\varepsilon := u^\varepsilon - v_\varepsilon$ とおき，$q \in \overline{B}_\delta$ に対し，$W_q^\varepsilon(x) := W^\varepsilon(x) - \frac{\rho}{2}|x - \hat{x}_\varepsilon|^2 + \langle q, x \rangle$ と書く．W^ε は半凸なので，補題 A.1 より，

$$\left|\{x \in B_r(\hat{x}_\varepsilon) \mid \exists q \in \overline{B}_\delta \text{ s.t. } W_q^\varepsilon(y) \leq W_q^\varepsilon(x) \ (\forall y \in \overline{B}_r(\hat{x}_\varepsilon))\}\right| > 0$$

が成り立つ. よって, (1) と次を満たす $z_{\rho,\delta}^\varepsilon \in B_r(\hat{x}_\varepsilon)$ と $q_\delta \in \overline{B}_\delta$ がある.

$$W_{q_\delta}^\varepsilon(z_{\rho,\delta}^\varepsilon) = \max_{\overline{B}_r(\hat{x}_\varepsilon)} W_{q_\delta}^\varepsilon$$

$z_{\rho,\delta}^\varepsilon$ の部分列 $z_{\rho,\delta_k}^\varepsilon$ で収束するものが選べる. 表記を簡単にするため, δ_k は δ と書くことにする (以降, 部分列はこのように略記する). $\lim_{\delta \to 0} z_{\rho,\delta}^\varepsilon = \hat{z}_\rho^\varepsilon \in \overline{B}_r(\hat{x}_\varepsilon)$ とすると, W^ε の連続性から次の不等式を得る.

$$W^\varepsilon(\hat{z}_\rho^\varepsilon) - \frac{\rho}{2}|\hat{z}_\rho^\varepsilon - \hat{x}_\varepsilon|^2 \geq W^\varepsilon(\hat{x}_\varepsilon)$$

故に, $\hat{z}_\rho^\varepsilon = \hat{x}_\varepsilon$ が導かれ, (2) が示された.

$u^\varepsilon, v_\varepsilon$ は $z_{\rho,\delta}^\varepsilon$ で二階微分可能なので, 次式が成り立ち, (3), (4) が示せた.

$$DW^\varepsilon(z_{\rho,\delta}^\varepsilon) = \rho(z_{\rho,\delta}^\varepsilon - \hat{x}_\varepsilon) - q_\delta, \quad D^2 W^\varepsilon(z_{\rho,\delta}^\varepsilon) \leq \rho I$$

さらに, 命題 4.8 より, 次の行列不等式が成り立つ.

$$-\frac{1}{\varepsilon} I \leq D^2 u^\varepsilon(z_{\rho,\delta}^\varepsilon) \leq D^2 v_\varepsilon(z_{\rho,\delta}^\varepsilon) + \rho I \leq \left(\frac{1}{\varepsilon} + \rho\right) I \tag{4.16}$$

$(Du^\varepsilon(z_{\rho,\delta}^\varepsilon), D^2 u^\varepsilon(z_{\rho,\delta}^\varepsilon)) \in J^2 u^\varepsilon(z_{\rho,\delta}^\varepsilon)$ および, $\rho > 0$ から, 次の関係が成り立つ.

$$(Du^\varepsilon(z_{\rho,\delta}^\varepsilon), D^2 u^\varepsilon(z_{\rho,\delta}^\varepsilon) + \rho I) \in J^{2,+} u^\varepsilon(z_{\rho,\delta}^\varepsilon)$$

次の関係式を満たす $\xi_{\rho,\delta}^\varepsilon$ と $\eta_{\rho,\delta}^\varepsilon$ が選べる.

$$u^\varepsilon(z_{\rho,\delta}^\varepsilon) = u(\xi_{\rho,\delta}^\varepsilon) - \frac{|z_{\rho,\delta}^\varepsilon - \xi_{\rho,\delta}^\varepsilon|^2}{2\varepsilon}, \quad v_\varepsilon(z_{\rho,\delta}^\varepsilon) = v(\eta_{\rho,\delta}^\varepsilon) + \frac{|z_{\rho,\delta}^\varepsilon - \eta_{\rho,\delta}^\varepsilon|^2}{2\varepsilon} \tag{4.17}$$

ところで, (4.15)(2) より, $\delta \in (0, \rho]$ が小さい時, $W^\varepsilon(z_{\rho,\delta}^\varepsilon) \geq 0$ となるので,

$$\theta \leq u^\varepsilon(z_{\rho,\delta}^\varepsilon) - v_\varepsilon(z_{\rho,\delta}^\varepsilon) = u(\xi_{\rho,\delta}^\varepsilon) - v(\eta_{\rho,\delta}^\varepsilon) - \frac{1}{2\varepsilon}(|z_{\rho,\delta}^\varepsilon - \xi_{\rho,\delta}^\varepsilon|^2 + |z_{\rho,\delta}^\varepsilon - \eta_{\rho,\delta}^\varepsilon|^2)$$

を得る. よって, $C_1 := 2\sqrt{\sup\{u^+(x) \vee v^-(x) \mid x \in \Omega\}}$ とおくと次の不等式が導かれる.

$$|z_{\rho,\delta}^\varepsilon - \xi_{\rho,\delta}^\varepsilon| + |z_{\rho,\delta}^\varepsilon - \eta_{\rho,\delta}^\varepsilon| \leq C_1 \sqrt{\varepsilon} \tag{4.18}$$

さらに, $t \neq 0, \gamma \in \partial B_1$ に対し,

$$u^\varepsilon(z^\varepsilon_{\rho,\delta} + t\gamma) - u^\varepsilon(z^\varepsilon_{\rho,\delta}) \geq \frac{t}{2\varepsilon}\langle 2(\xi^\varepsilon_{\rho,\delta} - z^\varepsilon_{\rho,\delta}) - t\gamma, \gamma\rangle$$

が成り立つので, $t \neq 0$ で割って, $t \to 0$ とすることで次式を得る (v_ε も同様).

$$Du^\varepsilon(z^\varepsilon_{\rho,\delta}) = \frac{\xi^\varepsilon_{\rho,\delta} - z^\varepsilon_{\rho,\delta}}{\varepsilon}, \quad Dv_\varepsilon(z^\varepsilon_{\rho,\delta}) = \frac{z^\varepsilon_{\rho,\delta} - \eta^\varepsilon_{\rho,\delta}}{\varepsilon} \tag{4.19}$$

(4.16) に注意して, ここで, $X^\varepsilon_{\rho,\delta} := D^2 u^\varepsilon(z) + \rho I, Y^\varepsilon_{\rho,\delta} := D^2 v_\varepsilon(z^\varepsilon_{\rho,\delta}) - \rho I$ と略記すると, 系 A.7 により, 次の関係が成り立つ.

$$\begin{cases} (Du^\varepsilon(z^\varepsilon_{\rho,\delta}), (I + \varepsilon X^\varepsilon_{\rho,\delta})^{-1} X^\varepsilon_{\rho,\delta}) \in J^{2,+} u(\xi^\varepsilon_{\rho,\delta}) \\ (Dv_\varepsilon(z^\varepsilon_{\rho,\delta}), (I - \varepsilon Y^\varepsilon_{\rho,\delta})^{-1} Y^\varepsilon_{\rho,\delta}) \in J^{2,-} v(\eta^\varepsilon_{\rho,\delta}) \end{cases}$$

さて, u が粘性劣解であることの定義と, (4.17), (3.1) と弱構造条件 (1) より,

$$\begin{aligned}
0 &\geq F\left(\xi^\varepsilon_{\rho,\delta}, u(\xi^\varepsilon_{\rho,\delta}), \tfrac{1}{\varepsilon}(\xi^\varepsilon_{\rho,\delta} - z^\varepsilon_{\rho,\delta}), (I + \varepsilon X^\varepsilon_{\rho,\delta})^{-1} X^\varepsilon_{\rho,\delta}\right) \\
&\geq F\left(\xi^\varepsilon_{\rho,\delta}, v_\varepsilon(z^\varepsilon_{\rho,\delta}) + \theta, \tfrac{1}{\varepsilon}(\xi^\varepsilon_{\rho,\delta} - z^\varepsilon_{\rho,\delta}), (I + \varepsilon X^\varepsilon_{\rho,\delta})^{-1} X^\varepsilon_{\rho,\delta}\right) \\
&\geq F\left(z^\varepsilon_{\rho,\delta}, v_\varepsilon(z^\varepsilon_{\rho,\delta}) + \theta, \tfrac{1}{\varepsilon}(\xi^\varepsilon_{\rho,\delta} - z^\varepsilon_{\rho,\delta}), X^\varepsilon_{\rho,\delta}\right) \\
&\quad - \omega_R\left(|z^\varepsilon_{\rho,\delta} - \xi^\varepsilon_{\rho,\delta}| + \tfrac{1}{\varepsilon}|z^\varepsilon_{\rho,\delta} - \xi^\varepsilon_{\rho,\delta}|^2\right) \\
&\geq F\left(z^\varepsilon_{\rho,\delta}, v_\varepsilon(z^\varepsilon_{\rho,\delta}), \tfrac{1}{\varepsilon}(\xi^\varepsilon_{\rho,\delta} - z^\varepsilon_{\rho,\delta}), D^2 v_\varepsilon(z^\varepsilon_{\rho,\delta}) + 2\rho I\right) \\
&\quad - \omega_0(\theta) - \omega_R\left(|z^\varepsilon_{\rho,\delta} - \xi^\varepsilon_{\rho,\delta}| + \tfrac{1}{\varepsilon}|z^\varepsilon_{\rho,\delta} - \xi^\varepsilon_{\rho,\delta}|^2\right)
\end{aligned} \tag{4.20}$$

が導かれる. ただし, $R := \frac{C_1}{2}$ とした.

一方, v が粘性劣解であることの定義と, (4.17), (3.1) と弱構造条件 (2) より, 次のように変形できる.

$$\begin{aligned}
0 &\leq F\left(\eta^\varepsilon_{\rho,\delta}, v(\eta^\varepsilon_{\rho,\delta}), \tfrac{1}{\varepsilon}(z^\varepsilon_{\rho,\delta} - \eta^\varepsilon_{\rho,\delta}), (I - \varepsilon Y^\varepsilon_{\rho,\delta})^{-1} Y^\varepsilon_{\rho,\delta}\right) \\
&\leq F\left(\eta^\varepsilon_{\rho,\delta}, v_\varepsilon(z^\varepsilon_{\rho,\delta}), \tfrac{1}{\varepsilon}(z^\varepsilon_{\rho,\delta} - \eta^\varepsilon_{\rho,\delta}), (I - \varepsilon Y^\varepsilon_{\rho,\delta})^{-1} Y^\varepsilon_{\rho,\delta}\right) \\
&\leq F\left(z^\varepsilon_{\rho,\delta}, v_\varepsilon(z^\varepsilon_{\rho,\delta}), \tfrac{1}{\varepsilon}(z^\varepsilon_{\rho,\delta} - \eta^\varepsilon_{\rho,\delta}), D^2 v_\varepsilon(z^\varepsilon_{\rho,\delta}) - \rho I\right) \\
&\quad + \omega_R\left(|z^\varepsilon_{\rho,\delta} - \eta^\varepsilon_{\rho,\delta}| + \tfrac{1}{\varepsilon}|z^\varepsilon_{\rho,\delta} - \eta^\varepsilon_{\rho,\delta}|^2\right)
\end{aligned} \tag{4.21}$$

(4.16) より, 次を満たす $\delta > 0$ の部分列と $X^\varepsilon_\rho, Y^\varepsilon_\rho \in S^n$ がある.

$$\lim_{\delta \to 0} D^2 u^\varepsilon(z^\varepsilon_{\rho,\delta}) = X^\varepsilon_\rho, \quad \lim_{\delta \to 0} D^2 v_\varepsilon(z^{\rho,\delta}_\varepsilon) = Y^\varepsilon_\rho \tag{4.22}$$

よって，(4.16) から次の不等式も成り立つ．

$$-\frac{1}{\varepsilon}I \leq X_\rho^\varepsilon \leq Y_\rho^\varepsilon + \rho I \leq \left(\frac{1}{\varepsilon}+\rho\right)I \qquad (4.23)$$

一方，(4.18) より，さらに部分列を選んで次を満たす $\xi_\rho^\varepsilon, \eta_\rho^\varepsilon \in \overline{B}_r(\hat{x}_\varepsilon)$ がある．

$$\lim_{\delta\to 0}\xi_{\rho,\delta}^\varepsilon = \xi_\rho^\varepsilon, \quad \lim_{\delta\to 0}\eta_{\rho,\delta}^\varepsilon = \eta_\rho^\varepsilon, \quad |\hat{x}_\varepsilon - \xi_\rho^\varepsilon| + |\hat{x}_\varepsilon - \eta_\rho^\varepsilon| \leq C_1\sqrt{\varepsilon} \qquad (4.24)$$

$z_{\rho,\delta}^\varepsilon$ の選び方 (4.15)(2) より，

$$\lim_{\delta\to 0}u^\varepsilon(z_{\rho,\delta}^\varepsilon) = u^\varepsilon(\hat{x}_\varepsilon), \quad \lim_{\delta\to 0}v_\varepsilon(z_{\rho,\delta}^\varepsilon) = v_\varepsilon(\hat{x}_\varepsilon) \qquad (4.25)$$

を得る．また，(4.16) より，次の行列不等式が成り立つ．

$$-\frac{1}{\varepsilon}I \leq X_\rho^\varepsilon \leq Y_\rho^\varepsilon + \rho I \leq \left(\frac{1}{\varepsilon}+\rho\right)I \qquad (4.26)$$

ところで，(4.15)(3) より，(4.19) を用いると，次の等式が導かれる．

$$\frac{\xi_\rho^\varepsilon - \hat{x}_\varepsilon}{\varepsilon} = \frac{\hat{x}_\varepsilon - \eta_\rho^\varepsilon}{\varepsilon} \qquad (4.27)$$

よって，(4.20) と (4.21) に，(4.22), (4.24), (4.25), (4.27) を用いて，極限 $\delta \to 0$ をとると，F の連続性から次の不等式を得る（ただし，$p := \frac{1}{\varepsilon}(\hat{x}_\varepsilon - \xi_\rho^\varepsilon) = \frac{1}{\varepsilon}(\eta_\rho^\varepsilon - \hat{x}_\varepsilon)$ とおいた）．

$$\begin{aligned}\omega_0(\theta) \leq &\ F\left(\hat{x}_\varepsilon, v_\varepsilon(\hat{x}_\varepsilon), p, Y_\rho^\varepsilon - \rho I\right) - F\left(\hat{x}_\varepsilon, v_\varepsilon(\hat{x}_\varepsilon), p, Y_\rho^\varepsilon + 2\rho I\right) \\ &+ 2\omega_R\left(|\hat{x}_\varepsilon - \xi_\rho^\varepsilon| + \frac{1}{\varepsilon}|\hat{x}_\varepsilon - \xi_\rho^\varepsilon|^2\right)\end{aligned} \qquad (4.28)$$

ここで，(4.23) と (4.24) に注意して，$\rho > 0$ の部分列を選べば，

$$\lim_{\rho\to 0}(\xi_\rho^\varepsilon, \eta_\rho^\varepsilon, Y_\rho^\varepsilon) = (\xi^\varepsilon, \eta^\varepsilon, \hat{Y}^\varepsilon), \quad |\hat{x}_\varepsilon - \xi^\varepsilon| + |\hat{x}_\varepsilon - \eta^\varepsilon| \leq C_1\sqrt{\varepsilon}$$

$$\frac{\xi^\varepsilon - \hat{x}_\varepsilon}{\varepsilon} = \frac{\hat{x}_\varepsilon - \eta^\varepsilon}{\varepsilon}, \quad -\frac{1}{2\varepsilon}I \leq \hat{Y}^\varepsilon \leq \frac{1}{2\varepsilon}I \qquad (4.29)$$

を満たす，$\xi^\varepsilon, \eta^\varepsilon \in \mathbb{R}^n, \hat{Y}_\varepsilon \in S^n$ がある．(4.28) で $\rho \to 0$ とすることで

$$\omega_0(\theta) \leq 2\omega_R\left(|\hat{x}_\varepsilon - \eta^\varepsilon| + \frac{1}{2\varepsilon}|\hat{x}_\varepsilon - \eta^\varepsilon|^2\right)$$

を得る．故に，次を満たす部分列 $\{\varepsilon_k\}$ があれば矛盾が示せるので証明が終わる．

$$\lim_{k\to\infty} \varepsilon_k = 0, \quad \lim_{k\to\infty} \frac{|\hat{x}_{\varepsilon_k} - \eta^{\varepsilon_k}|^2}{\varepsilon_k} = 0 \tag{4.30}$$

<u>(4.30) の証明</u>　$\varepsilon > 0$ の部分列 $\{\varepsilon_k\}$ を選ぶことによって，$\lim_{k\to\infty} \varepsilon_k = 0$ かつ，$\lim_{k\to\infty}(\hat{x}_{\varepsilon_k}, \xi^{\varepsilon_k}, \eta^{\varepsilon_k}) = (\hat{z}, \hat{z}, \hat{z})$ となる $\hat{z} \in \overline{\Omega}$ が存在する．ε_k を ε と略記する．$\hat{z} \in K_0 \subset \Omega$ なので，$\varepsilon > 0$ が小さい時，$\hat{x}_\varepsilon \in B_s(\hat{z}) \Subset \Omega$ となる $s > 0$ がある．さて，(4.17) と $u \in USC(\overline{\Omega})$, $v \in LSC(\overline{\Omega})$ より，次の不等式が成り立つ．

$$u^\varepsilon(\hat{x}_\varepsilon) \leq u(\xi^\varepsilon) - \frac{|\hat{x}_\varepsilon - \xi^\varepsilon|^2}{2\varepsilon}, \quad v_\varepsilon(\hat{x}_\varepsilon) \geq v(\eta^\varepsilon) + \frac{|\hat{x}_\varepsilon - \eta^\varepsilon|^2}{2\varepsilon}$$

これらから，(4.29) の第 1 式より次の不等式を得て，(4.30) が示せる．

$$\frac{|\hat{x}_\varepsilon - \eta^\varepsilon|^2}{\varepsilon} \leq u(\xi^\varepsilon) - u^\varepsilon(\hat{x}_\varepsilon) + v_\varepsilon(\hat{x}_\varepsilon) - v(\eta^\varepsilon) \leq u(\xi^\varepsilon) - v(\eta^\varepsilon) - \theta \tag{4.31}$$

∎

4.4　一般論が適用できない重要な方程式

この節では，今までの一般論が適用できない重要な偏微分方程式に対する比較原理の証明法を述べる．以下にあげるのは，応用上も興味深い偏微分方程式で，Bellman 方程式や Isaacs 方程式に単純には表せないものである．特に，二階偏微分項の係数が一階偏微分に依存している場合であり，**準線形方程式**と呼ばれる．

本節では，変数係数を含んだ方程式は扱わない．$\nu \geq 0$ と $f \in C(\Omega)$ と $\hat{F} : \mathbb{R}^n \times S^n \to \mathbb{R}$ に対して，次の準線形二階偏微分方程式を考える．

$$\nu u + \hat{F}(Du, D^2 u) = f(x) \quad \text{in } \Omega \tag{4.32}$$

$\nu > 0$ の場合には，通常の比較原理は簡単に証明できる (問題 1)．

以下，$\hat{F}$ が $\mathbb{R}^n \times S^n$ 全体で定義されていない場合と，$\nu = 0$ の場合の典型的な例を考える．

4.4.1 平均曲率方程式

平均曲率流方程式とは，次のような放物型方程式である．

$$u_t - \mathrm{Tr}\left(D^2 u - \frac{Du \otimes Du}{|Du|^2}D^2 u\right) = 0 \quad \text{in } Q := \Omega \times (0, T) \tag{4.33}$$

ただし，$Du = 0$ になるところでは，左辺は定義できない．

時刻 t における，等高面 $\Gamma_t := \{x \in \Omega \mid u(x,t) = 0\}$ が，その曲率によって変形する現象を記述する方程式である．方程式の導出や，粘性解理論によるアプローチは [12] および，その引用文献を参照してほしい．

本書では，比較原理の証明の様々なバリエーションを紹介するのが目的なので対応する次の楕円型方程式を考える．

$$\nu u - \mathrm{Tr}\left(D^2 u - \frac{Du \otimes Du}{|Du|^2}D^2 u\right) - f(x) = 0 \quad \text{in } \Omega \tag{4.34}$$

ここで，$\nu > 0$, $f \in C(\Omega)$ とし，通常の Dirichlet 境界条件 (粘性解の意味ではない) に対応する比較原理を考察する．

$p \in \mathbb{R}_0^n := \mathbb{R}^n \setminus \{0\}$ に対し，主要項を $\hat{F}(p, X) := -\mathrm{Tr}\left(X - \frac{p \otimes p}{|p|^2}X\right)$ とおき，$F: \Omega \times \mathbb{R} \times \mathbb{R}_0^n \times S^n \to \mathbb{R}$ を次のように定義する．

$$F(x, r, p, X) := \nu r + \hat{F}(p, X) - f(x)$$

連続性を仮定しない方程式には，粘性劣解 (resp., 粘性優解) の定義は，F の代わりに $F_*(x, r, p, X)$ (resp., $F^*(x, r, p, X)$) を用いた (2.3 節参照)．

$$F_*(x, r, p, X) = \nu r + \hat{F}_*(p, X) - f(x), \quad F^*(x, r, p, X) = \nu r + \hat{F}^*(p, X) - f(x)$$

ただし，$\hat{F}$ は $p = 0$ で定義されていないので，$\hat{F}_*, \hat{F}^*$ を次のように定義される．

$$\hat{F}_*(p, X) = \liminf_{r \to 0}\{\hat{F}(q, Y) \mid (q, Y) \in \mathbb{R}_0^n \times S^n \text{ s.t. } q \in B_r(p), \|X - Y\| < r\}$$

$$\hat{F}^*(p, X) = \limsup_{r \to 0}\{\hat{F}(q, Y) \mid (q, Y) \in \mathbb{R}_0^n \times S^n \text{ s.t. } q \in B_r(p), \|X - Y\| < r\}$$

$X \neq O$ の時は，$\hat{F}_*(0, X) = -\infty$, $\hat{F}^*(0, X) = \infty$ となる可能性もあるが，

$$\hat{F}_*(0, O) = \hat{F}^*(0, O) = 0$$

であることに注意する.もちろん,$p \neq 0$ ならば,$\hat{F}_*(p, X) = \hat{F}^*(p, X) = \hat{F}(p, X)$ である.これらの記号を用いて,(4.34) の粘性解の定義を確認しておく.

定義 4.5 $u : \Omega \to \mathbb{R}$ が (4.34) の粘性劣解 (resp., 粘性優解) とは,$\phi \in C^2(\Omega)$ に対し,$u^* - \phi$ (resp., $u_* - \phi$) が $x \in \Omega$ で局所最大値 (resp., 局所最小値) をとるならば,次の不等式が成り立つこととする.

$$\nu u^*(x) + \hat{F}_*(D\phi(x), D^2\phi(x)) \leq f(x)$$

$$\bigl(\text{resp.,} \ \ \nu u_*(x) + \hat{F}^*(D\phi(x), D^2\phi(x)) \geq f(x)\bigr)$$

さて,比較原理を述べよう.

定理 4.13 $\Omega \subset \mathbb{R}^n$ を有界な開集合とし,$f \in C(\Omega)$ を仮定する.$u \in USC(\overline{\Omega})$ と $v \in LSC(\overline{\Omega})$ をそれぞれ (4.34) の粘性劣解,粘性優解とする.$\sup_{\partial\Omega}(u-v) \leq 0$ ならば,$\sup_{\overline{\Omega}}(u-v) \leq 0$ が成り立つ.

証明 $\max_{\overline{\Omega}}(u-v) =: \theta > 0$ と仮定して,矛盾を導く.$\varepsilon > 0$ に対し,

$$(x, y) \in \overline{\Omega} \times \overline{\Omega} \to \Phi(x, y) := u(x) - v(y) - \frac{1}{4\varepsilon}|x-y|^4$$

とおく.$(x_\varepsilon, y_\varepsilon) \in \overline{\Omega} \times \overline{\Omega}$ を Φ が最大値をとる点とする.通常の議論と同様に,次を満たす $\hat{x} \in \Omega$ があると仮定してよい (必要なら,$\varepsilon > 0$ の部分列をとる).

$$\lim_{\varepsilon \to 0}(x_\varepsilon, y_\varepsilon, u(x_\varepsilon), v(y_\varepsilon)) = (\hat{x}, \hat{x}, u(\hat{x}), v(\hat{x}))$$

<u>$x_{\varepsilon_k} \neq y_{\varepsilon_k}$ かつ $\varepsilon_k \to 0$ $(k \to \infty)$ となる部分列 $\varepsilon_k > 0$ がある場合</u>
簡単のため,$x_{\varepsilon_k}, y_{\varepsilon_k}$ を x, y と書く.補題 3.5 より,次を満たす $X, Y \in S^n$ がある.

4.4 一般論が適用できない重要な方程式

$$(D_x\phi(x,y), X) \in \overline{J}^{2,+} u(x), \ (-D_y\phi(x,y), -Y) \in \overline{J}^{2,-} v(y)$$

$$\begin{pmatrix} X & O \\ O & Y \end{pmatrix} \leq A + \alpha A^2$$

ただし，$A := D^2\phi(x,y) \in S^{2n}$ である．ϕ の微分を計算する．

$$D_x\phi(x,y) = -D_y\phi(x,y) = \frac{1}{\varepsilon}|x-y|^2(x-y)$$

二階微分は，$D_x^2\phi(x,y) = D_y^2\phi(x,y) = -D_xD_y\phi(x,y)$ であり，$z = x-y$, $J := \begin{pmatrix} I & -I \\ -I & I \end{pmatrix}$ とおいて $D^2\phi(x,y)$ を計算すると

$$D^2\phi(x,y) = \frac{1}{\varepsilon}|z|^2 J + \frac{2}{\varepsilon}\begin{pmatrix} z\otimes z & -z\otimes z \\ -z\otimes z & z\otimes z \end{pmatrix}$$

が成り立つ．また，A^2 を計算すると，

$$A^2 = \frac{2}{\varepsilon}|z|^4 J + \frac{16}{\varepsilon}|z|^2 \begin{pmatrix} z\otimes z & -z\otimes z \\ -z\otimes z & z\otimes z \end{pmatrix}$$

となる．行列不等式と A, A^2 の計算から，次の不等式が簡単に示せる．

$$X + Y \leq O$$

粘性解の定義から，$p := \frac{1}{\varepsilon}|x-y|^2(x-y)$ とおくと，

$$\nu u(x) - \mathrm{Tr}\left(I - \frac{p\otimes p}{|p|^2}\right) X \leq f(x), \quad \nu v(y) + \mathrm{Tr}\left(I - \frac{p\otimes p}{|p|^2}\right) Y \geq f(y)$$

が導かれる．よって，次の不等式を得る．

$$\nu(u(x) - v(y)) \leq \mathrm{Tr}\left(I - \frac{p\otimes p}{|p|^2}\right)(X+Y) + f(x) - f(y)$$

となる．演習 1.2 (4) より，$\nu(u(x) - v(y)) \leq f(x) - f(y)$ となるので，$\varepsilon \to 0$ とすると，$\nu\theta \leq 0$ となり矛盾する．

$0 < \varepsilon < \varepsilon_0$ ならば $x_\varepsilon = y_\varepsilon$ となる $\varepsilon_0 > 0$ がある場合

ここでも，$x_\varepsilon, y_\varepsilon$ は，x, y と書く．計算から，$D_x\phi(x,y) = D_y\phi(x,y) = 0$, $D^2\phi(x,y) = O$ に注意すると，粘性解の定義から，$\nu u(x) \leq f(x)$ と $\nu v(y) \geq f(y)$ が導かれる．$\varepsilon \to 0$ とすると $\nu\theta \leq 0$ となり，矛盾する． □

注意 4.4 $\phi(x,y) = \frac{1}{\varepsilon}|x-y|^2$ を用いると，うまくいかないことに注意する．

4.4.2 Aronsson 方程式

この項では，無限大ラプラシアンを用いた Aronsson 方程式の比較原理を示す．

$$-\triangle_\infty u = -\sum_{i,j=1}^n \frac{\partial u}{\partial x_i}\frac{\partial u}{\partial x_j}\frac{\partial^2 u}{\partial x_i \partial x_j} = 0 \quad \text{in } \Omega \tag{4.35}$$

この方程式も x 変数に依存しない方程式なので，$\nu > 0$ に対し，次の偏微分方程式

$$\nu u - \triangle_\infty u = 0 \quad \text{in } \Omega$$

の比較原理はすぐに示せる (問題 1)．しかし，$\nu = 0$ の場合は，一様楕円型方程式でないので証明は簡単ではない．応用上，$\nu = 0$ の場合が重要なので，(4.35) の比較原理を示す必要がある．

(4.35) は，境界 $\partial\Omega$ 上で与えられた関数 $g \in \text{Lip}(\partial\Omega)$ を Ω 内部に，Lipschitz 連続定数を最小にするように拡張する関数が満たす方程式であり，p-Laplace 方程式の $p \to \infty$ の時の極限方程式とも見なせる．方程式の正確な導出等に関しては，[1] や [7] および，その引用文献を参照してほしい．

今まで述べた比較原理の証明と比べ，$\nu = 0$ の時の (4.35) の比較原理の証明は複雑であり，本書のバランスを崩してしまうので，この項では古典解の比較原理を証明する．粘性解の比較原理は，付録 A で述べる．

定理 4.14 $\Omega \subset \mathbb{R}^n$ を有界な開集合とし，$u, v \in C^2(\overline{\Omega})$ をそれぞれ (4.35) の古典劣解，古典優解とする．$\sup_{\partial\Omega}(u-v) \leq 0$ ならば，$\sup_{\overline{\Omega}}(u-v) \leq 0$ が成り立つ．

4.4 一般論が適用できない重要な方程式

証明 $\delta > 0$ に対し, $\hat{u} = \hat{u}_\delta := u + \delta e^u$, $\hat{v} = \hat{v}_\delta := v + \delta e^v$ が, それぞれ

$$-\triangle_\infty w + g_\delta(w)|Dw|^4 = 0 \quad \text{in } \Omega \tag{4.36}$$

の古典劣解, 古典優解になる (定理 A.14 の証明を参照). ここで, $\xi(\cdot)$ を $\eta(s) := s + \delta e^s$ の逆関数として, g_δ は次で与えられる.

$$g_\delta(t) := \frac{\delta e^{\xi(t)}}{(1 + \delta e^{\xi(t)})^2}$$

この事実は, 証明の後半で用いる.

さて, $\sup_{\overline{\Omega}}(u - v) =: 2\Theta > 0$ と仮定して, $\hat{\Omega} := \{x \in \Omega \mid (u - v)(x) = 2\Theta\}$ とおく.

$\Omega_r := \{x \in \Omega \mid \text{dist}(x, \partial\Omega) > r\}$ とすると $\hat{\Omega} \subset \Omega_{2r}$ となる $r > 0$ がある. $y \in B_r$ に対し, $\Phi(y) := \max_{x \in \overline{\Omega}_{2r}} \{u(x+y) - v(x)\}$ とおく. 必要なら $r > 0$ をさらに小さくとって, $\Phi(y)$ の最大値は, Ω_{2r} でとるとしてよい. u の $\mathbb{R}^n$ への拡張 $\bar{u}$ で, $\alpha := \sup_{\mathbb{R}^n} \|D^2 \bar{u}\| < \infty$ となる $\bar{u}$ がある. $\bar{u}$ を今後, u と書こう. 任意の $x \in \Omega_{2r}$ に対し, $y \to u(x+y) - v(x) + \alpha|y|^2$ は凸なので, Φ は半凸になる.

場合分けで証明する. まず,

$$\exists s \in (0, r] \text{ s.t.} \begin{cases} \text{任意の } y \in B_s, \text{に対し}, \exists x_y \in \Omega_{2r} \\ \text{s.t.} \begin{cases} (i) \quad \Phi(y) = u(x_y + y) - v(x_y) \\ (ii) \quad Du(x_y + y) = Dv(x_y) = 0 \end{cases} \end{cases} \tag{4.37}$$

となる場合に $\hat{\Omega}$ が開集合であることを示そう ((i) が成り立てば, (ii) の最初の等号は自動的に成り立つことに注意する). α 半凸性から, 次を満たす $p_y \in \mathbb{R}^n$ がある (命題 B.15).

$$u(x_y + y') \geq u(x_y + y) + \alpha(|x_y + y|^2 - |x_y + y'|^2) + \langle p_y, y' - y \rangle \quad (y' \in B_s)$$

$Du(x_y + y) = 0$ に注意すると, $-2\alpha(x_y + y) + p_y = 0$ が成り立つ. よって, 次の不等式が導かれる.

$$\Phi(y') \geq \Phi(y) - \alpha|y - y'|^2 \quad (y' \in B_s)$$

$y' \in B_s \to \Phi(y') + \alpha|y - y'|^2$ は,$y' = y$ で最小値をとるので,Φ の半凸性を用いると,Rademacher の定理 B.12 より,

$$D\Phi(y) = 0 \quad \text{a.e. in } B_s$$

となる.よって,演習 4.9(1) より,$\Phi(y) = \Phi(0)$ $(y \in B_s)$ を得る.

$x_0 \in \hat{\Omega}$ を固定する.$u(x_0) - v(x_0) = \Phi(0) = \Phi(y) \geq u(x_0 + y) - v(x_0)$ $(y \in B_s)$ であり,$x_0 \in \hat{\Omega}$ で,u の局所最大値をとる.一方,$\Phi(y) \geq \hat{u}(x_0) - \hat{v}(x_0 - y)$ $(y \in B_s)$ なので,x_0 で v は局所最小値をとる.すると,

$$u(x) = u(x_0),\ v(x) = v(x_0) \quad (x \in B_s(x_0)) \tag{4.38}$$

となることがわかる.この事実を認めて証明を終えよう.よって $(u - v)(x) = 2\Theta$ $(x \in B_s(x_0))$ なので,$B_s(x_0) \subset \hat{\Omega}$ であり,$\hat{\Omega}$ が開集合となる.故に,$\hat{\Omega} = \Omega$ が得られ,矛盾が導かれる.

(4.38) の証明を後回しにして,(4.37) を否定すると,次のようになる.

$$\begin{cases} 任意の k \in \mathbb{N} に対し,\exists y_k \in B_{\frac{1}{k}} \text{ s.t.} \\ \Phi(y_k) = u(x + y_k) - v(x)\ ならば\ Du(x + y_k) = Dv(x) \neq 0 \end{cases} \tag{4.39}$$

さて,ここで u, v の近似関数 $\hat{u} = \hat{u}_\delta, \hat{v} = \hat{v}_\delta$ を考える.$x_\delta \in \overline{\Omega}_{2r}$ を

$$\max_{x \in \overline{\Omega}_{2r}} \{\hat{u}(x + y_k) - \hat{v}(x)\} = \hat{u}(x_\delta + y_k) - \hat{v}(x_\delta) \tag{4.40}$$

となる点とすると,$\delta > 0$ が小さければ,$x_\delta \in \Omega_{2r}$ としてよい.さらに,u, v に対する (4.37) の場合と同じく,

$$D\hat{u}(x_\delta + y_k) = D\hat{v}(x_\delta)$$

が成り立つ.よって,$D\hat{v}(x_\delta) \neq 0$ を示せばよい.ところで,$\delta > 0$ の部分列(簡単のため,それを $\delta > 0$ と書く)と,$z \in \overline{\Omega}_{2r}$ で,$\lim_{\delta \to 0} x_\delta = z$ となるものがある.$\hat{u} = \hat{u}_\delta$ と $\hat{v} = \hat{v}_\delta$ の定義を思い出すと,(4.40) で $\delta \to 0$ とすれば,$\Phi(y_k) = u(z + y_k) - v(z)$ が導かれる.よって,(4.39) により,$Du(z + y_k) = Dv(z) \neq 0$

4.4 一般論が適用できない重要な方程式

となるから $D\hat{v}(x_\delta) = (1 + \delta e^{v(x_\delta)})Dv(x_\delta) \neq 0$ となる. 故に, $\hat{u}, \hat{v}$ は (4.36) の古典劣解, 古典優解だから, 次の不等式が成り立つ.

$$-\triangle_\infty \hat{u}(x_\delta + y_k) + g_\delta(\hat{u}(x_\delta + y_k))|D\hat{u}(x_\delta + y_k)|^4$$
$$\leq -\triangle_\infty \hat{v}(x_\delta) + g_\delta(\hat{v}(x_\delta))|D\hat{v}(x_\delta)|^4$$

$D\hat{u}(x_\delta + y_k) = D\hat{v}(x_\delta)$ と $D^2\hat{u}(x_\delta + y_k) \leq D^2\hat{v}(x_\delta)$ に注意すると,

$$\{g_\delta(\hat{u}(x_\delta + y_k)) - g_\delta(\hat{v}(x_\delta))\}|D\hat{v}(x_\delta)|^4 \leq 0$$

となる. 任意の $L > 0$ に対し, 次を満たす $\delta_L > 0$ がある (演習 4.9(3)) ので, この場合も矛盾を得る.

$$g'_\delta(t) > 0 \quad (\delta \in (0, \delta_L], |t| \leq L) \tag{4.41}$$

最後に, (4.38) を u に関して証明する. $U := \{x \in B_s(x_0) \mid u(x) < u(x_0)\}$ とおくと, $U \neq \emptyset$ ならば, 次を満たす $\rho \in (0, \frac{s}{2})$ と $z_0, z_1 \in B_s(x_0)$ が存在する.

$$B_{2\rho}(z_0) \subset U, \quad z_1 \in \partial B_{2\rho}(z_0) \cap \partial U$$

平行移動することで, 以降, $z_0 = 0$ としてよい.

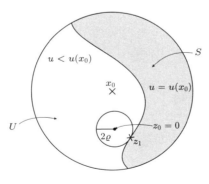

図 **4.3**

後で固定する小さい $\tau > 0$ に対して, $\phi(x) := \tau(e^{-4\alpha\rho^2} - e^{-\alpha|x|^2}) \leq 0$ ($x \in B_{2\rho}$) とおくと,

$$-\triangle_\infty \phi(x) = 8\tau^3\alpha^3|x|^2(2\alpha|x|^2 - 1)e^{-3\alpha|x|^2} \quad (x \in B_{2\rho})$$

と計算できる．$A_\rho := B_{2\rho} \setminus \overline{B}_\rho$ とおくと，A_ρ 上では，$\alpha > 1$ を大きくとれば次の不等式が成り立つ．

$$-\triangle_\infty \phi(x) \geq 8\tau^3 \alpha^3 |x|^2 \left(2\alpha r^2 - 1\right) e^{-3\alpha |x|^2} > 0 \quad (x \in A_\rho) \tag{4.42}$$

$\theta_0 := \max_{\overline{A}_\rho}(u - \phi)$ とおいて，$\underline{\theta_0 \leq u(z_1)}$ を示そう．これが成り立てば，

$$\lim_{t \to 0+} \frac{u((1-t)z_1) - u(z_1)}{t} \leq \tau \lim_{t \to 0+} \frac{e^{-4\alpha \rho^2} - e^{-4\alpha (1-t)^2 \rho^2}}{t}$$
$$= -8\alpha \tau \rho^2 e^{-4\alpha \rho^2} < 0$$

となる．左辺は $\langle Du(z_1), z_1 \rangle = 0$ なので矛盾する．

下線部を否定すると，$\theta_0 > u(z_1)$ となる．もし，$(u - \phi)(\hat{x}) = \theta_0$ となる $\hat{x} \in A_\rho$ があるとすれば，$D(u - \phi)(\hat{x}) = 0, D^2(u - \phi)(\hat{x}) \leq O$ が成り立つ．u が古典劣解だから，$-\triangle_\infty \phi(\hat{x}) \leq 0$ となり，(4.42) に矛盾する．故に，$\theta_0 = \max_{\partial A_\rho}(u - \phi)$ である．$\partial B_{2\rho}$ 上で，$\phi = 0$ なので，$\max_{\partial B_{2\rho}}(u - \phi) = u(z_1)$ となり，

$$\theta_0 = \max_{\partial B_\rho}(u - \phi)$$

が成り立つ．ところで，$\max_{\partial B_\rho} u + \sigma = u(z_1)$ となる $\sigma > 0$ がとれる．$\tau > 0$ を

$$\tau(e^{-\alpha \rho^2} - e^{-4\alpha \rho^2}) < \sigma$$

となるように小さくとると，$\theta_0 \leq u(z_1)$ となり，矛盾が導かれる．∎

〖演習 4.9〗　証明中の次の事実を示せ．
(1) $\Phi(y) = \Phi(0) \ (y \in B_s)$
(2) $v(x) = v(x_0) \ (x \in B_s(x_0))$
(3) (4.41) を示せ．

4.4 一般論が適用できない重要な方程式

問 題

1. $\Omega \subset \mathbb{R}^n$ を有界な開集合とする．$\nu > 0$, $f \in C(\Omega)$ および，$\hat{F} : \mathbb{R}^n \times S^n \to \mathbb{R}$ が楕円型である時，$u \in USC(\overline{\Omega})$ と $v \in LSC(\overline{\Omega})$ を (4.32) の粘性劣解，粘性優解とする．$\sup\limits_{\partial \Omega}(u-v) \leq 0$ ならば，$\sup\limits_{\overline{\Omega}}(u-v) \leq 0$ が成り立つことを示せ．

2. $\Omega \subset \mathbb{R}^n$ を有界な開集合とする．$u \in USC(\overline{\Omega} \times [0,T])$ と $v \in USC(\overline{\Omega} \times [0,T])$ をそれぞれ，(4.33) の粘性劣解，粘性優解とする．$\sup\limits_{\partial_p Q}(u-v) \leq 0$ ならば，$\sup\limits_{\overline{\Omega} \times [0,T)}(u-v) \leq 0$ となることを示せ．粘性解の定義は，この章の $\hat{F}_*, \hat{F}^*$ を用いたものとする．

第5章 ◇ 存在と安定性

本章では，解の適切性 (well-posedness) の残り二つ「存在・安定性」に関して基本的な結果を述べる．

5.1 Perron の方法

一般の二階非線形楕円型偏微分方程式の粘性解の存在定理を二つの方法で与える．一つは，石井仁司氏による Perron の方法と，もう一つは，具体的な方程式に対して粘性解の表現公式による方法である．ただし，後者では，二階の偏微分方程式の解の表現公式には確率解析の準備が必要である．そこで，本書では，一階の偏微分方程式に限ることにする．

Perron の方法による粘性解の存在定理は，粘性劣解と粘性優解の存在を示すだけで，粘性解の存在が導かれるという，強力な存在定理である．

次の記号を導入する．

$$SUB(\Omega) := \{u : \Omega \to \mathbb{R} \mid u \text{ は (2.1) の粘性劣解}\}$$
$$SUP(\Omega) := \{u : \Omega \to \mathbb{R} \mid u \text{ は (2.1) の粘性優解}\}$$

定理 5.1 $F \in C(\Omega \times \mathbb{R} \times \mathbb{R}^n \times S^n)$ とする．$\mathcal{S} \subset SUB(\Omega)$ (resp., $SUP(\Omega)$) が $\mathcal{S} \neq \emptyset$ と仮定する．任意の $x \in \overline{\Omega}$ に対し，

$$u(x) := \sup_{v \in \mathcal{S}} v(x) \quad \left(\text{resp.,} \inf_{v \in \mathcal{S}} v(x)\right)$$

とおく．$u \in L^{\infty}_{loc}(\Omega)$ ならば，u は (2.1) の粘性劣解 (resp., 粘性優解) となる．

証明 粘性劣解の方を示す．$\phi \in C^2(\Omega)$ と $\hat{x} \in \Omega$ に対し，$0 = (u^* - \phi)(\hat{x}) > (u^* - \phi)(x)$ $(x \in \Omega \setminus \{\hat{x}\})$ となる時に，次の不等式を示せばよい．

5.1 Perronの方法

$$F(\hat{x}, \phi(\hat{x}), D\phi(\hat{x}), D^2\phi(\hat{x})) \leq 0 \tag{5.1}$$

$r_0, s_0 > 0$ を $B_{2r_0}(\hat{x}) \Subset \Omega$ と次の不等式を満たすように選ぶ.

$$\max_{\partial B_{r_0}(\hat{x})} (u^* - \phi) \leq -s_0 \tag{5.2}$$

実際,左辺が 0 だと,$u^* - \phi$ の上半連続性から,$\partial B_{r_0}(\hat{x})$ でその最大値 0 をとるが,$u^* - \phi$ が $\hat{x}$ で狭義最大値をとることに矛盾する.

まず,$x_k \in B_{r_0}(\hat{x})$ を次の性質が成り立つように選ぶ.

$$\lim_{k \to \infty} x_k = \hat{x}, \quad u^*(\hat{x}) - \frac{1}{k} \leq u(x_k), \quad |\phi(x_k) - \phi(\hat{x})| < \frac{1}{k}$$

この x_k に対し,次の不等式を満たす $u_k \in \mathcal{S}$ がある.

$$u_k(x_k) + \frac{1}{k} \geq u(x_k)$$

(5.2) により,$\frac{3}{k} < s_0$ となる $k \in \mathbb{N}$ に対し,次の不等式が成り立つ.

$$(u_k^* - \phi)(x_k) \geq -\frac{1}{k} + (u^* - \phi)(x_k) \geq -\frac{2}{k} + u^*(\hat{x}) - \phi(x_k) > -\frac{3}{k} > \max_{\partial B_r(\hat{x})} (u^* - \phi)$$

よって,$k > \frac{3}{s_0}$ となる $k \in \mathbb{N}$ に対して,$u_k^* - \phi$ の $\overline{B}_{r_0}(\hat{x})$ 上での最大値は $y_k \in B_{r_0}(\hat{x})$ でとる.故に,粘性劣解の定義から次の不等式が成り立つ.

$$F(y_k, u_k^*(y_k), D\phi(y_k), D^2\phi(y_k)) \leq 0 \tag{5.3}$$

$\lim_{\ell \to \infty} y_{k_\ell}$ となる部分列 y_{k_ℓ} が存在するので,その極限を z とおく.すると,

$$(u^* - \phi)(\hat{x}) \leq (u_k^* - \phi)(x_k) + \frac{3}{k} \leq (u_k^* - \phi)(y_k) + \frac{3}{k} \leq (u^* - \phi)(y_k) + \frac{3}{k}$$

が成り立ち,u^* の上半連続性から,次の不等式が成り立つ.

$$(u^* - \phi)(\hat{x}) \leq (u^* - \phi)(z)$$

よって,$z = \hat{x}$ であり,$\lim_{k \to \infty} u_k^*(y_k) = u^*(\hat{x}) = \phi(\hat{x})$ も成り立つ.故に,(5.3) において,$k \to \infty$ とすると,F の連続性から (5.1) が導かれる. ■

さて，Perron の方法による存在定理を述べる．

定理 5.2 $F \in C(\Omega \times \mathbb{R} \times \mathbb{R}^n \times S^n)$ が楕円型であり，(2.1) の $\xi \in SUB(\Omega) \cap USC(\overline{\Omega}) \cap L_{loc}^{\infty}(\Omega)$ と $\eta \in SUP(\Omega) \cap LSC(\overline{\Omega}) \cap L_{loc}^{\infty}(\Omega)$ で，

$$\xi \leq \eta \quad \text{in } \overline{\Omega} \tag{5.4}$$

を満たすものが存在すると仮定する．$\mathcal{S}$ (resp., $\hat{\mathcal{S}}$) を

$$\mathcal{S} := \{v \in SUB(\Omega) \mid \xi \leq v \leq \eta \text{ in } \Omega\}$$
$$(\text{resp.}, \hat{\mathcal{S}} := \{v \in SUP(\Omega) \mid \xi \leq v \leq \eta \text{ in } \Omega\})$$

とおくと，$u(x) := \sup_{v \in \mathcal{S}} v(x) \left(\text{resp.}, u(x) = \inf_{v \in \hat{\mathcal{S}}} v(x) \right)$ は，(2.1) の粘性解になる．

証明 $u(x) := \sup_{v \in \mathcal{S}} v(x)$ の場合のみを述べる．まず，$\xi \in \mathcal{S}$ なので，$\mathcal{S} \neq \emptyset$ であることがわかる．

定理 5.1 により，u が (2.1) の粘性劣解になる．故に，粘性優解であることを示せばよい．背理法で示そう．$\phi \in C^2(\Omega)$ と $\hat{x} \in \Omega$ に対し，$0 = (u_* - \phi)(\hat{x}) \leq (u_* - \phi)(x)$ ($\forall x \in \Omega$) かつ，ある $\theta > 0$ に対して

$$F(\hat{x}, \phi(\hat{x}), D\phi(\hat{x}), D^2\phi(\hat{x})) \leq -\theta$$

が成り立つとして矛盾を導けばよい．

ここで，$\psi(x) := \phi(x) - |x - \hat{x}|^4$ とおくと，

$$\begin{cases} (1) \ 0 = (u_* - \psi)(\hat{x}) < (u_* - \psi)(x) \ (\forall x \in \Omega \setminus \{\hat{x}\}) \\ (2) \ F(\hat{x}, \psi(\hat{x}), D\psi(\hat{x}), D^2\psi(\hat{x})) \leq -\theta \end{cases} \tag{5.5}$$

が成り立つ．よって，$F \in C(\Omega \times \mathbb{R} \times \mathbb{R}^n \times S^n)$, $\phi \in C^2(\Omega)$ と (5.5)(1) より，次の不等式を満たす $r_0 > 0$ がある．

$$F(x, \phi(x) + t, D\phi(x), D^2\phi(x)) < 0 \quad (\forall x \in B_{2r_0}(\hat{x}) \Subset \Omega, |t| \leq r_0) \tag{5.6}$$

まず，次の不等式が成り立つことを示そう．

$$\psi(\hat{x}) < \eta(\hat{x}) \tag{5.7}$$

(5.7) が成り立たないとすると，$\psi(x) \leq u_*(x) \leq \eta(x)$ $(\forall x \in \Omega)$ なので，$\eta - \psi$ は $\hat{x} \in \Omega$ で最小値をとる (図 5.1 を参照)．

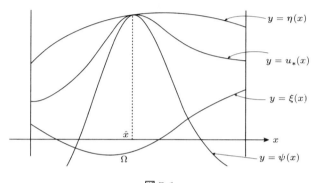

図 5.1

η の定義から，(5.6) で $x = \hat{x}$, $t = 0$ とおいた不等式に矛盾する．故に，(5.7) が成り立つ．

$3\hat{\tau} := \eta(\hat{x}) - \psi(\hat{x}) > 0$ とおくと，η の下半連続性から次の性質を満たす $r_1 \in (0, r_0]$ が存在する．

$$\eta(x) \geq \eta(\hat{x}) - \hat{\tau} \geq \psi(\hat{x}) + 2\hat{\tau} \geq \psi(x) + \hat{\tau} \quad (x \in B_{2r_1}(\hat{x}))$$

さらに，(5.5)(1) より，

$$u(x) - \psi(x) \geq r_1^4 \quad (x \in B_{2r_1}(\hat{x}) \setminus \overline{B}_{r_1}(\hat{x}))$$

が成り立つ．$\tau_0 := \min\{\hat{\tau}, \frac{r_1^4}{2}\} > 0$ とおき，ここで，次のように w を定義する．

$$w(x) := \begin{cases} u(x) \vee (\psi(x) + \tau_0) & (x \in B_{2r_1}(\hat{x})) \\ u(x) & (x \in \Omega \setminus B_{2r_1}(\hat{x})) \end{cases}$$

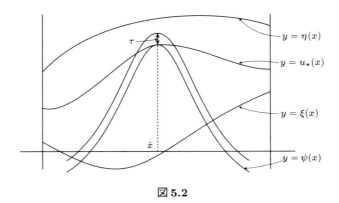

図 5.2

次の不等式が成り立つことを示す.

$$\sup_{\overline{\Omega}}(w-u) > 0 \tag{5.8}$$

$0 = (u_* - \psi)(\hat{x}) = \lim_{r \to 0} \inf\{(u-\psi)(y) \mid y \in B_r(\hat{x})\}$ であるから,次の性質を満たす $\tilde{x} \in B_{r_1}(\hat{x})$ が選べるので,(5.8) が成り立つ.

$$\tau_0 > (u-\psi)(\tilde{x})$$

後は,$w \in \mathcal{S}$ を証明すればよい. $\tau_0, r_1 > 0$ の選び方から,$\xi(x) \leq w(x) \leq \eta(x)$ ($\forall x \in \Omega$) が示せる.最後に,w が (2.1) の粘性劣解であることを示そう. $\zeta \in C^2(\Omega)$ に対し,$(w^* - \zeta)(x) \leq (w^* - \zeta)(z) = 0$ ($\forall x \in \Omega$) が $z \in \Omega$ で成り立つ時に,次の不等式が導かれる.

$$F(z, \zeta(z), D\zeta(z), D^2\zeta(z)) \leq 0 \tag{5.9}$$

実際,$z \in \Omega \setminus \overline{B}_{r_1}(\hat{x}) =: \Omega'$ の場合は,$u^* - \zeta$ が $z \in \Omega'$ で最大値をとるので,(5.9) が導かれる.

$z \in B_{2r_1}(\hat{x})$ の場合は,$\psi + \tau_0$ は (2.1) の古典劣解であり,F の楕円性から命題 2.4 より,粘性劣解になる.故に,定理 5.1 より,$w^* = u^* \vee (\psi + \tau_0)$ は (2.1) の粘性劣解であり,証明が終わる. ■

5.2 一階偏微分方程式の解の表現公式

この節では，F を具体的に与えた時に，期待される解の表現公式を紹介する．期待される解が実際に，粘性解になることを示すために，**動的計画原理**が必要になる．これは最適制御理論において基本的な原理であり，粘性解の定義は動的計画原理にうまく適合していることがわかる．

境界条件を述べる煩わしさを避けるため，考える領域は全空間 $\mathbb{R}^n$ とする．具体的には，最適制御問題に現れる Bellman 方程式

$$\max_{a \in \boldsymbol{A}} \{\nu u - \mathrm{Tr}(A(x,a)D^2 u) - \langle g(x,a), Du \rangle - f(x,a)\} = 0 \quad \text{in } \mathbb{R}^n$$

や，より一般化された，微分ゲームに現れる次の Isaacs 方程式について述べる．

$$\min_{b \in \boldsymbol{B}} \max_{a \in \boldsymbol{A}} \{\nu u - \mathrm{Tr}(A(x,a,b)D^2 u) - \langle g(x,a,b), Du \rangle - f(x,a,b)\} = 0 \quad \text{in } \mathbb{R}^n$$

しかしながら，本書では一階の偏微分方程式に限ることにする．何故なら，二階偏微分方程式を扱う場合は，確率解析の準備が必要なため，本書の想定する読者の予備知識の範囲を超えているからである．関心のある読者は，[11]，[20] 等を参照してほしい．

5.2.1 Bellman 方程式

ここでは，次の一階偏微分方程式の解の表現法を述べる．この方程式は (一階)Bellman 方程式と呼ばれる．

$$\sup_{a \in \boldsymbol{A}} \{\nu u - \langle g(x,a), Du \rangle - f(x,a)\} = 0 \quad \text{in } \mathbb{R}^n \tag{5.10}$$

ここで，パラメータの集合は $\boldsymbol{A} \subset \mathbb{R}^m$ であるとする．

この方程式 (5.10) は，一般論で現れた F で表せば，

$$F(x,r,p,X) = \sup_{a \in \boldsymbol{A}} \{\nu r - \langle g(x,a), p \rangle - f(x,a)\}$$

となる．ただし，右辺は X に依存していないので，以降 F の変数で X は略す．この F は，任意の $(x,r) \in \mathbb{R}^n \times \mathbb{R}$ に対して，

$$p \in \mathbb{R}^n \to F(x,r,p) \in \mathbb{R} \quad \text{は凸関数}$$

となる (次の節で, この凸性を仮定しない方程式を扱う).

$\boldsymbol{A}$ に値をとる可測関数全体を次の記号で表す.

$$\mathcal{A} := \{\alpha : [0, \infty) \to \boldsymbol{A} \mid \alpha(\cdot) \text{ 可測}\}$$

$x \in \mathbb{R}^n$ と $\alpha \in \mathcal{A}$ に対し, $X(\cdot; x, \alpha)$ を次の常微分方程式の解とする.

$$\begin{cases} X'(t) = g(X(t), \alpha(t)) \ (t > 0) \\ X(0) = x \end{cases} \tag{5.11}$$

後で, $g : \mathbb{R}^n \times \boldsymbol{A} \to \mathbb{R}^n$ には, (5.11) の解の一意存在を保証する十分条件を仮定する. 関数 $f : \mathbb{R}^n \times \boldsymbol{A} \to \mathbb{R}$ に対し, (5.11) の解 $X(\cdot; x, \alpha)$ を用いて, 次のコスト汎関数を考える (下の $\nu > 0$ は割引率と呼ばれる).

$$J(x, \alpha) := \int_0^\infty e^{-\nu t} f(X(t; x, \alpha), \alpha(t)) dt$$

次に, **最適コスト汎関数** (値関数とも呼ばれる) を次のように定める.

$$u(x) := \inf_{\alpha \in \mathcal{A}} J(x, \alpha) \quad (x \in \mathbb{R}^n) \tag{5.12}$$

定理 5.3 (**動的計画原理**)　次の条件を仮定する.

$$\begin{cases} (1) \ \sup_{a \in \boldsymbol{A}} \left(\|f(\cdot, a)\|_{L^\infty(\mathbb{R}^n)} + \|g(\cdot, a)\|_{W^{1,\infty}(\mathbb{R}^n)} \right) < \infty \\ (2) \ \exists \omega_f \in \mathcal{M} \text{ s.t.} \\ \quad \sup_{a \in \boldsymbol{A}} |f(x, a) - f(y, a)| \leq \omega_f(|x - y|) \ (x, y \in \mathbb{R}^n) \end{cases} \tag{5.13}$$

任意の $T > 0$ に対し, 次の等式が成り立つ.

$$u(x) = \inf_{\alpha \in \mathcal{A}} \left(\int_0^T e^{-\nu t} f(X(t; x, \alpha), \alpha(t)) dt + e^{-\nu T} u(X(T; x, \alpha)) \right)$$

注意 5.1　仮定 (5.13) より, $\sup_{x \in \mathbb{R}^n} |u(x)| \leq \frac{1}{\nu} \sup_{a \in \boldsymbol{A}} \|f(\cdot, a)\|_{L^\infty(\mathbb{R}^n)}$ が成り立つ.

5.2 一階偏微分方程式の解の表現公式

証明 $T > 0$ に対し, 結論の式の右辺を $v(x)$ とおく.

<u>$u(x) \geq v(x)$ の証明</u> 任意の $\varepsilon > 0$ に対し, 次を満たす $\alpha_\varepsilon \in \mathcal{A}$ を選ぶ.

$$u(x) + \varepsilon \geq \int_0^\infty e^{-\mu t} f(X(t; x, \alpha_\varepsilon), \alpha_\varepsilon(t)) dt$$

一般に, $\alpha \in \mathcal{A}$ と $T > 0$ に対して, $\hat{\alpha}(t) := \alpha(T + t)$ $(t \geq 0)$ および, $\hat{x} := X(T; x, \alpha)$ とおいたときに, 常微分方程式 (5.11) の解の一意性から

$$X(t + T; x, \alpha) = X(t; \hat{x}, \hat{\alpha}) \quad (t \geq 0)$$

が成り立つ. 今後も断らずにこの性質は用いる (図 5.3 を参照).

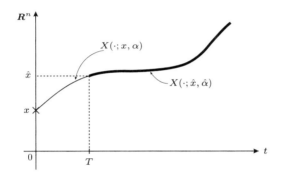

図 5.3

さて, $\hat{x} := X(T; x, \alpha_\varepsilon)$ および, $\hat{\alpha}_\varepsilon(t) := \alpha_\varepsilon(T + t)$ $(t \geq 0)$ とおくと,

$$\int_0^\infty e^{-\nu t} f(X(t; x, \alpha_\varepsilon), \alpha_\varepsilon(t)) dt$$
$$= \int_0^T e^{-\nu t} f(X(t; x, \alpha_\varepsilon), \alpha_\varepsilon(t)) dt + e^{-\nu T} \int_0^\infty e^{-\nu t} f(X(t; \hat{x}, \hat{\alpha}_\varepsilon), \hat{\alpha}_\varepsilon(t)) dt$$

となる. 下の式の第二項を $\mathcal{A}$ に関して下限をとると次の不等式が成り立つ.

$$u(x) + \varepsilon \geq \int_0^T e^{-\nu t} f(X(t; x, \alpha_\varepsilon), \alpha_\varepsilon(t)) dt + e^{-\nu T} u(\hat{x})$$

さらに, $\mathcal{A}$ に関して下限をとると $\varepsilon > 0$ は任意なので片側の不等式を得る.

$u(x) \leq v(x)$ の証明

任意に $\varepsilon > 0$ を固定し，次を満たす $\alpha_\varepsilon \in \mathcal{A}$ を選ぶ．

$$v(x) + \varepsilon \geq \int_0^T e^{-\nu t} f(X(t;x,\alpha_\varepsilon), \alpha_\varepsilon(t))dt + e^{-\nu T} u(\hat{x})$$

ただし，$\hat{x} := X(T;x,\alpha_\varepsilon)$ とおいた．さらに，

$$u(\hat{x}) + \varepsilon \geq \int_0^\infty e^{-\nu t} f(X(t;\hat{x},\hat{\alpha}_\varepsilon), \hat{\alpha}_\varepsilon(t))dt$$

を満たす $\hat{\alpha}_\varepsilon \in \mathcal{A}$ が選べる．ここで，$\tilde{\alpha}_\varepsilon \in \mathcal{A}$ を次のように定める．

$$\tilde{\alpha}_\varepsilon(t) := \begin{cases} \alpha_\varepsilon(t) & (t \in [0,T)) \\ \hat{\alpha}_\varepsilon(t-T) & (t \geq T) \end{cases}$$

すると，次の不等式が成り立つ．

$$v(x) + 2\varepsilon \geq \int_0^\infty e^{-\nu t} f(X(t;x,\tilde{\alpha}_\varepsilon), \tilde{\alpha}_\varepsilon(t))dt$$

右辺の $\mathcal{A}$ に関する下限をとり，$\varepsilon \to 0$ とすれば逆の不等式が成り立つ． ∎

Bellman 方程式に対する解の表現による存在定理を述べる．

定理 5.4 (5.13) を仮定すると，(5.12) で与えられた u は (5.10) の粘性解になる．

証明 粘性劣解であることの証明 $\phi \in C^1(\mathbb{R}^n)$ に対し，$\hat{x} \in \mathbb{R}^n$ で，$u^* - \phi$ が最大値をとると仮定する，さらに，$0 = (u^* - \phi)(\hat{x}) \geq (u^* - \phi)(x)$ $(\forall x \in \mathbb{R}^n)$ が成り立つと仮定してよい．ここで，

$$\sup_{a \in A} \{\nu \phi(\hat{x}) - \langle g(\hat{x},a), D\phi(\hat{x}) \rangle - f(\hat{x},a)\} \geq 2\theta$$

となる，$\theta > 0$ があるとして矛盾を導けばよい．仮定 (5.13) より，次を満たす $a_0 \in A$ と $r > 0$ が存在する．

$$\nu \phi(x) - \langle g(x,a_0), D\phi(x) \rangle - f(x,a_0) \geq \theta \quad (\forall x \in B_{2r}(\hat{x})) \tag{5.14}$$

5.2 一階偏微分方程式の解の表現公式

一方,任意の $k \in \mathbb{N}$ に対し,次の不等式を満たす $x_k \in B_{\frac{1}{k}}(\hat{x})$ が選べる.

$$u^*(\hat{x}) \leq u(x_k) + \frac{1}{k}, \quad |\phi(\hat{x}) - \phi(x_k)| < \frac{1}{k}$$

ここで,$\alpha_0 \in \mathcal{A}$ として,$\alpha_0(t) := a_0 \ (t \geq 0)$ とする.再び仮定 (5.13) より,次の性質を満たすような $k_0 \in \mathbb{N}$ と $t_0 > 0$ が存在する.

$$X_k(t) := X(t; x_k, \alpha_0) \in B_{2r}(\hat{x}) \quad (t \in [0, t_0], k \geq k_0)$$

故に,任意の $t \in [0, t_0]$ に対し,この $X_k(t)$ を (5.14) の x に代入しても成り立つ.

$$\nu\phi(X_k(t)) - \langle g(X_k(t), a_0), D\phi(X_k(t))\rangle - f(X_k(t), a_0) \geq \theta \tag{5.15}$$

また,動的計画原理 (定理 5.3) より,$0 < s \leq t_0$ に対し,

$$u(x_k) \leq \int_0^s e^{-\nu t} f(X_k(t), a_0) dt + e^{-\nu s} u(X_k(s))$$

を得る.よって,$u \leq u^* \leq \phi$ に注意して,

$$\phi(x_k) - \frac{2}{k} \leq \phi(\hat{x}) - \frac{1}{k} \leq u(x_k) \leq \int_0^s e^{-\nu t} f(X_k(t), a_0) dt + e^{-\nu s} \phi(X_k(s))$$

となる.右辺の積分の中に (5.15) を用いて

$$\phi(x_k) - \frac{2}{k} \leq \int_0^s e^{-\nu t} \{-\theta + \nu\phi(X_k(t)) - \langle g(X_k(t), a_0), D\phi(X_k(t))\rangle\} dt \\ + e^{-\nu s} \phi(X_k(s))$$

が成り立つ.次の簡単な計算

$$\frac{d}{dt} e^{-\nu t} \phi(X_k(t)) = e^{-\nu t} \{-\nu\phi(X_k(t)) + \langle g(X_k(t), a_0), D\phi(X_k(t))\rangle\}$$

に注意して,次の不等式が導かれる.

$$-\frac{2}{k} \leq -\int_0^s e^{-\nu t} \theta dt = \frac{1}{\nu}(e^{-\nu s} - 1)$$

故に，$s>0$ が十分小さい時 (または，k が大きい時)，矛盾する．

<u>粘性優解であることの証明</u>　$\phi \in C^1(\mathbb{R}^n)$ に対し，$\hat{x} \in \mathbb{R}^n$ で $u_* - \phi$ が最小値をとるとする．さらに，$0 = (u_* - \phi)(\hat{x}) \leq (u_* - \phi)(x)$ $(x \in \mathbb{R}^n)$ が成り立つとしてよい．次の不等式が成り立つ $\theta > 0$ が存在するとして矛盾を導こう．

$$\sup_{a \in A}\{\nu\phi(\hat{x}) - \langle g(\hat{x},a), D\phi(\hat{x})\rangle - f(\hat{x},a)\} \leq -2\theta$$

仮定 (5.13) により，次を満たす $r_0 > 0$ が存在する．

$$\nu\phi(x) - \langle g(x,a), D\phi(x)\rangle - f(x,a) \leq -\theta \quad (x \in B_{2r_0}(\hat{x}), a \in A)$$

任意の $k \in \mathbb{N}$ に対し，次の二つの条件を満たす $x_k \in B_{\frac{1}{k}}(\hat{x})$ が選べる．

$$u_*(\hat{x}) \geq u(x_k) - \frac{1}{k}, \quad |\phi(\hat{x}) - \phi(x_k)| < \frac{1}{k}$$

仮定 (5.13) により，次を満たす $k_0 \in \mathbb{N}$ と $t_0 > 0$ が存在する．

$$X_k(t; x_k, \alpha) \in B_{2r_0}(\hat{x}) \quad (k \geq k_0, \alpha \in \mathcal{A}, t \in [0, t_0])$$

各 $k \in \mathbb{N}$ に対し，$u(x_k)$ の定義から，次を満たす $\alpha_k \in \mathcal{A}$ が存在する．

$$u(x_k) + \frac{1}{k} \geq \int_0^{t_0} e^{-\nu t} f(X(t;x_k,\alpha_k), \alpha_k(t))dt + e^{-\nu t_0} u(X(t_0; x_k, \alpha_k))$$

$X_k(t) := X(t; x_k, \alpha_k)$ とおくと，$X_k(t) \in B_{2r}(\hat{x})$ $(t \in [0, t_0])$ に注意する．よって，次の不等式が成り立つ．

$$\phi(x_k) + \frac{3}{k} \geq \phi(\hat{x}) + \frac{2}{k} \geq u(x_k) + \frac{1}{k}$$
$$\geq \int_0^{t_0} e^{-\nu t} f(X_k(t), \alpha_k(t))dt + e^{-\nu t_0}\phi(X_k(t_0))$$

さらに，$e^{-\nu t_0}\phi(X_k(t_0)) - \phi(x_k) = \int_0^{t_0} d(e^{-\nu t}\phi(X_k(t))$ に注意すると，

$$\frac{3}{k} \geq \int_0^{t_0} e^{-\nu t}\{f(X_k(t), \alpha_k(t)) + \langle g(X_k(t), \alpha_k(t)), D\phi(X_k(t))\rangle - \nu\phi(X_k(t))\}dt$$

となる．故に，次の不等式が成り立つので，k が大きい時に矛盾を得る．

$$\frac{3}{k} \geq \theta \int_0^{t_0} e^{-\nu t} dt = \frac{1}{\nu}(1 - e^{-\nu t_0}) \qquad \blacksquare$$

5.2.2 Isaacs 方程式

次に，Isaacs 方程式を考える．これは，Du（および，$D^2 u$）に関する凸性を仮定しないものであり，完全非線形方程式と呼ばれることがある．

二つのパラメータ集合 $\boldsymbol{A}, \boldsymbol{B}$ が与えられているとして，二つのパラメータを持った関数の (5.13) に対応する条件を仮定する．

$$\begin{cases} (1) \displaystyle\sup_{(a,b) \in \boldsymbol{A} \times \boldsymbol{B}} \left\{ \|f(\cdot, a, b)\|_{L^\infty(\mathbb{R}^n)} + \|g(\cdot, a, b)\|_{W^{1,\infty}(\mathbb{R}^n)} \right\} < \infty \\ (2) \ \exists \omega_f \in \mathcal{M} \text{ s.t.} \\ \quad \displaystyle\sup_{(a,b) \in \boldsymbol{A} \times \boldsymbol{B}} |f(x, a, b) - f(y, a, b)| \leq \omega_f(|x - y|) \ (x, y \in \mathbb{R}^n) \end{cases} \tag{5.16}$$

仮定 (5.16) の仮定の下で，次の 2 種類の Isaacs 方程式が考えられる．

$$\sup_{a \in \boldsymbol{A}} \inf_{b \in \boldsymbol{B}} \{\nu u - \langle g(x, a, b), Du \rangle - f(x, a, b)\} = 0 \quad \text{in } \mathbb{R}^n \tag{5.17}$$

$$\inf_{b \in \boldsymbol{B}} \sup_{a \in \boldsymbol{A}} \{\nu u - \langle g(x, a, b), Du \rangle - f(x, a, b)\} = 0 \quad \text{in } \mathbb{R}^n \tag{5.18}$$

それぞれの左辺を次のように書く．

$$H^-(x, r, p) := \sup_{a \in \boldsymbol{A}} \inf_{b \in \boldsymbol{B}} \{\nu r - \langle g(x, a, b), p \rangle - f(x, a, b)\}$$

$$H^+(x, r, p) := \inf_{b \in \boldsymbol{B}} \sup_{a \in \boldsymbol{A}} \{\nu r - \langle g(x, a, b), p \rangle - f(x, a, b)\}$$

定義から，$H^+(x, r, p) \geq H^-(x, r, p)$ $((x, r, p) \in \Omega \times \mathbb{R} \times \mathbb{R}^n)$ が成り立つことがわかる．

Bellman 方程式と同様に，期待される解の表現を述べるための準備をする．

$\mathcal{A}$ は，前節と同じ記号とし，$\mathcal{B}$ を新たに導入する．

$$\mathcal{B} := \{\beta : [0, \infty) \to \boldsymbol{B} \mid \beta(\cdot) \text{ 可測}\}$$

この記号を使って，$\alpha \in \mathcal{A}, \beta \in \mathcal{B}, x \in \mathbb{R}^n$ に対し，次のコスト汎関数を考える．

$$J(x, \alpha, \beta) := \int_0^\infty e^{-\nu t} f(X(t; x, \alpha, \beta), \alpha(t), \beta(t)) dt$$

ここで，$X(\cdot; x, \alpha, \beta)$ は次の常微分方程式の (唯一の) 解である．

$$\begin{cases} X'(t) = g(X(t), \alpha(t), \beta(t)) \ (t > 0) \\ X(0) = x \end{cases} \tag{5.19}$$

Bellman 方程式においては，コスト関数を最小化した最適コスト汎関数が (5.10) の粘性解となった．Isaacs 方程式においては，二人の"プレーヤー A と B" がコスト汎関数を別々のパラメータ **A** と **B** に関して，それぞれ最小化・最大化したものを**値関数**とおく．二人が逆の目的のためにパラメータを選ぶのであるが，選び方にルールが必要である．まず，どちらが先にパラメータを選ぶかによって得られる最小化・最大化の結果が異なるのは自然であろう．両方の場合を述べるために二つの "戦略" を導入しておく．まず，プレーヤー B が，プレーヤー A の "行動" $\alpha \in \mathcal{A}$ に対して，自分の "行動" $\beta \in \mathcal{B}$ を決める "戦略" を考える．各時点 $T > 0$ において，過去の情報 "$\{\alpha(t) \mid 0 \leq t \leq T\}$" に対して決めるのが自然であろう．逆に言えば，相手の未来の行動には関係なく，現在の行動を決めるという戦略を採用する．この様な戦略の集合を次のように表現する．

$$\Gamma := \left\{ \gamma : \mathcal{A} \to \mathcal{B} \ \middle| \ \begin{array}{l} T > 0, \alpha_1, \alpha_2 \in \mathcal{A} \text{ に対し，} \alpha_1 = \alpha_2 \text{ a.e. in } (0, T) \\ \text{ならば，} \gamma[\alpha_1] = \gamma[\alpha_2] \text{ a.e. in } (0, T) \text{ が成り立つ} \end{array} \right\}$$

プレーヤーの行動決定の順番を逆にした戦略の集合を次の記号で表す．

$$\Delta := \left\{ \delta : \mathcal{B} \to \mathcal{A} \ \middle| \ \begin{array}{l} T > 0, \beta_1, \beta_2 \in \mathcal{B} \text{ に対し，} \beta_1 = \beta_2 \text{ a.e. in } (0, T) \\ \text{ならば，} \delta[\beta_1] = \delta[\beta_2] \text{ a.e. in } (0, T) \text{ が成り立つ} \end{array} \right\}$$

Isaacs 方程式 (5.17) (resp., (5.18)) に対応する値関数は次のようになる．

$$u(x) = \sup_{\gamma \in \Gamma} \inf_{\alpha \in \mathcal{A}} \int_0^\infty e^{-\nu t} f(X(t; x, \alpha, \gamma[\alpha]), \alpha(t), \gamma[\alpha](t)) dt \tag{5.20}$$

$$\left(\text{resp.,}\ v(x) = \inf_{\delta \in \Delta} \sup_{\beta \in \mathcal{B}} \int_0^\infty e^{-\nu t} f(X(t;x,\delta[\beta],\beta),\delta[\beta](t),\beta(t))dt\right) \quad (5.21)$$

このような，コスト関数の最小化・最大化は，微分ゲームと呼ばれ，u (resp., v) は上値関数 (resp., 下値関数) という．係数と非斉次項に適当な仮定の下で，u (resp., v) が (5.17) (resp., (5.18)) の粘性解になることがわかる．$H^- \leq H^+$ だから，u (resp., v) は (5.18) (resp., (5.17)) の粘性優解 (resp., 粘性劣解) になるので，比較原理が成り立つとすれば，$u \geq v$ が示せることになる (本節では，境界条件が現れない $\mathbb{R}^n$ の設定なので，(5.17) や (5.18) の比較原理は示さない)．

$u = v$ となる場合は，二人のプレーヤーがどちらが先に行動を決定しても結果が変わらないことに相当するので，微分ゲームでは重要である．後述するように適当な仮定の下に，u (resp.,v) は (5.17) (resp., (5.18)) の粘性解になるので，任意の $(x,r,p) \in \mathbb{R}^n \times \mathbb{R} \times \mathbb{R}^n$ に対し，

$$H^-(x,r,p) = H^+(x,r,p)$$

が成り立てば，比較原理が成り立つ設定の下で (例えば，$|x| \to \infty$ での条件)，$u = v$ が成り立つことが期待できる．以降，u についてのみ議論する．

注意 5.2 仮定 (5.16) より，次の評価が成り立つ．

$$\sup_{x \in \mathbb{R}^n} |u(x)| \leq \frac{1}{\nu} \sup_{(a,b) \in \boldsymbol{A} \times \boldsymbol{B}} \|f(\cdot,a,b)\|_{L^\infty(\mathbb{R}^n)}$$

u に対する動的計画原理を述べよう．

定理 5.5 (動的計画原理) (5.16) を仮定する．任意の $T > 0$ と (5.20) で定義された u に対し，次の等式が成り立つ．

$$u(x) = \sup_{\gamma \in \Gamma} \inf_{\alpha \in \mathcal{A}} \left(\int_0^T e^{-\nu t} f(X(t;x,\alpha,\gamma[\alpha]),\alpha(t),\gamma[\alpha](t))dt \right. \\ \left. + e^{-\nu T} u(X(T;x,\alpha,\gamma[\alpha])) \right)$$

証明 $T > 0$ を固定し，上の右辺を $w(x)$ とおく．

$\underline{u(x) \leq w(x)\text{ の証明}}$　任意の $\varepsilon > 0$ に対し，上限の定義から，次を満たす $\gamma_\varepsilon \in \Gamma$ が存在する．

$$u(x) - \varepsilon \leq \inf_{\alpha \in \mathcal{A}} \int_0^\infty e^{-\nu t} f(X(t; x, \alpha, \gamma_\varepsilon[\alpha]), \alpha(t), \gamma_\varepsilon[\alpha](t)) dt$$

この右辺を I_ε とおく．任意に $\alpha_0 \in \mathcal{A}$ を固定する．写像 $\mathcal{T}_0 : \mathcal{A} \to \mathcal{A}$ を，

$$\mathcal{T}_0[\alpha](t) := \begin{cases} \alpha_0(t) & (t \in [0, T)) \\ \alpha(t - T) & (t \geq T) \end{cases} \quad (\alpha \in \mathcal{A})$$

で定める．よって，$\alpha \in \mathcal{A}$ に対し，

$$\begin{aligned} I_\varepsilon &\leq \int_0^T e^{-\nu t} f(X(t; x, \alpha_0, \gamma_\varepsilon[\alpha_0]), \alpha_0(t), \gamma_\varepsilon[\alpha_0](t)) dt \\ &+ \int_T^\infty e^{-\nu t} f(X(t; x, \mathcal{T}_0[\alpha], \gamma_\varepsilon[\mathcal{T}_0[\alpha]]), \mathcal{T}_0[\alpha](t), \gamma_\varepsilon[\mathcal{T}_0[\alpha]](t)) dt \end{aligned}$$

が成り立つ．右辺の二つの項を $I_\varepsilon^1, I_\varepsilon^2$ とおく．

$\hat{\gamma} : \mathcal{A} \to \mathcal{B}$ を次のように定義する．

$$\hat{\gamma}[\alpha](t) := \gamma_\varepsilon[\mathcal{T}_0[\alpha]](t + T) \quad (t \geq 0, \alpha \in \mathcal{A}) \tag{5.22}$$

この様に定めると $\hat{\gamma} \in \Gamma$ となることがわかる．

$\hat{x} := X(T; x, \alpha_0, \gamma_\varepsilon[\alpha_0])$ とおくと，

$$I_\varepsilon^2 = e^{-\nu T} \int_0^\infty e^{-\nu t} f(X(t; \hat{x}, \alpha, \hat{\gamma}[\alpha]), \alpha(t), \hat{\gamma}[\alpha](t)) dt$$

となるので，$\alpha \in \mathcal{A}$ について下限をとると，次の不等式が成り立つ．

$$\begin{aligned} u(x) - \varepsilon &\leq I_\varepsilon^1 + e^{-\nu T} \inf_{\alpha \in \mathcal{A}} \int_0^\infty e^{-\nu t} f(X(t; \hat{x}, \alpha, \hat{\gamma}[\alpha]), \alpha(t), \hat{\gamma}[\alpha](t)) dt \\ &=: I_\varepsilon^1 + \hat{I}_\varepsilon^2 \end{aligned}$$

$\hat{I}_\varepsilon^2 \leq e^{-\nu T} u(\hat{x})$ なので，次の不等式が得られる．

$$u(x) - \varepsilon \leq I_\varepsilon^1 + e^{-\nu T} u(\hat{x})$$

5.2 一階偏微分方程式の解の表現公式

$\alpha_0 \in \mathcal{A}$ は任意だったので，下限をとってから Γ に関し上限をとると $u(x) - \varepsilon \leq w(x)$ が成り立つ．故に，$\varepsilon > 0$ は任意だったので片側の不等式を得る．

<u>$u(x) \geq w(x)$ の証明</u>　任意の $\varepsilon > 0$ に対し，次の式を満たす $\gamma_\varepsilon^1 \in \Gamma$ が選べる．

$$w(x) - \varepsilon \leq \inf_{\alpha \in \mathcal{A}} \left(\int_0^T e^{-\nu t} f(X(t;x,\alpha,\gamma_\varepsilon^1[\alpha]), \alpha(t), \gamma_\varepsilon^1[\alpha](t)) dt + e^{-\nu T} u(X(T;x,\alpha,\gamma_\varepsilon^1[\alpha])) \right)$$

$\alpha_0 \in \mathcal{A}$ を任意に固定し，$\hat{x} = X(T; x, \alpha_0, \gamma_\varepsilon^1[\alpha_0])$ とおくと，

$$w(x) - \varepsilon \leq \int_0^T e^{-\nu t} f(X(t; x, \alpha_0, \gamma_\varepsilon^1[\alpha_0]), \alpha_0(t), \gamma_\varepsilon^1[\alpha_0](t)) dt + e^{-\nu T} u(\hat{x})$$

が導かれる．$\gamma_\varepsilon^2 \in \Gamma$ が次の不等式を満たすように選ぶ．

$$u(\hat{x}) - \varepsilon \leq \inf_{\alpha \in \mathcal{A}} \int_0^\infty e^{-\nu t} f(X(t; \hat{x}, \alpha, \gamma_\varepsilon^2[\alpha]), \alpha(t), \gamma_\varepsilon^2[\alpha](t)) dt$$

この右辺を I とおく．$\mathcal{A}$ から $\mathcal{A}$ への写像を次のように定義する．

$$\mathcal{T}_1[\alpha](t) := \alpha(t+T) \quad (t \geq 0)$$

この写像を用いると，次の不等式が成り立つ．

$$I \leq e^{\nu T} \int_0^\infty e^{-\nu t} f(X(t; \hat{x}, \mathcal{T}_1[\alpha_0], \gamma_\varepsilon^2[\mathcal{T}_1[\alpha_0]]), \mathcal{T}_1[\alpha_0](t), \gamma_\varepsilon^2[\mathcal{T}_1[\alpha_0]](t)) dt$$

この右辺を $\hat{I}$ とおく．ここで $\alpha \in \mathcal{A}$ に対し，写像 $\hat{\gamma} : \mathcal{A} \to \mathcal{B}$ を

$$\tilde{\gamma}[\alpha](t) := \begin{cases} \gamma_\varepsilon^1[\alpha](t) & (t \in [0, T)) \\ \gamma_\varepsilon^2[\mathcal{T}_1[\alpha]](t - T) & (t \geq T) \end{cases} \tag{5.23}$$

で定める．さらに，$\hat{X}(t) := X(t; \hat{x}, \mathcal{T}_1[\alpha_0], \gamma_\varepsilon^2[\mathcal{T}_1[\alpha_0]])$ と簡単に書くと，

$$\begin{aligned} \hat{I} &= \int_T^\infty e^{-\nu(t-T)} f(\hat{X}(t-T), \mathcal{T}_1[\alpha_0](t-T), \gamma_\varepsilon^2[\mathcal{T}_1[\alpha_0]](t-T)) dt \\ &= e^{\nu T} \int_T^\infty e^{-\nu t} f(\hat{X}(t-T), \alpha_0(t), \tilde{\gamma}[\alpha_0](t)) dt \end{aligned}$$

と表せる．以上の記号から，

$$X(t;x,\alpha_0,\tilde{\gamma}[\alpha_0]) = \begin{cases} X(t;x,\alpha_0,\gamma_\varepsilon^1[\alpha_0]) & (t \in [0,T)) \\ \hat{X}(t-T) & (t \geq T) \end{cases}$$

が成り立つので，次の不等式が導かれる．

$$w(x) - 2\varepsilon \leq \int_0^\infty e^{-\nu t} f(X(t;x,\alpha_0,\tilde{\gamma}[\alpha_0]),\alpha_0(t),\tilde{\gamma}[\alpha_0](t))dt$$

$\alpha_0 \in \mathcal{A}$ は任意であったので，右辺の下限をとると次のようになる．

$$w(x) - 2\varepsilon \leq \inf_{\alpha \in \mathcal{A}} \int_0^\infty e^{-\nu t} f(X(t;x,\alpha,\tilde{\gamma}[\alpha]),\alpha(t),\tilde{\gamma}[\alpha](t))dt$$

Γ に関して上限をとった後，$\varepsilon \to 0$ とすると，もう一方の不等式を得る． ∎

〖演習 5.1〗 (1) (5.22) で与えられた $\hat{\gamma}$ が Γ に属することを示せ．
(2) (5.23) で与えられた $\tilde{\gamma}$ が Γ に属することを示せ．

さて，上値関数 u が (5.17) の粘性優解になるために次の条件が必要になる．

$$\begin{cases} (i) \ \exists m \in \mathbb{N} \text{ s.t. } \boldsymbol{A} \subset \mathbb{R}^m \text{はコンパクト集合である.} \\ (ii) \ \exists \omega_A \in \mathcal{M} \text{ s.t.} \\ \quad |f(x,a,b) - f(x,a',b)| + |g(x,a,b) - g(x,a',b)| \\ \quad \leq \omega_A(|a-a'|) \quad (x \in \mathbb{R}^n, \ a,a' \in \boldsymbol{A}, b \in \boldsymbol{B}) \end{cases} \tag{5.24}$$

定理 5.6 (5.16) を仮定し，u を (5.20) で定義されたものとする．
(1) u は，(5.17) の粘性劣解になる．
(2) 更に (5.24) を仮定すると，u は (5.17) の粘性優解になる．

注意 5.3 (5.21) で与えられた v が，(5.18) の粘性劣解になるためには，(5.24) の代わりに次の仮定が必要になる．

$$\begin{cases} (i) \ \exists m \in \mathbb{N} \text{ s.t. } \boldsymbol{B} \subset \mathbb{R}^m \text{はコンパクト集合である.} \\ (ii) \ \exists \omega_B \in \mathcal{M} \text{ s.t.} \\ \quad |f(x,a,b) - f(x,a,b')| + |g(x,a,b) - g(x,a,b')| \\ \quad \leq \omega_B(|b-b'|) \ (x \in \mathbb{R}^n, \ b,b' \in \boldsymbol{B}, a \in \boldsymbol{A}) \end{cases} \tag{5.25}$$

5.2 一階偏微分方程式の解の表現公式

証明 (1) 背理法で示す．次を満たす $x \in \mathbb{R}^n$, $\theta > 0$, $\phi \in C^1(\mathbb{R}^n)$ があるとして矛盾を導けばよい．

$$\begin{cases} 0 = (u^* - \phi)(x) \geq (u^* - \phi)(y) \ (\forall y \in \mathbb{R}^n) \\ \sup_{a \in \boldsymbol{A}} \inf_{b \in \boldsymbol{B}} \{\nu u^*(x) - \langle g(x,a,b), D\phi(x) \rangle - f(x,a,b)\} \geq 3\theta \end{cases}$$

任意の $k \in \mathbb{N}$ に対し，次式を満たす，$x_k \in B_{\frac{1}{k}}(x)$ が選べる．

$$u^*(x) < u(x_k) + \frac{1}{k}$$

上限の定義から次の不等式が成り立つ $a_k \in \boldsymbol{A}$ がある．

$$\inf_{b \in \boldsymbol{B}} \{\nu \phi(x_k) - \langle g(x_k, a_k, b), D\phi(x_k) \rangle - f(x_k, a_k, b)\} \geq 2\theta$$

$\alpha_k(t) = a_k \ (t \geq 0)$ とおく．(5.16) より，次を満たす $t_0 > 0$ が存在する．

$$\begin{cases} \text{任意の} \gamma \in \Gamma \text{に対し,} \ X_k(t) := X(t; x_k, \alpha_k, \gamma[\alpha_k]) \ (t \in [0, t_0]) \\ \text{とおくと,} \ \nu\phi(X_k(t)) - \langle g(X_k(t), \alpha_k(t), \gamma[\alpha_k](t)), D\phi(X_k(t)) \rangle \\ \quad -f(X_k(t), \alpha_k(t), \gamma[\alpha_k](t)) \geq \theta \text{が成り立つ} \end{cases}$$

$e^{-\nu t}$ を掛けて，$[0, t_0]$ で積分すると

$$\frac{\theta}{\nu}(1 - e^{-\nu t_0})$$
$$\leq -\int_0^{t_0} \left\{ \frac{d}{dt}\left(e^{-\nu t}\phi(X_k(t))\right) + e^{-\nu t}f(X_k(t), \alpha_k(t), \gamma[\alpha_k](t)) \right\} dt$$
$$= \phi(x_k) - e^{-\nu t_0}\phi(X_k(t_0)) - \int_0^{t_0} e^{-\nu t}f(X_k(t), \alpha_k(t), \gamma[\alpha_k](t))dt$$

を得る．$u \leq u^* \leq \phi$ なので，

$$\phi(x_k) - \frac{\theta}{\nu}(1 - e^{-\nu t_0})$$
$$\geq \int_0^{t_0} e^{-\nu t}f(X_k(t), \alpha_k(t), \gamma[\alpha_k](t))dt + e^{-\nu t_0}u(X_k(t_0))$$

が成り立つ．右辺を $\hat{I}$ とおき，$\mathcal{A}$ に関して下限をとると

$$\hat{I} \geq \inf_{\alpha \in \mathcal{A}} \left(\begin{array}{c} \int_0^{t_0} e^{-\nu t} f(X(t; x_k, \alpha, \gamma[\alpha]), \alpha(t), \gamma[\alpha](t)) dt \\ + e^{-\nu t_0} u(X(t_0; x_k, \alpha, \gamma[\alpha])) \end{array} \right)$$

ここで，$\gamma \in \Gamma$ は任意であったから，上限をとると次の不等式が成り立つ．

$$\phi(x_k) - \frac{\theta}{\nu}(1 - e^{-\nu t_0})$$
$$\geq \sup_{\gamma \in \Gamma} \inf_{\alpha \in \mathcal{A}} \left(\begin{array}{c} \int_0^{t_0} e^{-\nu t} f(X(t; x_k, \alpha, \gamma[\alpha]), \alpha(t), \gamma[\alpha](t)) dt \\ + e^{-\nu t_0} u(X(t_0; x_k, \alpha, \gamma[\alpha])) \end{array} \right)$$

定理 5.5 より，右辺は $u(x_k)$ と等しいので，

$$\phi(x_k) - \frac{\theta}{\nu}(1 - e^{-\nu t_0}) \geq u(x_k) > u^*(x) - \frac{1}{k}$$

が成り立つ．$k \to \infty$ とすると矛盾が導かれる．

(2) 背理法で示す．粘性優解でないとすると，次を満たす $x \in \mathbb{R}^n, \theta > 0, \phi \in C^1(\mathbb{R}^n)$ がある．

$$\begin{cases} 0 = (u_* - \phi)(x) \leq (u_* - \phi)(y) \ (y \in \mathbb{R}^n) \\ \sup_{a \in \boldsymbol{A}} \inf_{b \in \boldsymbol{B}} \{\nu\phi(x) - \langle g(x, a, b), D\phi(x) \rangle - f(x, a, b)\} \leq -4\theta \end{cases}$$

(5.16) より，$y \in B_{r_0}(x)$ ならば，次を満たす $r_0 > 0$ がある．

$$\sup_{a \in \boldsymbol{A}} \inf_{b \in \boldsymbol{B}} \{\nu\phi(y) - \langle g(y, a, b), D\phi(y) \rangle - f(y, a, b)\} \leq -3\theta \tag{5.26}$$

$k > \frac{1}{r_0}$ を満たす $k \in \mathbb{N}$ を固定する．次を満たす $x_k \in B_{\frac{1}{k}}(x)$ を選ぶ．

$$u_*(x) + \frac{1}{k} > u(x_k)$$

(5.26) から，任意の $a \in \boldsymbol{A}$ に対し，次の不等式を満たす $b_k(a) \in \boldsymbol{B}$ がある．

$$\nu\phi(x_k) - \langle g(x_k, a, b_k(a)), D\phi(x_k) \rangle - f(x_k, a, b_k(a)) \leq -2\theta$$

5.2 一階偏微分方程式の解の表現公式

仮定 (5.24) より，次の性質を持つ $\varepsilon(a) > 0$ がある．

$$\begin{cases} |a - a'| < \varepsilon(a), |x - y| < \varepsilon(a) \text{ ならば，次の不等式が成り立つ．} \\ \nu\phi(y) - \langle g(y, a', b(a)), D\phi(y) \rangle - f(y, a', b(a)) \leq -\theta \end{cases}$$

$\boldsymbol{A}$ のコンパクト性より，次の性質を持つ有限個の $\{a_j\}_{j=1}^M$ が選べる．

$$\boldsymbol{A} = \bigcup_{j=1}^M \boldsymbol{A}_j := \bigcup_{j=1}^M \{a \in \boldsymbol{A} \mid |a - a_j| < \varepsilon(a_j)\}$$

ここで，$\hat{\boldsymbol{A}}_1 = \boldsymbol{A}_1$, $\hat{\boldsymbol{A}}_j := \boldsymbol{A}_k \setminus \bigcup_{i=1}^{j-1} \boldsymbol{A}_i$ とおくと，$\{\hat{\boldsymbol{A}}_j\}_{j=1}^M$ は互いに素になる．さらに，$\hat{\boldsymbol{A}}_k \neq \emptyset \ (k = 1, \ldots, M)$ としてよい．

$\alpha \in \mathcal{A}$ に対し，$\gamma_k \in \Gamma$ を次のように定義する．

$$\gamma_k[\alpha](t) := b(a_j) \quad (\alpha(t) \in \hat{\boldsymbol{A}}_j)$$

ここで，$X_k(t) := X(t; x_k, \alpha, \gamma_k[\alpha])$ とおくと，(5.16) から，次の不等式を満たす $t_0 > 0$ が存在する．

$$\begin{cases} \nu\phi(X_k(t)) - \langle g(X_k(t), \alpha(t), \gamma_k[\alpha](t)), D\phi(X_k(t)) \rangle \\ - f(X_k(t), \alpha(t), \gamma_k[\alpha](t)) \leq -\theta \quad (t \in [0, t_0]) \end{cases}$$

$e^{-\nu t}$ を掛けて，$[0, t_0]$ で積分すると次の不等式を得る．

$$\phi(x_k) - e^{-\nu t_0}\phi(X_k(t_0)) - \int_0^{t_0} e^{-\nu t} f(X_k(t), \alpha(t), \gamma_k[\alpha](t)) dt \leq -\frac{\theta}{\nu}(1 - e^{-\nu t_0})$$

$\alpha \in \mathcal{A}$ は任意なので，

$$\phi(x_k) + \frac{\theta}{\nu}(1 - e^{-\nu t_0}) \leq \inf_{\alpha \in \mathcal{A}} \left(\begin{array}{l} \int_0^{t_0} e^{-\nu t} f(X_k(t), \alpha(t), \gamma_0[\alpha](t)) dt \\ + e^{-\nu t_0} \phi(X_k(t_0)) \end{array} \right)$$

となり，右辺第二項に $\phi \leq u_* \leq u$ を用いて，$\gamma \in \Gamma$ に関して上限をとると

$$\phi(x_k) + \frac{\theta}{\nu}(1 - e^{-\nu t_0})$$
$$\leq \sup_{\gamma \in \Gamma} \inf_{\alpha \in \mathcal{A}} \left(\begin{array}{l} \int_0^{t_0} e^{-\nu t} f(X(t; x_k, \alpha, \gamma[\alpha]), \alpha(t), \gamma[\alpha](t)) dt \\ + e^{-\nu t_0} u(X(t_0; x_k, \alpha, \gamma[\alpha])) \end{array} \right)$$

が成り立つ．定理 5.5 より，右辺は $u(x_k)$ と等しいので，

$$\phi(x_k) + \frac{\theta}{\nu}(1 - e^{\nu t_0}) \leq u(x_k) < u_*(x) + \frac{1}{k}$$

となる．$k \to \infty$ とすれば，矛盾が導かれる． ∎

〖演習 5.2〗 (5.16) を仮定する．
(1) (5.21) で与えられた下値関数 v は (5.18) の粘性優解になることを示せ．
(2) さらに (5.25) を仮定すると，v は (5.18) の粘性劣解になることを示せ．

5.3 安定性

この節では，次のような方程式の列を考える．$k \in \mathbb{N}$ に対し，$F_k : \overline{\Omega} \times \mathbb{R} \times \mathbb{R}^n \times S^n \to \mathbb{R}$ が与えられていて，方程式の列を考える．

$$F_k(x, u, Du, D^2 u) = 0 \quad \text{in } \Omega \tag{5.27}$$

F_k が適当な意味で極限方程式

$$\hat{F}(x, u, Du, D^2 u) = 0 \quad \text{in } \Omega \tag{5.28}$$

に収束している場合，(5.27) の粘性解 u_k の極限関数が (5.28) の粘性解になる条件を調べる．まず，二つの極限方程式を次のように定義する．

$$\underline{F}(x, r, p, X) := \lim_{k \to \infty} \inf \left\{ F_{j*}(y, s, q, Y) \;\middle|\; \begin{array}{l} y \in \overline{\Omega}, |y - x| < \frac{1}{k}, |s - r| < \frac{1}{k}, \\ |q - p| < \frac{1}{k}, \|Y - X\| < \frac{1}{k}, j \geq k \end{array} \right\}$$

$$\overline{F}(x, r, p, X) := \lim_{k \to \infty} \sup \left\{ F_j^*(y, s, q, Y) \;\middle|\; \begin{array}{l} y \in \overline{\Omega}, |y - x| < \frac{1}{k}, |s - r| < \frac{1}{k}, \\ |q - p| < \frac{1}{k}, \|Y - X\| < \frac{1}{k}, j \geq k \end{array} \right\}$$

ここでの安定性の結果は次のように表される．

5.3 安定性

命題 5.7 $F_k : \overline{\Omega} \times \mathbb{R} \times \mathbb{R}^n \times S^n \to \mathbb{R}$ に対し, $u_k : \overline{\Omega} \to \mathbb{R}$ を (5.27) の粘性劣解 (resp., 粘性優解) とし, $\overline{u}$ (resp., $\underline{u}$) $: \overline{\Omega} \to \mathbb{R}$ を

$$\overline{u}(x) := \lim_{k \to \infty} \sup\{u_j^*(y) \mid y \in B_{\frac{1}{k}}(x) \cap \overline{\Omega},\ j \geq k\}$$
$$\left(\text{resp.},\ \underline{u}(x) := \lim_{k \to \infty} \inf\{u_{j*}(y) \mid y \in B_{\frac{1}{k}}(x) \cap \overline{\Omega},\ j \geq k\}\right)$$

で定める. $\overline{u}$ (resp., $\underline{u}$) が, 実数値関数ならば,

$$\underline{F}(x, u, Du, D^2u) = 0 \quad (\text{resp.},\ \overline{F}(x, u, Du, D^2u) = 0) \quad \text{in } \overline{\Omega}.$$

の粘性劣解 (resp., 粘性優解) になる.

注意 5.4 $\overline{u} \in USC(\overline{\Omega})$, $\underline{u} \in LSC(\overline{\Omega})$, $\underline{F} \in LSC(\overline{\Omega} \times \mathbb{R} \times \mathbb{R}^n \times S^n)$, $\overline{F} \in USC(\overline{\Omega} \times \mathbb{R} \times \mathbb{R}^n \times S^n)$ が成り立つ.

証明 粘性劣解の方のみ示す. $\phi \in C^2(\overline{\Omega})$ に対し, $x_0 \in \overline{\Omega}$ が $0 = (\overline{u} - \phi)(x_0) > (\overline{u} - \phi)(x)$ $(\forall x \in \overline{\Omega} \setminus \{x_0\})$ を満たす時,

$$\underline{F}(x_0, \overline{u}(x_0), D\phi(x_0), D^2\phi(x_0)) \leq 0$$

が成り立つことを示そう.

必要なら部分列を選ぶことで, 次の関係が成り立つとしてよい.

$$\lim_{k \to \infty} x_k = x_0, \quad \lim_{k \to \infty} u_k^*(x_k) = \overline{u}(x_0) \tag{5.29}$$

また, 次の式を満たす $y_k \in \overline{B}_r(x_0) \cap \overline{\Omega}$ がある.

$$(u_k^* - \phi)(y_k) = \sup_{B_r(x_0)} (u_k^* - \phi)$$

必要なら, さらに部分列をとることで, $z \in \overline{B}_r(x_0)$ で $\lim_{k \to \infty} y_k = z$ となるものがあるとしてよい. $(u_k^* - \phi)(y_k) \geq (u_k^* - \phi)(x_k)$ に注意し, (5.29) を用いて,

$$\begin{aligned}
0 = \liminf_{k \to \infty}(u_k^* - \phi)(x_k) &\leq \liminf_{k \to \infty}(u_k^* - \phi)(y_k) \\
&\leq \liminf_{k \to \infty} u_k^*(y_k) - \phi(z) \\
&\leq \limsup_{k \to \infty} u_k^*(y_k) - \phi(z) \leq (\overline{u} - \phi)(z)
\end{aligned}$$

が導かれる．これより，$z = x_0$ かつ，$\lim_{k \to \infty} u_k^*(y_k) = \overline{u}(x_0)$ を得る．よって，$k \in \mathbb{N}$ が大きいとき $y_k \in B_r(x_0) \cap \overline{\Omega}$ となる．故に，u_k の定義より

$$F_k(y_k, u_k^*(y_k), D\phi(y_k), D^2\phi(y_k)) \leq 0$$

が成り立つ．最後に，下極限をとれば証明が終わる． ∎

〖**演習 5.3**〗 $\underline{u}$ に関する主張を証明せよ．

◇ 付録 A

付録 A では，比較原理の証明で用いた粘性解の基本的な結果の証明を与える．それらの証明中に用いる著名な結果に関しては，付録 B にまとめる．まず，Ishii の補題を証明するために，Jensen の補題等を示す．さらに，Aronsson 方程式の粘性解に対する比較原理の厳密な証明もつけておく．

A.1　Jensen の補題

Ishii の補題 3.5 の証明の準備のため幾つかの命題を述べる．

次のように関数 $\rho \in C_0^\infty(\mathbb{R}^n)$ を定義する．

$$\rho(x) := \begin{cases} \exp\left(\frac{1}{|x|^2-1}\right) & (|x| < 1 \text{ の時}) \\ 0 & (|x| \geq 1 \text{ の時}) \end{cases}$$

〚演習 A.1〛　$\rho \in C_0^\infty(\mathbb{R}^n)$ となることを示せ．

$C_1 := \int_{\mathbb{R}^n} \rho(x)dx > 0$ とすると，$\rho_1 := \frac{1}{C_1}\rho$ とおくと，$\int_{\mathbb{R}^n} \rho_1(x)dx = 1$ が成り立つ．さらに，$m \in \mathbb{N}$ に対し，$\rho_m(x) := m^n \rho_1(mx)$ と定める（図 A.1 参照）．

〚演習 A.2〛　$\mathrm{supp}\,\rho_m = \overline{B_{\frac{1}{m}}}$ および，$\int_{\mathbb{R}^n} \rho_m dx = 1$ となることを確かめよ．

<u>補題 A.1 (Jensen の補題)</u>　α 半凸関数 $f : \mathbb{R}^n \to \mathbb{R}$ が $\hat{x} \in \mathbb{R}^n$ で局所狭義最大値をとるとする．つまり，次の性質を満たす $r_0 > 0$ が存在する．

$$f(\hat{x}) > f(x) \quad (x \in B_{r_0}(\hat{x}) \setminus \{\hat{x}\})$$

$p \in \mathbb{R}^n$ に対し，$f_p(x) := f(x) - \langle p, x \rangle$ $(x \in \mathbb{R}^n)$ とおく．任意の $r \in (0, r_0)$ に対し，次を満たす $\delta_0 = \delta_0(r) > 0$ が存在する．

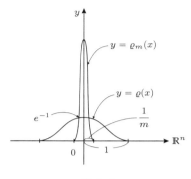

図 A.1

$$\begin{cases} \text{任意の } \delta \in (0, \delta_0] \text{ に対して, 次の不等式が成り立つ.} \\ \left|\left\{x \in B_r(\hat{x}) \,\middle|\, \exists p \in \overline{B}_\delta \text{ s.t. } f_p(x) \geq f_p(y) \ (\forall y \in B_r(\hat{x}))\right\}\right| \geq \dfrac{|B_1|}{(2\alpha)^n}\delta^n \end{cases}$$

注意 A.1 この補題では, 仮定の「狭義」がないと成立しない. 例えば, $f \equiv 0$ とすると, 最大値をとるが, 結論の左辺の集合 $\{\cdots\}$ は空集合である.

証明 平行移動することで, $\hat{x} = 0$ と仮定してよい. f_p と同様に, 関数 $g : \mathbb{R}^n \to \mathbb{R}$ と $p \in \mathbb{R}^n$ に対し, $g_p : \mathbb{R}^n \to \mathbb{R}$ を

$$g_p(x) := g(x) - \langle p, x \rangle \quad (\forall x \in \mathbb{R}^n)$$

と定める. さらに, 次のような集合を考える.

$$\Gamma_{r,\delta}[g] := \left\{ x \in B_r \,\middle|\, \exists p \in \overline{B}_\delta \text{ s.t. } g_p(x) \geq g_p(y) \ (\forall y \in B_r) \right\}$$

この記号を用いて, 次の不等式を満たす $\delta_0 > 0$ が存在することを示せばよい.

$$|\Gamma_{r,\delta}[f]| \geq \frac{|B_1|\delta^n}{(2\alpha)^n} \quad (\forall \delta \in (0, \delta_0])$$

そこで, 任意の $m \in \mathbb{N}$ に対して, f を近似する C^∞ 関数 f^m を

$$f^m(x) := f * \rho_m(x) = \int_{\mathbb{R}^n} f(y)\rho_m(x-y)dy$$

A.1 Jensenの補題

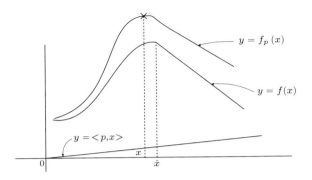

図 **A.2**

とおく.関数 $x \to f^m(x) + \alpha |x|^2$ も凸であることに注意する (演習 A.3).

$\Gamma_{r,\delta}[f^m]$ は,m が大きい時,m に無関係に一定の割合で存在することがわかる.つまり,次の不等式を満たす $M_0 \in \mathbb{N}$ と $\delta_0 > 0$ が存在する.

$$|\Gamma_{r,\delta}[f^m]| \geq \frac{|B_1|\delta^n}{(2\alpha)^n} \quad (\delta \in (0,\delta_0], m \geq M_0) \tag{A.1}$$

まず,この事実を認めて補題の証明を先に終わらせておこう.

$A_m := \bigcup_{k=m}^{\infty} \Gamma_{r,\delta}[f^k]$ とおくと,$A_{m+1} \subset A_m \ (\forall m \in \mathbb{N})$ であり,

$$\bigcap_{m=1}^{\infty} A_m \subset \Gamma_{r,\delta}[f] \tag{A.2}$$

が成り立つことを証明しよう.

任意の $x \in \bigcap_{m=1}^{\infty} A_m$ を固定すると,次を満たす $p_k \in \overline{B}_\delta$ と m_k が存在する.

$$\lim_{k \to \infty} m_k = \infty, \quad \max_{\overline{B}_r} f_{p_k}^{m_k} = f_{p_k}^{m_k}(x)$$

さらに部分列 $\{k_j\}_{j=1}^{\infty}$ を選べば,$\lim_{j \to \infty} p_{k_j} = \hat{p}$ となる $\hat{p} \in \overline{B}_\delta$ がある.よって,$j \to \infty$ の極限をとると,$\max_{\overline{B}_r} f_{\hat{p}} = f_{\hat{p}}(x)$ となる.よって,$x \in \Gamma_{r,\delta}[f]$ が成り立つ.

故に,次の不等式が成り立つので証明が終わる.

$$\frac{|B_1|\delta^n}{(2\alpha)^n} \leq \lim_{m \to \infty} |A_m| = \left|\bigcap_{m=1}^{\infty} A_m\right| \leq |\Gamma_{r,\delta}[f]|$$

さて，(A.1) を示そう．0 で f の B_{r_0} 上で狭義最大値をとるので，次の不等式を満たす $\varepsilon_0 > 0$ が存在する．

$$\varepsilon_0 := f(0) - \max_{\overline{B}_{\frac{r_0+r}{2}} \setminus B_{\frac{r}{3}}} f$$

$\delta_0 := \frac{\varepsilon_0}{3r}$ とおき，$p \in \overline{B}_{\delta_0}$ と $m \geq \frac{3}{r}$ に対して，次の不等式が成り立つ．

$$f^m(x) - \langle p, x \rangle \leq f(0) - \varepsilon_0 + \delta_0 r \leq f(0) - \frac{2\varepsilon_0}{3} \quad \left(\forall x \in \overline{B}_r \setminus B_{\frac{2r}{3}}\right) \quad \text{(A.3)}$$

一方，$\omega_f \in \mathcal{M}$ を $|f(x) - f(y)| \leq \omega_f(|x - y|)$ $(x, y \in B_r)$ となるように選ぶ．次を満たす $M_0 = M_0(r) \in \mathbb{N}$ がある．

$$f^m(0) \geq f(0) - \omega_f\left(\tfrac{1}{m}\right) > f(0) - \frac{\varepsilon_0}{3} \quad (\forall m \geq M_0)$$

よって，この不等式と (A.3) により，$p \in \overline{B}_{\delta_0}$ に対し，$\max\limits_{\overline{B}_r} f_p^m = f_p^m(x)$ となる $x \in \overline{B}_r$ は，$x \in B_r$ である（つまり，$x \notin \partial B_r$）．すなわち，次の等式が示せた．

$$\overline{B}_\delta = Df^m(\Gamma_{r,\delta}[f^m]) \quad (\forall \delta \in (0, \delta_0])$$

変数変換の公式 (定理 B.16) から，次の不等式が成り立つ．

$$|B_1|\delta^n = \int_{Df^m(\Gamma_{r,\delta}[f^m])} 1\,dy \leq \int_{\Gamma_{r,\delta}[f^m]} |\det D^2 f^m|\,dx$$

$x \in \Gamma_{r,\delta}[f^m]$ ならば，$-2\alpha I \leq D^2 f^m(x) \leq O$ となる（演習 A.3）．故に，

$$|\det(D^2 f^m(x))| \leq (2\alpha)^n \quad (x \in \Gamma_{r,\delta}[f^m])$$

が導かれる．よって，$|B_1|\delta^n \leq (2\alpha)^n |\Gamma_{r,\delta}[f^m]|$ が示せた． ∎

【演習 A.3】 上の証明中の f^m が α 半凸であることを示せ．さらに，$-2\alpha I \leq D^2 f^m(x) \leq O$ $(x \in \Gamma_{r,\delta}[f^m])$ が成り立つことを示せ．

注意 A.2 補題 A.1 の証明で，半凸性が必要なのは，最後の段階のみであることに注意する．よって，$W^{2,\infty}$ 関数についても同様の主張は容易に示せる (系 A.2)．

系 A.2 $f \in W^{2,\infty}(\mathbb{R}^n)$ が $\hat{x} \in \mathbb{R}^n$ で局所狭義最大値をとるとする．任意の $r > 0$ に対し，$\delta \in (0, \delta_0]$ ならば，次の不等式を満たす $\delta_0 > 0$ がある．

$$\left|\left\{x \in B_r(\hat{x}) \,\middle|\, \exists p \in \overline{B}_\delta \text{ s.t. } f_p(x) \geq f_p(y) \,(\forall y \in B_r(\hat{x}))\right\}\right| \geq \frac{|B_1|\delta^n}{\|Df\|_{\mathrm{Lip}}^n}$$

〚演習 A.4〛 系 A.2 を証明せよ．

A.2 Ishii の補題

$f : \mathbb{R}^m \to \mathbb{R}$ に対し，$J^2 f(x) := J^{2,+}f(x) \cap J^{2,-}f(x)$ であり，$J^2 f(x) \neq \emptyset$ ならば，f は x で 2 階微分可能かつ，$\{(Df(x), D^2 f(x))\} = J^2 f(x)$ となることを思い出す (演習 2.7)．

次に，Aleksandrov の定理を述べる．証明は付録 B を見よ．

定理 A.3 (**Aleksandrov の定理**) $\phi : \mathbb{R}^n \to \mathbb{R}$ が凸関数ならば，ほとんどすべての点で二階微分可能である．

まずは，この定理を認めて Ishii の補題 3.5 の証明の準備を続けよう．

命題 A.4 $f \in L^\infty(\mathbb{R}^m)$ が α 半凸とし，$B \in S^m$ に対し，

$$\max_{z \in \mathbb{R}^m}\left\{f(z) - \frac{1}{2}\langle Bz, z\rangle\right\} = f(0)$$

ならば次の条件を満たす $Z \in S^m$ が存在する．

$$(0, Z) \in \overline{J}^{2,+}f(0) \cap \overline{J}^{2,-}f(0), \quad -2\alpha I \leq Z \leq B$$

特に，$m = 2n$ かつ，任意の $z = (x, y) \in \mathbb{R}^n \times \mathbb{R}^n$ に対し，$f(z) = u(x) + w(y)$ と表されているとする．$Z \in S^{2n}$ は，$X, Y \in S^n$ を用いて，次のように表せる．

$$Z = \begin{pmatrix} X & O \\ O & Y \end{pmatrix} \qquad (A.4)$$

証明 任意の $\delta > 0$ に対し, $\hat{f}_\delta(z) := f(z) - \frac{1}{2}\langle Bz, z\rangle - \delta|z|^2$ とおく. $\hat{f}_\delta$ は半凸で, $z = 0$ で狭義最大値をとることがわかる.

補題 A.1 と定理 A.3 により, 次の性質を満たす $z_\delta, p_\delta \in B_\delta$ が存在する.

「関数 $z \to \hat{f}_\delta(z) + \langle p_\delta, z\rangle$ が z_δ で最大値をとり, 二階微分可能である.」

すると, $\lim_{\delta \to 0} Df(z_\delta) = 0$ が成り立ち, 関数 $z \to f(z) + \alpha|z|^2$ は凸なので,

$$-2\alpha I \leq Z_\delta := D^2 f(z_\delta) \leq B + 2\delta I$$

が成り立つ. $\{(Df(z_\delta), D^2 f(z_\delta))\} = J^2 f(z_\delta)$ に注意すると, (必要なら部分列を選んで) $\delta \to 0$ の極限をとれば, $-2\alpha I \leq Z \leq B$ を満たす $(0, Z) \in \overline{J}^{2,+} f(0) \cap \overline{J}^{2,-} f(0)$ が存在する.

$m = 2n$, $f(z) = u(x) + w(y)$ の場合を考える. 上の議論で, $z_\delta = (x_\delta, y_\delta) \in \mathbb{R}^n \times \mathbb{R}^n$ とすると, 次の関係式が成り立つので (A.4) が示せる.

$$p_\delta = (Du(x_\delta), Dw(y_\delta)) \quad Z_\delta = \begin{pmatrix} D^2 u(x_\delta) & O \\ O & D^2 w(y_\delta) \end{pmatrix}$$

念のため, 最後の行列の等式を示しておく. 平行移動することによって, 以下, $x_\delta = y_\delta = 0 \in \mathbb{R}^n$, $z_\delta = (0, 0) \in \mathbb{R}^{2n}$ とする. また, $p_\delta =: (q_\delta, q'_\delta) \in \mathbb{R}^n \times \mathbb{R}^n$ とおく. u と w がそれぞれ, 0 で二階微分可能なので,

$$\begin{cases} u(x) - u(0) - \langle q_\delta, x\rangle - \frac{1}{2}\langle D^2 u(0)x, x\rangle = o(|x|^2) \\ w(y) - w(0) - \langle q'_\delta, y\rangle - \frac{1}{2}\langle D^2 w(0)y, y\rangle = o(|y|^2) \end{cases} \qquad (A.5)$$

となる. 一方, $(x, y) \to f(x, y)$ が $0 \in \mathbb{R}^{2n}$ で二階微分可能なので, $X, Y \in S^n$ と $W \in M^n$ で

$$D^2 f(0, 0) = \begin{pmatrix} X & W \\ W^t & Y \end{pmatrix}$$

となるものがある．よって，次の関係が成り立つ．

$$f(x,y) - f(0,0) - \langle p_\delta, (x,y)\rangle - \frac{1}{2}\{\langle Xx, x\rangle + \langle Yy, y\rangle + 2\langle Wx, y\rangle\} = o(|z|^2)$$

ここで，$y=0$ とおくことで，$X = D^2u(0)$ が示せる．同様に，$Y = D^2w(0)$ がわかる．さらに，$p_\delta = (q_\delta, q'_\delta)$ もわかる．

故に，(A.5) を上の式に加え，任意の $e, e' \in \partial B_1$ に対し，$x = te$, $y = te'$ ($t \to 0$) とおくと，次の式を得るので $W = O$ が示せる．

$$t^2 \langle We, e'\rangle = o(t^2) \qquad \blacksquare$$

次に上限近似・下限近似の重要な性質を述べる．その簡単な系 A.6 は，[8] では"魔法の性質"と名付けられている．

補題 A.5 $v \in USC(\mathbb{R}^n)$ (resp., $LSC(\mathbb{R}^n)$) が $\sup_{\mathbb{R}^n} v < \infty$ (resp., $\inf_{\mathbb{R}^n} v > -\infty$) を満たすとする．任意の $T \in M^n$, $\varepsilon > 0$, $x \in \mathbb{R}^n$ に対し，$(p, X) \in J^{2,+}v^\varepsilon(x)$ (resp., $J^{2,-}v_\varepsilon(x)$) ならば，次の性質が成り立つ．

$$\begin{cases} (1) \ (p, \frac{1}{\varepsilon}(T-I)(T^t-I) + TXT^t) \in J^{2,+}v(x + \varepsilon p) \\ (2) \ v^\varepsilon(x) = v(x + \varepsilon p) - \frac{\varepsilon}{2}|p|^2 \end{cases}$$

$$\left(\text{resp.}, \begin{cases} (1) \ (p, -\frac{1}{\varepsilon}(T-I)(T^t-I) + TXT^t) \in J^{2,-}v(x - \varepsilon p) \\ (2) \ v_\varepsilon(x) = v(x - \varepsilon p) + \frac{\varepsilon}{2}|p|^2 \end{cases}\right)$$

証明 $v \in USC(\mathbb{R}^n)$ の場合のみ示す．次の等式を満たす $x' \in \mathbb{R}^n$ がある．

$$v^\varepsilon(x) = v(x') - \frac{1}{2\varepsilon}|x - x'|^2$$

よって，定義から，任意の $y, z \in \mathbb{R}^n$ に対し，次の不等式が成り立つ．

$$\begin{aligned} v(z) - \frac{1}{2\varepsilon}|y-z|^2 &\leq v^\varepsilon(y) \\ &\leq v^\varepsilon(x) + \langle p, y-x\rangle \\ &\quad + \frac{1}{2}\langle X(y-x), y-x\rangle + o(|y-x|^2) \\ &= v(x') - \frac{1}{2\varepsilon}|x-x'|^2 + \langle p, y-x\rangle \\ &\quad + \frac{1}{2}\langle X(y-x), y-x\rangle + o(|y-x|^2) \end{aligned} \quad \text{(A.6)}$$

(A.6) で $z = x'$ とおくと，任意の $y \in \mathbb{R}^n$ に対し，

$$0 \leq \tfrac{1}{\varepsilon}\langle x - x' + \varepsilon p, y - x\rangle + \tfrac{1}{2}\langle (X + \tfrac{1}{\varepsilon}I)(y-x), y-x\rangle + o(|y-x|^2)$$

となる．ここで，任意の $\xi \in \partial B_1$ と $t \in \mathbb{R}$ に対し，$y := x + t\xi$ を代入すると，

$$0 \leq t\langle x - x' + \varepsilon p, \xi\rangle + \frac{t^2}{2}\langle (\varepsilon X + I)\xi, \xi\rangle + o(t^2)$$

が成り立つ．t で割って，$t \to \pm 0$ とすると，$x' = x + \varepsilon p$ が導かれる．さらに，$v^\varepsilon(x) = v(x') - \tfrac{1}{2\varepsilon}|x - x'|^2 = v(x + \varepsilon p) - \tfrac{\varepsilon}{2}|p|^2$ を得る．

次に，(A.6) において，$y := x + T(z - x')$ とおくと，

$$\begin{aligned}v(z) &\leq v(x') + \tfrac{1}{2\varepsilon}\{|x - z + T(z - x')|^2 - |x - x'|^2\} + \langle p, T(z - x')\rangle \\ &\quad + \tfrac{1}{2}\langle TX(z - x'), T(z - x')\rangle + o(|T(z - x')|^2)\end{aligned}$$

となる．右辺第二項 $\tfrac{1}{2\varepsilon}\{\cdots\}$ の中括弧部分を計算する．

$$\begin{aligned}\{\cdots\} &= \langle 2x - z - x' + T(z - x'), (I - T)(x' - z)\rangle \\ &= \langle 2(x - x') + (T - I)(z - x'), (T - I)(z - x')\rangle \\ &= -2\varepsilon\langle p, (T - I)(z - x')\rangle + \langle (T - I)(T^t - I)(z - x'), z - x'\rangle\end{aligned}$$

最後の式では，$x' = x + \varepsilon p$ を用いている．この等式を (A.6) に代入すると

$$\begin{aligned}v(z) &\leq v(x') + \langle p, z - x'\rangle \\ &\quad + \tfrac{1}{2}\langle\{\tfrac{1}{\varepsilon}(T - I)(T^t - I) + TXT^t\}(z - x'), z - x'\rangle + o(|z - x'|^2)\end{aligned}$$

なので，$(p, \tfrac{1}{\varepsilon}(T - I)(T^t - I) + TXT^t) \in J^{2,+}v(x')$ となる．■

注意 A.3 $p \in \mathbb{R}^n$ が

$$v^\varepsilon(y) \leq v^\varepsilon(x) + \langle p, y - x\rangle + o(|y - x|) \quad (|y - x| \to 0)$$

を満たし，$v^\varepsilon(x) = v(x') - \tfrac{1}{2\varepsilon}|x - x'|^2$ が成り立てば，補題 A.5 と同じ証明で，$x' = x + \varepsilon p$ が示せる．よって，$v^\varepsilon(x) = v(x + \varepsilon p) - \tfrac{\varepsilon}{2}|p|^2$ も成り立つ．

Ishii の補題 3.5 の証明に用いる，補題 A.5 の系を述べておく．

系 A.6
$v \in USC(\mathbb{R}^n)$ (resp., $LSC(\mathbb{R}^n)$) が $\sup_{\mathbb{R}^n} v < \infty$ $\left(\text{resp.,} \inf_{\mathbb{R}^n} v > -\infty\right)$ を満たすとする.$\varepsilon > 0$, $x \in \mathbb{R}^n$ に対し,$(0, Y) \in \overline{J}^{2,+} v^\varepsilon(0)$ $\left(\text{resp.,} \overline{J}^{2,-} v_\varepsilon(0)\right)$ ならば,$(0, Y) \in \overline{J}^{2,+} v(0)$ $\left(\text{resp.,} (0, Y) \in \overline{J}^{2,-} v(0)\right)$ となる.

証明 $v \in USC(\mathbb{R}^n)$ の方を示す.$(0, Y) \in \overline{J}^{2,+} v^\varepsilon(0)$ なので,次を満たす $(x_k, p_k, Y_k) \in \mathbb{R}^n \times \mathbb{R}^n \times S^n$ が存在する.

$$\lim_{k \to \infty} (x_k, p_k, Y_k) = (0, 0, Y), \quad (p_k, Y_k) \in J^{2,+} v^\varepsilon(x_k)$$

$\left(\lim_{k \to \infty} v^\varepsilon(x_k) = v^\varepsilon(0)\right.$ は自動的に満たされることに注意する $\left.\right)$.

$T := I$ として,補題 A.5 を適用すると,次が成り立つ.

$$(p_k, Y_k) \in J^{2,+} v(x_k + \varepsilon p_k), \quad v^\varepsilon(x_k) = v(x_k + \varepsilon p_k) + \frac{\varepsilon}{2} |p_k|^2$$

$\lim_{k \to \infty} v(x_k + \varepsilon p_k) = v^\varepsilon(0) \geq v(0)$ となる一方,

$$v(0) \geq \limsup_{k \to \infty} v(x_k + \varepsilon p_k) = \lim_{k \to \infty} \left\{ v^\varepsilon(x_k) - \frac{\varepsilon}{2} |p_k|^2 \right\} = v^\varepsilon(0)$$

を得る.次の収束性が示せるから,$(0, Y) \in \overline{J}^{2,+} v(0)$ が導かれる.

$$\lim_{k \to \infty} v(x_k + \varepsilon p_k) = v(0) \qquad \blacksquare$$

定理 4.12 で用いた系を述べる.

系 A.7
$v \in USC(\mathbb{R}^n)$ (resp., $LSC(\mathbb{R}^n)$) が $\sup_{\mathbb{R}^n} v < \infty$ $\left(\text{resp.,} \inf_{\mathbb{R}^n} v > -\infty\right)$ を満たすとする.$\varepsilon > 0$, $x \in \mathbb{R}^n$ に対し,$(p, X) \in J^{2,+} v^\varepsilon(x)$ $\left(\text{resp.,} J^{2,-} v_\varepsilon(x)\right)$ が $X + \frac{1}{\varepsilon} I > O$ $\left(\text{resp.,} X - \frac{1}{\varepsilon} I < O\right)$ ならば,次の性質を満たす.

$$\begin{cases} (1) \ (p, (I + \varepsilon X)^{-1} X) \in J^{2,+} v(x + \varepsilon p) \\ (2) \ v^\varepsilon(x) = v(x + \varepsilon p) - \frac{\varepsilon}{2} |p|^2 \end{cases}$$

$$\left(\text{resp.,} \begin{cases} (1) \ (p, (I - \varepsilon X)^{-1} X) \in J^{2,-} v(x - \varepsilon p) \\ (2) \ v_\varepsilon(x) = v(x - \varepsilon p) + \frac{\varepsilon}{2} |p|^2 \end{cases} \right)$$

証明 $v \in USC(\mathbb{R}^n)$ の方を示す. $X + \frac{1}{\varepsilon}I > O$ なので, $(I + \varepsilon X)^{-1}$ は存在する. $T := (I + \varepsilon X)^{-1}$ とおくと, $T - I = T\{I - (I + \varepsilon X)\} = -\varepsilon TX$ が成り立つ. よって,

$$\frac{1}{\varepsilon}(T - I)(T^t - I) = -TX(T^t - I) = TX - TXT^t$$

であり, $\frac{1}{\varepsilon}(T - I)(T^t - I) + TXT^t = TX$ となるので証明が終わる. ■

〖**演習 A.5**〗 系 A.7 の証明で, $TX = XT^t$ となることを示せ.

<u>Ishii の補題の単純化</u>　平行移動をして $\hat{x} = \hat{y} = 0$ と仮定してよい. 具体的には u, w の代わりに, $U(x) := u(x - \hat{x}), W(x) := w(x - \hat{y})$ $(x \in \mathbb{R}^n)$ とおけば, 以下の議論を U, W で行えばよい.

さらに, $u(x), w(y), \phi(x, y)$ の代わりに,

$$U(x) := u(x) - u(0) - \langle D_x\phi(0,0), x\rangle, \quad W(y) := w(y) - w(0) - \langle D_y\phi(0,0), y\rangle$$

$$\Phi(x, y) := \phi(x, y) - \phi(0, 0) - \langle D_x\phi(0,0), x\rangle - \langle D_y\phi(0,0), y\rangle,$$

とおき直すと, $\Phi(0, 0) = U(0) = W(0) = 0, D\Phi(0, 0) = (0, 0) \in \mathbb{R}^n \times \mathbb{R}^n$ となる. よって, $\phi(0,0) = u(0) = w(0) = 0$ かつ $D\phi(0,0) = (0,0)$ と仮定してよい.

$\phi \in C^2$ なので, $A := D^2\phi(0,0) \in S^{2n}$ とおくと,

$$\left|\phi(x,y) - \frac{1}{2}\langle A(x,y), (x,y)\rangle\right| \leq o(|x|^2 + |y|^2)$$

が成り立つ. 故に, 任意の $\eta > 0$ に対し, 写像

$$(x, y) \to u(x) + w(y) - \frac{1}{2}\langle(A + \eta I)(x, y), (x, y)\rangle$$

は, $0 \in \mathbb{R}^{2n}$ で局所狭義最大値を取る.

以降, A の代わりに $A + \eta I$ に対して示し, 最後に, 極限 $\eta \to 0$ をとればよいので, 次の単純化された命題を示せばよいことになる.

<u>補題 A.8</u> (**単純化された Ishii の補題**)　$u, w \in USC(\mathbb{R}^n)$ が, ある $r > 0$ と $A \in S^{2n}$ に対し, $(x, y) \in B_r \times B_r \setminus \{(0, 0)\}$ ならば,

$$u(x) + w(y) - \frac{1}{2}\langle A(x,y), (x,y)\rangle < u(0) + w(0) = 0$$

を満たすとする．任意の $\alpha > 1$ に対し，次を満たす $X, Y \in S^n$ が存在する．

$$(0, X) \in \overline{J}^{2,+} u(0), \ (0, Y) \in \overline{J}^{2,+} w(0)$$

$$-(\alpha + \|A\|) \begin{pmatrix} I & O \\ O & I \end{pmatrix} \le \begin{pmatrix} X & O \\ O & Y \end{pmatrix} \le A + \frac{1}{\alpha} A^2$$

証明 Hölder の不等式より，任意の $x, y, \xi, \eta \in \mathbb{R}^n$ と $\alpha > 0$ に対し，

$$\begin{aligned}
\langle A(x, y), (x, y) \rangle &= \langle A(x - \xi, y - \eta), (x - \xi, y - \eta) \rangle \\
&\quad + \langle A(\xi, \eta), (\xi, \eta) \rangle + 2 \langle A(x - \xi, y - \eta), (\xi, \eta) \rangle \\
&\le \left\langle \left(A + \tfrac{1}{\alpha} A^2 \right) (\xi, \eta), (\xi, \eta) \right\rangle \\
&\quad + (\alpha + \|A\|)(|x - \xi|^2 + |y - \eta|^2)
\end{aligned}$$

が成り立つ．よって，$\varepsilon := \frac{1}{\alpha + \|A\|}$ とおくと，単純化された補題の仮定から

$$u(x) - \frac{1}{2\varepsilon}|x - \xi|^2 + w(y) - \frac{1}{2\varepsilon}|y - \eta|^2 \le \frac{1}{2}\left\langle \left(A + \frac{1}{\alpha}A^2\right)(\xi, \eta), (\xi, \eta)\right\rangle$$

となるので，次の不等式が導かれる．

$$u^\varepsilon(\xi) + w^\varepsilon(\eta) \le \frac{1}{2}\left\langle \left(A + \frac{1}{\alpha}A^2\right)(\xi, \eta), (\xi, \eta)\right\rangle \quad (\xi, \eta \in \mathbb{R}^n)$$

故に，$u^\varepsilon(0) + w^\varepsilon(0) \le 0$ であり，一方，$u^\varepsilon(0) \ge u(0) = 0$, $w^\varepsilon(0) \ge w(0) = 0$ となるので $u^\varepsilon(0) = w^\varepsilon(0) = 0$ が成り立つ．

命題 A.4 で $m = 2n$, $f(\xi, \eta) = u^\varepsilon(\xi) + w^\varepsilon(\eta)$, $B := A + \frac{1}{\alpha}A^2$, とおけば次を満たす $X, Y \in S^n$ が存在する．

$$Z := \begin{pmatrix} X & O \\ O & Y \end{pmatrix}, \quad (0, Z) \in \overline{J}^2 f(0, 0), \quad -\frac{1}{\varepsilon} I \le Z \le B$$

さらに，$(0, X) \in \overline{J}^2 u^\varepsilon(0)$, $(0, Y) \in \overline{J}^2 w^\varepsilon(0)$ になる．故に，系 A.6 により，

$$(0, X) \in \overline{J}^{2,+} u(0), \quad (0, Y) \in \overline{J}^{2,+} w(0)$$

が成り立つので証明が終わる． ■

A.3 Aronsson 方程式 －再訪－

4章で，(4.35) の古典解に対する比較原理を述べた．ここでは，(4.35) の粘性解の比較原理を証明する．そのために，いくつか基本的な命題を紹介する．

まず，微小線形摂動によって，最大値を狭義最大値にできるという補題を述べる．

補題 A.9 $K \subset \mathbb{R}^n$ を有界閉集合とする．$f \in USC(K)$ に対し，ほとんどすべての $p \in \mathbb{R}^n$ に対し，関数 $x \in K \to f(x) + \langle p, x \rangle$ は K で狭義最大値をとる．

証明 $H(p) := \max\{f(x) + \langle p, x \rangle \mid x \in K\}$ とおくと，$H : \mathbb{R}^n \to \mathbb{R}$ は凸関数なので，ほとんどすべての $p \in \mathbb{R}^n$ で微分可能である．つまり次が成り立つ．

$$H(p+q) = H(p) + \langle DH(p), q \rangle + o(|q|) \quad (|q| \to 0)$$

以下，H が微分可能な $p \in \mathbb{R}^n$ に対して，$x \to f(x) + \langle x, p \rangle$ の K 上で最大値をとる点を $x_p \in K$ とおくと，

$$f(x_p) + \langle p+q, x_p \rangle \leq H(p+q) = H(p) + \langle DH(p), q \rangle + o(|q|)$$
$$= f(x_p) + \langle p, x_p \rangle + \langle DH(p), q \rangle + o(|q|)$$

となる．よって，$\langle x_p - DH(p), q \rangle \leq o(|q|)$ が成り立つ．故に，$x_p = DH(p)$ が得られ，x_p は狭義の最大点になる．∎

次に，凸・凹関数の簡単な性質を演習とする．

〖演習 A.6〗 $u : \mathbb{R}^n \to \mathbb{R}$ が凸 (resp., 凹) で，x_0 で $B_r(x_0)$ 上の最大値 (resp., 最小値) をとるならば，$u(x_0) = u(x)$ $(\forall x \in B_r(x_0))$ となることを示せ．

この演習により，凸関数 u の局所最大値をとる点 x_0 では微分可能で，$Du(x_0) = 0$ となる．半凸，半凹関数に関して，対応する性質を紹介する．

命題 A.10 $u, v : \mathbb{R}^n \to \mathbb{R}$ を半凸 (resp., 半凹) とする．
(1) u が $x_0 \in \mathbb{R}^n$ で局所最大値 (resp., 局所最小値) をとるならば，u は x_0 で微分可能で，$Du(x_0) = 0$ が成り立つ．
(2) $u + v$ が $x_0 \in \mathbb{R}^n$ で局所最大値 (resp., 局所最小値) をとるならば，u, v は x_0

A.3　Aronsson方程式　−再訪−

で微分可能で，$Du(x_0) + Dv(x_0) = 0$ が成り立つ．(自明でないことに注意)

証明　α 半凸の場合に示す．
(1) $u(x_0) \geq u(x)$ $(x \in B_r(x_0))$ を仮定する．命題 B.15 より，

$$u(x) + \alpha|x|^2 \geq u(x_0) + \alpha|x_0|^2 + \langle p, x - x_0 \rangle \quad (x \in \mathbb{R}^n)$$

を満たす $p \in \mathbb{R}^n$ がある．一方，仮定より，次の不等式が成り立つ．

$$\langle 2\alpha x_0 - p, x_0 - x \rangle \leq \alpha|x - x_0|^2 \quad (x \in B_r(x_0))$$

故に，$p = 2\alpha x_0$ となる．さらに，

$$0 \leq u(x_0) - u(x) \leq \alpha|x - x_0|^2 \quad (x \in B_r(x_0))$$

であり，u は x_0 で微分可能で，$Du(x_0) = 0$ となることがわかる．
(2) u, v は α 半凸なので，次の不等式を満たす $p, q \in \mathbb{R}^n$ が存在する．

$$u(x) \geq u(x_0) + \langle p - 2\alpha x_0, x - x_0 \rangle - \alpha|x - x_0|^2 \quad (\forall x \in \mathbb{R}^n)$$
$$v(x) \geq v(x_0) + \langle q - 2\alpha x_0, x - x_0 \rangle - \alpha|x - x_0|^2 \quad (\forall x \in \mathbb{R}^n)$$

仮定より，$(u+v)(x_0) \geq (u+v)(x)$ $(x \in B_r(x_0))$ と上の二つの不等式を用いて

$$\langle q - 2\alpha x_0, x - x_0 \rangle - \alpha|x - x_0|^2 \leq v(x) - v(x_0)$$
$$\leq u(x_0) - u(x)$$
$$\leq \langle 2\alpha x_0 - p, x - x_0 \rangle + \alpha|x - x_0|^2$$

を得る．故に，$q - 2\alpha x_0 = 2\alpha x_0 - p$ が成立するので，$\hat{p} := q - 2\alpha x_0$ とおけば，

$$\max\{|u(x_0) - u(x) - \langle \hat{p}, x - x_0 \rangle|, |v(x_0) - v(x) - \langle \hat{p}, x_0 - x \rangle|\} \leq \alpha|x - x_0|^2$$

となる．よって，u と v は x_0 で微分可能で，$Du(x_0) = -Dv(x_0)$ となる．∎

　上半連続関数が最大値をとる点での，上限近似関数の次の性質は，その後の補題の証明で用いる．

命題 A.11 $\Omega \subset \mathbb{R}^n$ を有界な開集合とし，$u \in USC(\overline{\Omega})$ (resp., $LSC(\overline{\Omega})$) が $x_0 \in \Omega$ で局所最大値 (resp., 局所最小値) をとるとする．

(1) $\exists \varepsilon_0 > 0$ s.t. $u(x_0) = u^\varepsilon(x_0)$ (resp., $u_\varepsilon(x_0)$) $(\varepsilon \in (0, \varepsilon_0))$

以下，$u \in L^\infty_{loc}(\Omega)$ とする．

(2) 次の性質を満たす，$\varepsilon_1, r_1 > 0$ が存在する．

$$u^\varepsilon(x_0) \geq u^\varepsilon(x) \quad (\text{resp.,}\ u_\varepsilon(x_0) \leq u_\varepsilon(x)) \quad (\varepsilon \in (0, \varepsilon_1),\ x \in B_{r_1}(x_0))$$

(3) $\varepsilon \in (0, \varepsilon_1)$ ならば，$Du^\varepsilon(x_0) = 0$ (resp., $Du_\varepsilon(x_0) = 0$) となる．

注意 A.4 (2), (3) での $L^\infty_{loc}(\Omega)$ の追加の仮定は，$u \in USC(\overline{\Omega})$ の場合は，$\inf_K u > -\infty$ ($\forall K \Subset \Omega$) で十分である．

証明 u^ε の方のみ述べる．次の不等式を仮定する．

$$u(x_0) \geq u(x) \quad (x \in B_{2r_0}(x_0))$$

(1) $u^\varepsilon(x_0) = u(x_\varepsilon) - \frac{1}{2\varepsilon}|x_\varepsilon - x_0|^2$ となる，$x_\varepsilon \in \overline{\Omega}$ を選ぶ．$\beta_0 := \sup_{\overline{\Omega}} u - u(x_0) \geq 0$ とすると，次の不等式が得られる．

$$|x_\varepsilon - x_0| \leq \sqrt{2\varepsilon \beta_0}$$

$\beta_0 = 0$ の時は，$x_\varepsilon = x_0$ となるので，$\beta_0 > 0$ とする．$0 < \varepsilon < \frac{2r_0^2}{\beta_0} =: \varepsilon_0$ ならば，$x_\varepsilon \in B_{2r_0}(x_0)$ なので，$u(x_0) \geq u(x_\varepsilon)$ となる．よって，$x_\varepsilon = x_0$ が導かれる．

(2) $z \in B_{r_0}(x_0)$ とする．$\beta_1 := \sup_{\overline{\Omega}} u - \inf_{B_{r_0}(x_0)} u$ とおく ($\beta_1 = 0$ の場合は以下の議論はやさしいので，$\beta_1 > 0$ と仮定する)．$u^\varepsilon(z) = u(z_\varepsilon) - \frac{1}{2\varepsilon}|z - z_\varepsilon|^2$ となる $z_\varepsilon \in \overline{\Omega}$ を選ぶと，$0 < \varepsilon < \frac{r_0^2}{2\beta_1} \wedge \varepsilon_0 =: \varepsilon_1$ ならば，$z_\varepsilon \in B_{2r_0}(x_0)$ が成り立つ．よって，次の不等式から証明が終わる．

$$u^\varepsilon(x_0) = u(x_0) \geq u(z_\varepsilon) \geq u(z_\varepsilon) - \frac{1}{2\varepsilon}|z_\varepsilon - z|^2 = u^\varepsilon(z)$$

(3) (2) と命題 A.10(1) により明らか． ■

A.3 Aronsson 方程式 −再訪−

さらに, 半凸・半凹関数の微分の収束性についての命題を述べる.

命題 A.12 $u : \mathbb{R}^n \to \mathbb{R}$ を半凸 (resp., 半凹) 関数とし, $x_k, x_0 \in \mathbb{R}^n$ で, u が微分可能とする. $\lim_{k \to \infty} x_k = x_0$ ならば, $\lim_{k \to \infty} Du(x_k) = Du(x_0)$ となる.

証明 α 半凸の場合のみ示す. α 半凸性と微分可能性から, $k \in \mathbb{N} \cup \{0\}$ に対し, 次の不等式が成り立つ (命題 A.10(1) の証明を参照せよ).

$$u(x_k) + \langle Du(x_k), h \rangle - \alpha|h|^2 \leq u(x_k + h) \tag{A.7}$$

任意の $\varepsilon > 0$ に対し, 次を満たす $N_\varepsilon \in \mathbb{N}$ が存在することを示せばよい.

$$\max_{\xi \in \partial B_1} \langle Du(x_k) - Du(x_0), \xi \rangle = |Du(x_k) - Du(x_0)| < \varepsilon \quad (\forall k \geq N_\varepsilon).$$

これを否定すると, 次を満たす $\varepsilon_0 > 0$ と $\xi_k \in \partial B_1$ が存在するとして矛盾を導く (必要なら k の部分列を選ぶ).

$$\langle Du(x_k) - Du(x_0), \xi_k \rangle \geq \varepsilon_0$$

(A.7) で, $h = t\xi_k$ ($t > 0$) を代入すると, 次の不等式が成り立つ.

$$\langle Du(x_0), \xi_k \rangle + \varepsilon_0 \leq \frac{u(x_k + t\xi_k) - u(x_k) + \alpha t^2}{t}$$

∂B_1 はコンパクトだから部分列 k_j を選べば $\lim_{j \to \infty} \xi_{k_j} = \xi_0$ となる $\xi_0 \in \partial B_1$ がある. $k = k_j$ とおき, $j \to \infty$ とした後, $t \to 0$ とすれば, 矛盾が導かれる. ■

次の補題は比較原理 (定理 A.14) の証明に用いる.

補題 A.13 (局所強最大値原理) $\Omega \subset \mathbb{R}^n$ を有界な開集合とし, $u \in USC(\overline{\Omega})$ (resp., $LSC(\overline{\Omega})$) が (4.35) の粘性劣解 (resp., 粘性優解) とする. u が $x_0 \in \Omega$ で局所最大値 (resp., 局所最小値) をとるとすると, 次の性質を満たす $r > 0$ が存在する.

$$u(x) = u(x_0) \quad (\forall x \in B_r(x_0))$$

証明 $u \in USC(\overline{\Omega})$ に対しての主張を証明する. 定数関数は, (4.35) の粘性解になっている. よって, $\max\{u, C\}$ ($C \in \mathbb{R}$) も粘性劣解になるので, u は有界な関数としてよいので, 以降, 有界とする.

$r_0 > 0$ を $B_{r_0}(x_0) \Subset \Omega$ かつ, $u(x_0) \geq u(x)$ $(x \in B_{2r_0}(x_0))$ を満たすように選ぶ. 命題 A.11(3) より, $\varepsilon_1 := \frac{2r_0^2}{\|u\|_{L^\infty}}$ ととれば, 次の式が成り立つ.

$$Du^\varepsilon(x_0) = 0 \quad (\varepsilon \in (0, \varepsilon_1)) \tag{A.8}$$

定理 4.14 の証明と同様の方法で, まず次の事実を示そう.

$$u^\varepsilon(x_0) = u^\varepsilon(x) \quad (\forall x \in B_{2r_0}(x_0)) \tag{A.9}$$

$\tilde{\Omega} := \{x \in B_{2r_0}(x_0) \mid u^\varepsilon(x) < u^\varepsilon(x_0)\} \neq \emptyset$ として矛盾を導く. 次の性質を満たす, $\rho > 0$ と, $z_0, z_1 \in \tilde{\Omega}$ が存在する.

$$B_{2\rho}(z_0) \subset \tilde{\Omega}, \quad z_1 \in \partial B_{2\rho}(z_0) \cap \partial \tilde{\Omega}$$

平行移動することで, $z_0 = 0$ と仮定してよい.

定理 4.14 の証明中の ϕ を用いると, $\alpha >$ を大きく, $\tau > 0$ を小さくとれば,

$$-\triangle_\infty \phi(x) > 0 \ (\forall x \in A_\rho := B_{2\rho} \setminus \overline{B}_\rho), \quad \max_{\partial A_\rho}(u^\varepsilon - \phi) \leq u^\varepsilon(z_1)$$

とできる. 故に, $\sup_{A_\rho}(u^\varepsilon - \phi) > u^\varepsilon(z_1)$ とすると矛盾するので, 定理 4.14 と同様に, $0 < t < 1$ に対し, 次の不等式を得る.

$$\lim_{t \to 0+} \frac{u^\varepsilon((1-t)z_1) - u^\varepsilon(z_1)}{t} \leq -8\alpha\tau\rho^2 e^{-4\alpha\rho^2} < 0$$

左辺は (A.8) より, 0 なので矛盾する. よって, (A.9) が確認できた.

$y \in B_{r_0}(x_0)$ に対し, $u^\varepsilon(y) = u(y_\varepsilon) - \frac{1}{2\varepsilon}|y_\varepsilon - y|^2$ となる $y_\varepsilon \in \mathbb{R}^n$ を選ぶ. $\beta_1 := \sup_{\overline{\Omega}} u - \inf_{B_{r_0}(x_0)} u$ とおく. $0 < \varepsilon < \varepsilon_2 := \frac{r_0^2}{2\beta_1}$ ならば, $y_\varepsilon \in B_{2r_0}(x_0)$ であるので (A.9) より $u^\varepsilon(y) = u^\varepsilon(x_0) = u(x_0) \geq u(y_\varepsilon)$ を得る. よって, $y_\varepsilon = y$ となる. つまり, $u^\varepsilon(y) = u(y) = u(x_0)$ が成り立つ. ∎

さて, Aronsson 方程式 (4.35) に対する粘性解の比較原理を示そう.

定理 A.14 $\Omega \subset \mathbb{R}^n$ を有界な開集合とし, $u \in USC(\overline{\Omega})$ と $v \in LSC(\overline{\Omega})$ をそれぞれ (4.35) の粘性劣解, 粘性優解とする. $\sup_{\partial \Omega}(u - v) \leq 0$ ならば, $\sup_{\overline{\Omega}}(u - v) \leq 0$ が成り立つ.

A.3 Aronsson方程式 −再訪−

証明 $C \in \mathbb{R}$ に対し, $\tilde{u} := \max\{u, C\}$, $\tilde{v} := \min\{v, C\}$ とおくと, それぞれ (4.35) の粘性劣解, 粘性優解になるので, u, v は有界関数としてよい. そこで, $M_0 := \max\{\|u\|_{L^\infty}, \|v\|_{L^\infty}\}$ とおくと, 次の不等式が成り立つ.

$$|u^\varepsilon(x)| \leq M_0, \quad |v_\varepsilon(x)| \leq M_0 \quad (x \in \mathbb{R}^n,\ \varepsilon > 0)$$

補題 A.5 で, $T := I$ とおけば, $(p, X) \in J^{2,+} u^\varepsilon(x)$ ならば, $(p, X) \in J^{2,+} u(x_\varepsilon)$ となる. ただし, $x_\varepsilon \in \overline{\Omega}$ を $u^\varepsilon(x) = u(x_\varepsilon) - \frac{1}{2\varepsilon}|x - x_\varepsilon|^2$ を満たす点とすると, $|x - x^\varepsilon| \leq 2\sqrt{\varepsilon M_0}$ が成り立つ. v_ε も同様の性質が得られる.

$$O_\varepsilon := \{x \in \Omega \mid \mathrm{dist}(x, \partial\Omega) > 2\sqrt{\varepsilon M_0}\}$$

とおくと, 命題 2.7 より, 方程式が x に依存しないので, u^ε (resp., v_ε) は, (4.35) の O_ε での粘性劣解 (resp., 粘性優解) になる.

さて, $\max_{\overline{\Omega}}(u - v) := 2\Theta > 0$ と仮定して矛盾を導く. 上半連続性と $\partial\Omega$ のコンパクト性から, 次を満たす $\varepsilon_0 > 0$ が存在する.

$$u(x) - v(x') < \Theta \quad (\forall x, x' \in \overline{\Omega} \setminus O_{\varepsilon_0}) \tag{A.10}$$

$\varepsilon \in (0, \varepsilon_0)$ を小さくとれば,

$$\max_{\overline{O_\varepsilon}}(u^\varepsilon - v_\varepsilon) \geq 2\Theta > \Theta \geq \max_{\partial O_\varepsilon}(u^\varepsilon - v_\varepsilon)$$

となる. 以降, $u^\varepsilon, v_\varepsilon$ の ε を省略し, O_ε を Ω とする.

$\delta \in (0, 1]$ と定理 4.14 で述べた $\eta \in C^\infty(\mathbb{R})$ を用いて, $\hat{u} := \eta(u), \hat{v} := \eta(v)$ が粘性解の意味で満たす方程式を導こう. $\phi \in C^2(\Omega)$ に対し, $\hat{u} - \phi$ が $\hat{x} \in \Omega$ で局所最大値をとるとする. いつも通り, $(\hat{u} - \phi)(\hat{x}) = 0$ と仮定する. 陰関数定理から次を満たす $r > 0$ と $\psi \in C^2(B_r(\hat{x}))$ がある.

$$\phi(x) = \psi(x) + \delta e^{\psi(x)} \quad (\forall x \in B_r(\hat{x}))$$

$\delta > 0$ が十分小さい時, $u - \psi$ は $\hat{x}$ で局所最大値をとるので,

$$-\mathrm{Tr}(D\psi(\hat{x}) \otimes D\psi(\hat{x}) D^2\psi(\hat{x})) \leq 0$$

が成り立つ. ϕ と ψ の微分の関係を計算する.

$$D\phi = D\psi + \delta e^\psi D\psi, \quad D^2\phi = D^2\psi + \delta e^\psi \left(D^2\psi + D\psi \otimes D\psi\right)$$

これらを利用して, $\hat{x}$ における ϕ に対する不等式を求める.

$$-\mathrm{Tr}\left\{\frac{D\phi \otimes D\phi}{(1+\delta e^\psi)^2}\left(\frac{D^2\phi}{1+\delta e^\psi} - \delta e^\psi \frac{D\phi \otimes D\phi}{(1+\delta e^\psi)^3}\right)\right\} \leq 0$$

これを整理すると, $u(\hat{x}) = \phi(\hat{x})$ を用いれば, $\hat{x}$ で次の不等式が成り立つ.

$$-\triangle_\infty \phi + \frac{\delta e^u}{(1+\delta e^u)^2}|D\phi|^4 \leq 0$$

$g_\delta(t) := \frac{\delta e^t}{(1+\delta e^t)^2}$ および, $\xi(\hat{u}) = u$ となる ξ が存在するので (逆関数定理), $\hat{u}$ (resp., $\hat{v}$) は次の方程式の粘性劣解 (resp., 粘性優解) になる.

$$-\triangle_\infty u + g_\delta(u)|Du|^4 = 0$$

$t > 0$ に対し, $\Omega_t := \{x \in \Omega \mid \mathrm{dist}(x, \partial\Omega) > t\}$ と定義する. u, v は $u^\varepsilon, v_\varepsilon$ だったことを思い出しておく (当然 $u, v \in C(\overline{\Omega})$ である). $t_0 > 0$ と $r \in (0, t_0)$ に対し, $y \in B_r$ に対し, $\Phi(y) := \max_{x \in \Omega_{t_0}}\{u(x+y) - v(x)\}$ とおく. $\Phi(0) \geq 2\Theta$ なので, $\Phi(y) \geq \Theta$ としてよい. さらに, 次を満たす $t_0 > 0$ があるとしてよい.

$$x \in \overline{\Omega}_{t_0} \text{ が } \Phi(y) = u(x+y) - v(x) \text{ を満たせば, } x \in \Omega_{t_0} \text{ となる.}$$

$y \to u(x+y) - v(x) + \frac{1}{2\varepsilon}|y|^2$ は凸なので, Φ は $\frac{1}{2\varepsilon}$ 半凸になる.

最初に, 次の性質が成り立つ場合に矛盾を導こう.

$$\text{任意の } k \in \mathbb{N} \text{ に対し, } \exists y_k \in B_{\frac{1}{k}} \tag{A.11}$$
$$\text{s.t. } \begin{cases} x \in \Omega_{t_0} \text{ が } \Phi(y_k) = u(x+y_k) - v(x) \text{ を満たす} \\ \text{ならば, } Du(x+y_k) = Dv(x) \neq 0 \text{ となる.} \end{cases}$$

($u, -v$ が $\frac{1}{2\varepsilon}$ 半凸なので, 命題 A.10 より, $u(\cdot + y_k), v(\cdot)$ は x で微分可能であることを用いている). ここで, u, v を近似する関数 $\hat{u}, \hat{v}$ に対し, 関数 $x \to \hat{u}(x+$

A.3　Aronsson方程式　−再訪−

$y_k) - \hat{v}(x)$ も半凸なので，最大値を $x_\delta \in \overline{\Omega}_{t_0}$ でとるとすると，$x_\delta \in \Omega_{t_0}$ となり，$D\hat{u}(x_\delta + y_k) = D\hat{v}(x_\delta)$ が成り立つ (命題 A.10). 必要なら部分列を選んで，$\lim_{\delta \to 0} x_\delta =: \hat{x} \in \overline{\Omega}_{t_0}$ とでき，$\hat{x} \in \Omega_{t_0}$ としてよい．すると，$\Phi(y_k) = u(\hat{x} + y_k) - v(\hat{x})$ となるので，(A.11) と命題 A.12 より，$D\hat{u}(x_\delta + y_k) = D\hat{v}(x_\delta) \neq 0$ と仮定できる (まだ，$\hat{u}, \hat{v}$ がそれぞれの点で二階微分可能かどうかはわかってない).

さて，$\alpha > 0$ が十分小さければ，補題 A.9 より，$x \in \overline{\Omega}_{t_0} \to \hat{u}(x + y_k) - \hat{v}(x) - \langle p_\alpha, x \rangle$ が $x_{\delta,\alpha} \in \overline{\Omega}_{t_0}$ で狭義最大値をとるような $p_\alpha \in B_\alpha$ が存在する．$\alpha > 0$ は小さいので，$x_{\delta,\alpha} \in \Omega_{t_0}$ としてよい．さらに，必要なら，$\alpha > 0$ の部分列を選んで，$\lim_{\alpha \to 0} x_{\delta,\alpha} =: x_\delta$ とおくと，同様に，(A.11) と命題 A.12 より，$D\hat{u}(x_{\delta,\alpha} + y_k) = D\hat{v}(x_{\delta,\alpha}) + p_\alpha \neq 0$ としてよい．

Jensen の補題 A.1 と Aleksandrov の定理 A.3 を用いて，十分小さい $\beta > 0$ に対し，関数 $x \in \overline{\Omega}_{t_0} \to \hat{u}(x + y_k) - \hat{v}(x) - \langle p_\alpha, x \rangle - \langle q_\beta, x \rangle$ が $z = z_{\alpha,\beta}^\delta \in \Omega_{t_0}$ で最大値をとり，z で u, v が二階微分可能であるような $q_\beta \in B_\beta$ がある．粘性解の定義より，次の不等式が成り立つ．

$$\begin{aligned}&-\mathrm{Tr}\{D\hat{v}(z) \otimes D\hat{v}(z) D^2\hat{v}(z)\} + g_\delta(\hat{v}(z))|Dv(z)|^4 \\ &\geq -\mathrm{Tr}\{(D\hat{v}(z) + p_\alpha + q_\beta) \otimes (D\hat{v}(z) + p_\alpha + q_\beta) D^2\hat{u}(z + y_k)\} \\ &\quad + g_\delta(\hat{u}(z + y_k))|D\hat{v}(z) + p_a + q_\beta|^4 \end{aligned} \quad (A.12)$$

充分小さい α, β に対し，再度，命題 A.12 と (A.11) より，$D\hat{u}(z + y_k) = D\hat{v}(z) + p_\alpha + q_\beta \neq 0$ と仮定できる．また，最大値をとることと，半凸・半凹性より行列不等式 $D^2\hat{u}(z + y_k) \leq D^2\hat{v}(z)$ が成り立つ．$D^2\hat{u}, D^2\hat{v}$ は，D^2u, Du, D^2v, Dv で表せるので，$u, -v$ の $\frac{1}{2\varepsilon}$ 半凸性より，$\delta > 0$ が十分小さい時，次式が成り立つ．

$$-\frac{1}{2\varepsilon}I \leq D^2\hat{u}(z + y_k) \leq D^2\hat{v}(z) \leq \frac{1}{2\varepsilon}I$$

$k \in \mathbb{N}$ と $\delta > 0$ は固定して，部分列を選べば $\alpha, \beta \to 0$ の行列の極限を

$$\lim_{\alpha,\beta \to 0}(z_{\alpha,\beta}^\delta, D\hat{u}(z_{\alpha,\beta}^\delta + y_k), D^2\hat{u}(z_{\alpha,\beta}^\delta + y_k), D^2\hat{v}(z_{\alpha,\beta}^\delta)) =: (\tilde{x}_\delta, \hat{p}, X, Y)$$

とおいてよい．$\hat{p} \neq 0$ と $X \leq Y$ に注意せよ．(A.12) で，$\alpha, \beta \to 0$ とすると，次の不等式を得る．

$$-\mathrm{Tr}(\hat{p}\otimes\hat{p}X) + g_\delta(\hat{u}(\tilde{x}_\delta + y_k))|\hat{p}|^4 \leq -\mathrm{Tr}(\hat{p}\otimes\hat{p}Y) + g_\delta(\hat{v}(\tilde{x}_\delta))|\hat{p}|^4$$

故に, $g_\delta(\hat{v}(\tilde{x}_\delta)) \leq g_\delta(\hat{u}(\tilde{x}_\delta + y_k))$ となるが, $\delta > 0$ が小さい時, $\hat{u}(\tilde{x}_\delta + y_k) > \hat{v}(\tilde{x}_\delta)$ に反する.

最後に, (A.11) を否定して矛盾を導こう. $y \in B_r$ に対し, $x_y \in \Omega_{t_0}$ が $\Phi(y) = u(x_y + y) - v(x_y)$ を満たすとする. y' が y に近ければ, 次の不等式を満たす $p \in \mathbb{R}^n$ がある.

$$\begin{aligned}\Phi(y') &\geq u(x_y + y') - v(x_y) \\ &\geq u(x_y + y) + \langle p, y' - y \rangle + \frac{1}{2\varepsilon}(|x_y + y|^2 - |x_y - y'|^2) - v(x_y)\end{aligned}$$

u は $x_y + y$ で微分可能で, $Du(x_y + y) = p - \frac{1}{\varepsilon}(x_y + y) = 0$ なので (命題 A.10 より), 次の不等式が成り立つ.

$$\Phi(y') \geq \Phi(y) - \frac{1}{2\varepsilon}|y - y'|^2$$

(A.11) が成り立たないとすると, 次の性質を満たす $s > 0$ が存在する.

$$y, y' \in B_s \text{ならば}, \Phi(y') \geq \Phi(y) - \frac{1}{2\varepsilon}|y - y'|^2$$

これより, $y' \to \Phi(y') + \frac{1}{2\varepsilon}|y - y'|^2$ は, $y' = y$ で局所最小値をとるので, Φ が y で微分可能ならば, $D\Phi(y) = 0$ となる. つまり次の事実が成り立つ.

$$D\Phi = 0 \quad \text{a.e. in } B_s$$

故に, $\Phi(y) = \Phi(0)$ ($y \in B_s$) となる (演習 4.9).

よって, $\Phi(0) = u(x_0) - v(x_0)$ ($x_0 \in \Omega$) とすると, 次の式が成り立つ.

$$u(x_0) - v(x_0) = \Phi(0) = \Phi(y) \geq u(x_0 + y) - v(x_0) \quad (y \in B_s)$$

補題 A.13 から, $u(x) = u(x_0)$ ($x \in B_t$) となる $t > 0$ がある. ところが,

$$u(x_0) - v(x_0) = \Phi(0) \geq u(x_0) - v(x_0 - y) \quad (y \in B_s)$$

だから, v は, x_0 で局所最小値をとる. よって補題 A.13 より,

$$v(x_0) = v(x) \quad (x \in B_t(x_0))$$

としてよい．故に，$\{x \in \Omega \mid \Phi(x) = u(x) - v(x)\}$ は，開集合かつ閉集合なので Ω と一致するが，$\Phi(0) > 0$ なので矛盾を得る． ∎

◇ 付録 B

これまで用いた,他でも役に立つ一般的な結果をここにまとめておく.

B.1　Rademacher の定理

まず,Lipschitz 連続関数が,Lebesgue 測度の意味で,ほとんどいたるところで微分可能であることを示す (定理 B.1,定理 B.12).いくつかの証明法があるが,本書では 1 次元で示してから n 次元に一般化する.

B.1.1　1 変数関数の場合

1 次元では,「有界変動」な関数がほとんどいたるところで微分可能になることを最初に示し (命題 B.9),Lipschitz 連続関数が有界変動になる (命題 B.8) ことを確かめる.単調増加関数がほとんどいたるところで微分可能であることの証明 (定理 B.3) が最も難しい.

ここで 1 変数関数特有の記号を用いる.1 変数関数 $u : (a,b) \to \mathbb{R}$ と $x \in (a,b)$ に対し,z での左右の上下極限を定義する.

$$\limsup_{y \to x-} u(y) := \lim_{\varepsilon \to 0+} \Big[\sup\{u(y) \mid x - \varepsilon < y < x\}\Big]$$
$$\limsup_{y \to x+} u(y) := \lim_{\varepsilon \to 0+} \Big[\sup\{u(y) \mid x < y < x + \varepsilon\}\Big]$$
$$\liminf_{y \to x-} u(y) := \lim_{\varepsilon \to 0+} \Big[\inf\{u(y) \mid x - \varepsilon < y < x\}\Big]$$
$$\liminf_{y \to x+} u(y) := \lim_{\varepsilon \to 0+} \Big[\inf\{u(y) \mid x < y < x + \varepsilon\}\Big]$$

最初に,1 変数関数の Lipschitz 連続関数について証明する.以下,関数の定義域 I は $\mathbb{R}$ 全体または,有界な開区間・閉区間を考える.

定理 B.1　$f \in \mathrm{Lip}_{loc}(I)$ は,I 上,ほとんどいたるところで微分可能である.

注意 B.1　定理 B.1 は，I が有界閉区間の時に示せればよい．

〚**演習 B.1**〛　注意 B.1 が正しいことを示せ．

注意 B.1 によって，$f \in \mathrm{Lip}(I)$ を仮定して定理 B.1 を以下の一連の命題を用いて証明する．まず，単調増加関数の不連続点の個数に関する命題を述べる．単調増加関数 $g : \mathbb{R} \to \mathbb{R}$ は，$\lim_{y \to 0+} g(x+y)$ と $\lim_{y \to 0-} g(x+y)$ は任意の $x \in \mathbb{R}$ で存在するので，それぞれ $g(x+0)$，$g(x-0)$ と書く．

命題 B.2　有界な単調増加関数 $g : [a,b] \to \mathbb{R}$ の不連続点は高々可算個である．

証明　$A_k = \{x \in [a,b] \mid g(x+0) - g(x-0) > \frac{1}{k}\}$ とおく．A_k の元の個数が有限値 $k\{g(b) - g(a)\}$ より小さいことがわかる．実際，$x_1 < x_2 < \cdots < x_N$ となる $x_j \in A_k$ があると仮定する．g は単調増加だから，$j = 1, 2, \ldots, N-1$ に対し，$g(x_j + 0) \leq g(x_{j+1} - 0)$ となることに注意する．よって，

$$\frac{N}{k} < \sum_{j=1}^{N} \{g(x_j + 0) - g(x_j - 0)\} \leq g(x_N + 0) - g(x_1 - 0) \leq g(b) - g(a)$$

であり，$N < k\{g(b) - g(a)\}$ となる．このように，A_k の個数は有限個である．

g の不連続点全体を $A := \{x \in [a,b] \mid g(x+0) > g(x-0)\}$ とおくと，$A = \bigcup_{k=1}^{\infty} A_k$ であるが，A_k は有限個なので A は，高々可算個になる． ∎

定理 B.1 の証明の本質は次の主張である．本書では，次の定理の証明は，初等的な Riesz 流を採用する．他にも，Vitali の被覆定理を用いる方法もある．

定理 B.3　単調増加関数は，ほとんどいたるところで微分可能である．

この定理の証明のために，重要な補題を述べる．以降，<u>空集合も開区間</u>の一つとみなす．例えば，次の補題で開区間 I_k が有限個の場合もあり得る．

補題 B.4　連続関数 $g : (a,b) \to \mathbb{R}$ に対し，

$$E := \{x \in (a,b) \mid \exists s > x \text{ s.t. } g(s) > g(x)\}$$

とおき，$E \neq \varnothing$ を仮定する．

(1) $E = \bigcup_{k=1}^{\infty} I_k$ かつ $I_k \cap I_\ell = \varnothing$ ($k \neq \ell$) となる開区間 $I_k \subset (a, b)$ がある.
(2) (1) で, $I_k := (a_k, b_k)$ とおくと, $g(a_k) \leq g(b_k)$ ($\forall k \in \mathbb{N}$) が成り立つ.

証明 (1) g は連続なので, E は開集合である. $x \in E$ に対し,
$$r_x^+ := \sup\{r > 0 \mid [x, x+r] \subset E\}, \quad r_x^- := \sup\{r > 0 \mid [x-r, x] \subset E\}$$
とおく. $E \cap \mathbb{Q} = \{x_k\}_{k=1}^{\infty}$ とし, $a_k := x_k - r_{x_k}^-$, $b_k := x_k + r_{x_k}^+$ とおいて, $I_k := (a_k, b_k)$ とする.

$I_k \cap I_\ell \neq \varnothing$ ならば, $I_k = I_\ell$ となる (演習 B.2). よって, $E = \bigcup_{k=1}^{\infty} I_k$ となる互いに素な開区間 I_k が存在する.

(2) $k \in \mathbb{N}$ を任意に固定する. 任意の $x \in I_k$ に対し, $g(x) \leq g(b_k)$ を示せば, g の連続性より $g(a_k) \leq g(b_k)$ を得る. よって, $x_0 \in I_k$ を任意に固定して, 次の不等式を示そう.
$$g(x_0) \leq g(b_k) \tag{B.1}$$

$E_0 := \{x \in (a_k, b_k) \mid g(x_0) \leq g(x)\}$ とおく. $x_0 \in E_0$ なので, $E_0 \neq \varnothing$ である. よって, $x^* := \sup E_0 \in (a_k, b_k]$ が定義できる. $\lim_{\ell \to \infty} x_\ell = x^*$ となる $\{x_\ell\} \subset E_0$ があるので, $g(x_0) \leq g(x_\ell)$ と g の連続性から次の不等式が成り立つ.
$$g(x_0) \leq g(x^*) \tag{B.2}$$

$x^* = b_k$ の場合は, (B.2) が (B.1) になるので, $x^* < b_k$ の場合を考える.

$x^* \in (a_k, b_k) \subset E$ となるので, $g(x^*) < g(s^*)$ を満たす $s^* > x^*$ が存在する. よって, (B.2) より次の不等式を得る.
$$g(x_0) < g(s^*) \tag{B.3}$$

もし $s^* < b_k$ とすると $s^* \in E_0$ となり $s^* > x^* = \sup E_0$ に矛盾する. 故に, $s^* \geq b_k$ が成り立つ.

次に, $s^* = b_k$ とすると, (B.3) より, (B.1) が導かれる.

最後に, $s^* > b_k$ の場合を考える. $b_k \notin E$ であることに注意すれば, $g(s^*) \leq g(b_k)$ となる. よって, (B.3) より, 次の不等式が成り立つから, (B.1) が示せる.
$$g(x_0) < g(s^*) \leq g(b_k) \qquad \blacksquare$$

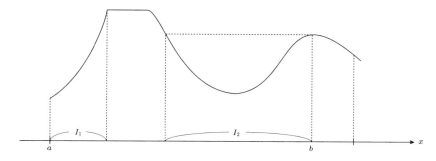

図 B.1

〚演習 B.2〛 補題 B.4(1) の証明で I_k が命題の条件を満たすことを示せ．

この補題の次の系も後で用いる．

系 B.5 連続関数 $g : (a, b) \to \mathbb{R}$ に対し，

$$E := \{x \in (a, b) \mid \exists s < x \text{ s.t. } g(s) > g(x)\}$$

とおき，$E \neq \varnothing$ を仮定する．
(1) $E = \bigcup_{k=1}^{\infty} I_k$ かつ $I_k \cap I_\ell = \varnothing$ $(k \neq \ell)$ となる開区間 $I_k \subset (a, b)$ がある．
(2) (1) の I_k を (a_k, b_k) とおくと，$g(a_k) \geq g(b_k)$ $(\forall k \in \mathbb{N})$ が成り立つ．

〚演習 B.3〛 系 B.5 を証明せよ．

<u>定理 B.3 の証明</u> 単調増加関数 $g : (a, b) \to \mathbb{R}$ に対して示そう．
(1) <u>有界性を仮定してよいこと</u> $N \in \mathbb{N}$ に対し，

$$g_N(x) := (-N) \vee \{N \wedge g(x)\}$$

とおくと，g_N は有界な単調増加関数になる．また，$I_N := \{x \in (a, b) \mid g(x) = g_N(x)\}$ とすると，g は単調増加なので，$a \leq a_{N+1} \leq a_N \leq b_N \leq b_{N+1} \leq b$ で，$I_N \subset (a_N, b_N)$ と表せるものがある．

g_N に対して，$Z_N := \{x \in (a, b) \mid g_N \text{ が } x \text{ で微分可能でない}\}$ とおいた時，$|Z_N| = 0$ が示せたと仮定する．$\{x \in (a, b) \mid g \text{ が } x \text{ で微分可能でない}\} = \bigcup_{N=1}^{\infty} Z_N$ となるので，g もほとんどいたるところで微分可能になる．

(2) 連続性を仮定してよいこと　g は有界な単調増加関数とする．命題 B.2 により，$a < a_k < a_{k+1} < b$ かつ，g は $I_k := (a_k, a_{k+1})$ で連続となる a_k が高々可算個ある．g が I_k でほとんどいたるところで微分可能であれば，(1) と同様に，g は (a,b) のほとんどいたるところで微分可能になる．

故に，以下，g は有界で連続な単調増加関数として証明をすれば，定理 B.3 を証明したことになる．

ここで一変数関数の左右の上下極限を簡単な記号で表そう (値は，$\pm\infty$ の可能性もある)．

$$D^+ g(x) := \limsup_{h \to 0+} \frac{g(x+h) - g(x)}{h}, \qquad D_+ g(x) := \liminf_{h \to 0+} \frac{g(x+h) - g(x)}{h}$$

$$D^- g(x) := \limsup_{h \to 0-} \frac{g(x+h) - g(x)}{h}, \qquad D_- g(x) := \liminf_{h \to 0-} \frac{g(x+h) - g(x)}{h}$$

定義から，$D_+ g(x) \leq D^+ g(x)$ と $D_- g(x) \leq D^- g(x)$ が成り立つことがわかる．また，$D_+ g(x) = D^+ g(x)$ の時，g は x で右微分可能であり，$D_- g(x) = D^- g(x)$ の時，左微分可能である．

補題 B.6　　$I = [a,b]$ とし，$g \in C(I)$ が単調増加とすると，次の等式が成り立つ．

$$|\{x \in I \mid D^+ g(x) < \infty, \ D^+ g(x) \leq D_- g(x)\}| = b - a$$

<u>補題 B.6 を用いた定理 B.3 の証明</u>　　補題 B.6 より，

$$F_1 := \{x \in I \mid D^+ g(x) < \infty, \ D^+ g(x) \leq D_- g(x)\}$$

とおくと，$|I \setminus F_1| = 0$ となる．さらに，$\tilde{g}(x) := -g(a+b-x)$ とし，$\tilde{g}$ に補題 B.6 を用いると

$$F_2 := \{x \in I \mid D^+ \tilde{g}(a+b-x) < \infty, \ D^+ \tilde{g}(a+b-x) \leq D_- \tilde{g}(a+b-x)\}$$

に対しても，$|I \setminus F_2| = 0$ が成り立つ．任意に $x \in F_1 \cap F_2$ を選ぶ．すると，

$$0 \leq D^+ g(x) \leq D_- g(x) \leq D^- g(x) = D^+ \tilde{g}(a+b-x)$$

が成り立つ．さらに，$D^+\tilde{g}(a+b-x) \leq D_-\tilde{g}(a+b-x) = D_+g(x)$ と $D^+g(x) < \infty$ を用いて，

$$0 \leq D^+g(x) = D_-g(x) = D^-g(x) = D_+g(x) < \infty$$

を得る．故に，g は x で微分可能であることが示せた．

<u>補題B.6の証明</u>　$Z_\infty := \{x \in (a,b) \mid D^+g(x) = \infty\}$ とおくと，$|Z_\infty| = 0$ となることを示す．$Z_k := \{x \in (a,b) \mid D^+g(x) > k\}$ $(k \in \mathbb{N})$ とすると，$Z_\infty \subset Z_k$ が成り立つ．

任意の $x \in Z_k$ に対し，$\frac{g(\xi)-g(x)}{\xi-x} > k$ となる $\xi > x$ がある．$\hat{g}(y) := g(y) - ky$ とおくと，$Z_k \subset \{x \in (a,b) \mid \exists \xi > x \text{ s.t. } \hat{g}(\xi) > \hat{g}(x)\} =: E$ となる．$E \neq \emptyset$ なので，補題B.4より，$E = \bigcup_{j=1}^\infty (a_j, b_j)$ となるような，互いに素な開区間 (a_j, b_j) で，$\hat{g}(a_j) \leq \hat{g}(b_j)$ となるものが存在する．つまり，

$$g(a_j) - ka_j \leq g(b_j) - kb_j$$

が成り立つ．よって，次の不等式を得る．

$$k \sum_{j=1}^\infty (b_j - a_j) \leq \sum_{j=1}^\infty (g(b_j) - g(a_j)) \leq g(b) - g(a)$$

故に，次の不等式が導かれ，$k \to \infty$ とすればよい．

$$|Z_\infty| \leq |Z_k| \leq \sum_{j=1}^\infty (b_j - a_j) \leq \frac{g(b) - g(a)}{k}$$

最後に，$Z := \{x \in (a,b) \mid D^+g(x) > D_-g(x)\}$ とおき，$|Z| = 0$ を示そう．二つの有理数 $q > r$ に対し，次のようにおく．

$$Z_{q,r} := \{x \in (a,b) \mid D^+g(x) > q > r > D_-g(x)\}$$

$Z = \bigcup_{q,r \in \mathbb{Q}} Z_{q,r}$ に注意し，各 $q, r \in \mathbb{Q}$ に対して $|Z_{q,r}| = 0$ を示せばよい．

<u>補題B.7</u>　$(a', b') \subset (a, b)$ に対し，$|Z_{q,r} \cap (a', b')| \leq \frac{r}{q}|b' - a'|$ が成り立つ．

証明 $D_-g(x) < r$ となる, $x \in (a', b')$ を固定する. 定義より, 次の不等式を満たす $\xi \in (a', x)$ が存在する.

$$\frac{g(\xi) - g(x)}{\xi - x} < r$$

よって, $g(\xi) - r\xi > g(x) - rx$ となるので, $\hat{g}(y) := g(y) - ry$ および,

$$E := \{x \in (a', b') \mid \exists \xi \in (a', x) \text{ s.t. } \hat{g}(\xi) > \hat{g}(x)\}$$

とおけば, 系 B.5 より, 次の性質を満たす互いに素な開区間 $I_i = (a_i, b_i)$ がある.

$$E = \bigcup_{i=1}^{\infty} I_i, \quad \hat{g}(a_i) \geq \hat{g}(b_i)$$

後半の不等式は, $g(b_i) - g(a_i) \leq r(b_i - a_i)$ と書ける.

i を固定する. $E_i := \{x \in I_i \mid D^+g(x) > q\}$ とおくと, $x \in E_i$ ならば $g(\eta) - q\eta > g(x) - qx$ となる $\eta \in (x, b')$ が存在する. そこで, 次のようにおく.

$$F_i := \{x \in I_i \mid \exists \eta > x \text{ s.t. } g(\eta) - q\eta > g(x) - qx\}$$

補題 B.4 により, 次を満たす互いに素な開区間 $J_{i,j} := (\alpha_{i,j}, \beta_{i,j})$ がある.

$$F_i = \bigcup_{j=1}^{\infty} J_{i,j}, \quad \beta_{i,j} \leq \alpha_{i,j+1}, \quad g(\alpha_{i,j}) - q\alpha_{i,j} \leq g(\beta_{i,j}) - q\beta_{i,j}$$

後半の式を書き直して j について和をとると,

$$\sum_{j=1}^{\infty} (\beta_{i,j} - \alpha_{i,j}) \leq \frac{1}{q} \sum_{j=1}^{\infty} \{g(\beta_{i,j}) - g(\alpha_{i,j})\}$$

故に, 次のように変形できる.

$$\begin{aligned}
|Z_{q,r} \cap (a', b')| &\leq \sum_{i,j=1}^{\infty} |J_{i,j}| = \sum_{i,j=1}^{\infty} (\beta_{i,j} - \alpha_{i,j}) \\
&\leq \frac{1}{q} \sum_{i,j=1}^{\infty} \{g(\beta_{i,j}) - g(\alpha_{i,j})\} \\
&\leq \frac{1}{q} \sum_{i=1}^{\infty} \{g(b_i) - g(a_i)\} \\
&\leq \frac{r}{q} \sum_{i=1}^{\infty} (b_i - a_i) \leq \frac{r}{q}(b' - a') \quad \blacksquare
\end{aligned} \tag{B.4}$$

B.1 Rademacherの定理

<u>定理B.3の証明の続き</u>　補題B.7で，$(a', b') := (a, b)$ とすると，

$$|Z_{q,r}| \le \rho(b-a)$$

が成り立つ．ただし，$0 < \rho := \frac{r}{q} < 1$ とおいた．この時の，$\alpha_{i,j}, \beta_{i,j}$ を $\alpha_{i,j}^0, \beta_{i,j}^0$ と書くと，補題B.7の証明の (B.4) より，

$$\sum_{i,j=1}^{\infty} (\beta_{i,j}^0 - \alpha_{i,j}^0) \le \rho(b-a)$$

が成り立つ．一方，補題B.7を $(\alpha_{i,j}^0, \beta_{i,j}^0)$ に用いると，

$$|Z_{q,r} \cap (\alpha_{i,j}^0, \beta_{i,j}^0)| \le \rho(\beta_{i,j}^0 - \alpha_{i,j}^0)$$

となる．故に，次の不等式が導かれる．

$$|Z_{q,r}| \le \sum_{i,j=1}^{\infty} |Z_{q,r} \cap (\alpha_{i,j}^0, \beta_{i,j}^0)| \le \rho \sum_{i,j=1}^{\infty} (\beta_{i,j}^0 - \alpha_{i,j}^0) \le \rho^2(b-a)$$

さらに，各 $k, \ell \in \mathbb{N}$ を固定し，補題B.7で，$(a', b') := (\alpha_{k,\ell}^0, \beta_{k,\ell}^0)$ とした時に現れる $\alpha_{i,j}, \beta_{i,j}$ を $\alpha_{i,j}^{k,\ell}, \beta_{i,j}^{k,\ell}$ とすると次の不等式が成り立つ．

$$\sum_{i,j=1}^{\infty} (\beta_{i,j}^{k,\ell} - \alpha_{i,j}^{k,\ell}) \le \rho(\beta_{k,\ell}^0 - \alpha_{k,\ell}^0), \quad |Z_{q,r} \cap (\alpha_{i,j}^{k,\ell}, \beta_{i,j}^{k,\ell})| \le \rho(\beta_{i,j}^{k,\ell} - \alpha_{i,j}^{k,\ell})$$

よって，次のように評価できる．

$$\begin{aligned}|Z_{q,r}| &\le \sum_{k,\ell=1}^{\infty} \sum_{i,j=1}^{\infty} |Z_{q,r} \cap (\alpha_{i,j}^{k,\ell}, \beta_{i,j}^{k,\ell})| \le \rho \sum_{k,\ell=1}^{\infty} \sum_{i,j=1}^{\infty} (\beta_{i,j}^{k,\ell} - \alpha_{i,j}^{k,\ell}) \\ &\le \rho^2 \sum_{k,\ell=1}^{\infty} (\beta_{k,\ell}^0 - \alpha_{k,\ell}^0) \\ &\le \rho^3(b-a)\end{aligned}$$

これを繰り返し，任意の $m \in \mathbb{N}$ に対し，$|Z_{q,r}| \le \rho^m(b-a) \to 0$ となる．　■

定理B.3から，単調増加関数の和や差もほとんどいたるところ微分可能になる．

さて，この章の最初に触れた新しい概念を導入する．

定義 B.1
$f : [a,b] \to \mathbb{R}$ が $[a,b]$ で**有界変動**であるとは，次を満たす関数である．

$$\exists M > 0 \text{ s.t.} \begin{cases} 任意のN \in \mathbb{N} に対し, a = x_0 < x_1 < \cdots < x_{N-1} < x_N = b \\ を満たすならば, \sum_{k=1}^{N} |f(x_k) - f(x_{k-1})| \leq M \text{ が成り立つ}. \end{cases}$$

以降，$BV(a,b) := \{f : [a,b] \to \mathbb{R} \mid f \text{ は } [a,b] \text{ で有界変動}\}$ とおく．

〖演習 B.4〗 $j = 1, 2$ に対し，$g_j : [a,b] \to \mathbb{R}$ が単調増加ならば，$g_1 - g_2$ は有界変動である．

命題 B.8
$I = [a,b]$ に対し，$\mathrm{Lip}(I) \subset BV(a,b)$ が成り立つ．

〖演習 B.5〗 命題 B.8 を証明せよ．

演習 B.4 の逆が成立することを次の命題で述べる．

命題 B.9
$f \in BV(a,b)$ に対し，次を満たす単調増加関数 $g_k : [a,b] \to \mathbb{R}$ $(k = 1, 2)$ が存在する．
$$f = g_1 - g_2$$

証明 $a \leq x < x' \leq b$ に対し，f の $[x, x']$ での全変動 $V(x, x')$ を次のように定義する．

$$V(x, x') := \inf \left\{ \sum_{k=1}^{N} |f(x_k) - f(x_{k-1})| \;\middle|\; \begin{array}{l} \forall N \in \mathbb{N} \text{ に対し}, x_0 := x < x_1 \\ < \cdots < x_{N-1} < x_N := x' \text{ を満たす} \end{array} \right\}$$

下限の定義から，$V(a, x') = V(a, x) + V(x, x')$ が成り立つ (演習 B.6 を参照)．$g_1(x) := V(a, x)$ とおくと，g_1 が単調増加関数であることは定義から明らかである．次に，$g_2 := g_1 - f$ とおき，g_2 も単調増加関数であることを示せばよい．

$a \leq x < x' \leq b$ を任意に固定し，$g_2(x) \leq g_2(x')$ を示そう．$g_2(x) - g_2(x') = g_1(x) - g_1(x') - f(x) + f(x')$ なので，後述の演習 B.6 より $g_1(x) - g_1(x') =$

$-V(x, x')$ に注意すると，

$$g_2(x) - g_2(x') = f(x') - f(x) - V(x, x')$$

となる．この右辺が 0 以下であることは $V(x, x')$ の定義から明らかである． ■

【演習 B.6】 上の証明中の記号を用いて，$a \leq x < y < z \leq b$ ならば $V(x, z) = V(x, y) + V(y, z)$ が成り立つことを示せ．

命題 B.9 と定理 B.3 から次の定理は明らかである．

定理 B.10 $f \in BV(a, b)$ ならば，f は，ほとんどいたるところで微分可能である．

定理 B.1 の証明 定理 B.10 と命題 B.8 より明らか．■

B.1.2 多変数関数の場合

多変数の Lipschitz 連続関数に対する Rademacher の定理 B.12 を証明する．

定義 B.2 $\xi \in \mathbb{R}^n \setminus \{0\}$ に対し，$f : B_r(x) \to \mathbb{R}$ に対し，f の x における ξ **方向微分**可能とは，次の極限が存在することとする．

$$\lim_{t \to 0} \frac{f(x + t\xi) - f(x)}{t} =: \frac{\partial f}{\partial \xi}(x)$$

命題 B.11 $f \in \text{Lip}_{loc}(\mathbb{R}^n)$ と $\xi \in \mathbb{R}^n \setminus \{0\}$ に対し，ほとんどすべての $x \in \Omega$ に対し，f は x で ξ 方向微分可能である．つまり次の性質が成り立つ．

$$\exists \frac{\partial f}{\partial \xi}(x) \quad \text{a.e. in } \mathbb{R}^n$$

証明 $N := \left\{ x \in \mathbb{R}^n \;\middle|\; \frac{\partial f}{\partial \xi}(x) \text{ が存在しない} \right\}$ とおき，$|N| = 0$ を示す．

$$N = \left\{ x \in \mathbb{R}^n \;\middle|\; \liminf_{t \to 0} \frac{f(x + t\xi) - f(x)}{t} < \limsup_{t \to 0} \frac{f(x + t\xi) - f(x)}{t} \right\}$$

であり, $\xi_1 := \frac{\xi}{|\xi|}$ とおいて, $\phi(t) := f(x + t\xi_1)$ とする. $\phi \in \text{Lip}_{loc}(\mathbb{R})$ なので, 定理 B.1 より, $\int_{\mathbb{R}} 1_{N \cap L_x} dt = 0$ が成り立つ. ただし, $L_x := \{x + t\xi_1 \mid t \in \mathbb{R}\}$ とおいた. $x \in \mathbb{R}^n$ は任意なので, ξ に直交する $\xi_2, \ldots, \xi_n \in \partial B_1$ が張る $n-1$ 次元部分空間を $L_1 := \{t_2\xi_2 + \cdots + t_n\xi_n \mid t_2, \ldots, t_n \in \mathbb{R}\}$ とする. ルベーグ測度の回転不変性より, 次の式が成り立つので証明が終わる.

$$\int_{\mathbb{R}^n} 1_N dx = \int_{L_1} \left(\int_{\mathbb{R}} 1_N dt \right) dt_2 \cdots dt_n = 0 \qquad \blacksquare$$

定理 B.12 (**Rademacher の定理**)　$f \in \text{Lip}_{loc}(\mathbb{R}^n)$ ならば, 次が成り立つ.

$$f(x+h) = f(x) + \langle Df(x), h \rangle + o(|h|) \quad (\forall h \to 0) \quad \text{a.e. in } \mathbb{R}^n$$

証明　注意 B.1 により, $f \in \text{Lip}(\mathbb{R}^n)$ と仮定してよい. まず, 命題 B.11 より, $\frac{\partial f}{\partial x_k}(x)(k = 1, 2, \ldots, n)$ は, ほとんどすべての $x \in \mathbb{R}^n$ で存在する.

任意の $\phi \in C_0^\infty(\mathbb{R}^n)$ と $\xi \in \partial B_1$ に対し, 次のように計算できる.

$$\int_{\mathbb{R}^n} \frac{f(x + t\xi) - f(x)}{t} \phi(x) dx = - \int_{\mathbb{R}^n} f(x) \frac{\phi(x) - \phi(x - t\xi)}{t} dx$$

左辺の積分の中身を $\{\cdots\}$ とおくと, $|\{\cdots\}| \leq \|f\|_{\text{Lip}} |\xi| |\phi(x)|$ なので, 積分可能である. 故に, ルベーグの収束定理より, 左辺の $t \to 0$ の極限は積分の中に入って, 命題 B.11 より,

$$\int_{\mathbb{R}^n} \frac{\partial f}{\partial \xi}(x) \phi(x) dx = - \sum_{j=1}^n \int_{\mathbb{R}^n} f(x) \frac{\partial \phi}{\partial x_j}(x) \xi_j dx \tag{B.5}$$

となる. 特に, 各 $j \in \{1, 2, \ldots, n\}$ に対し, ξ を j 成分が 1 で他が 0 とすると, 次の部分積分の公式が成り立つ.

$$\int_{\mathbb{R}^n} \frac{\partial f}{\partial x_j}(x) \phi(x) dx = - \int_{\mathbb{R}^n} f(x) \frac{\partial \phi}{\partial x_j}(x) dx$$

よって, (B.5) の右辺を部分積分すると

$$\text{右辺} = \int \langle Df(x), \xi \rangle \phi(x) dx$$

となる．ϕ は任意なので，

$$A_\xi = \left\{ x \in \mathbb{R}^n \ \middle|\ \frac{\partial f}{\partial \xi}(x) = \langle Df(x),\, \xi \rangle \right\}$$

とおくと，$|A_\xi^c| = 0$ になる．

次に，$\{\eta_k\}_{k \in \mathbb{N}} \subset \partial B_1$ を ∂B_1 の稠密な集合とする．$A := \bigcap_{k \in \mathbb{N}} A_{\eta_k}$ とおくと，$|A^c| = 0$ になる．

最後に，f は $x \in A$ で微分可能であることを示す．

$\mathbb{R}_0 := \mathbb{R} \setminus \{0\}$ とおき，$Q : A \times \partial B_1 \times \mathbb{R}_0 \to \mathbb{R}$ を次のように定義する．

$$Q(x, \xi, t) := \frac{f(x + t\xi) - f(x)}{t} - \langle Df(x),\, \xi \rangle \quad ((x, \xi, t) \in A \times \partial B_1 \times \mathbb{R}_0)$$

$x \in A$, $\xi, \xi' \in \partial B_1$, $t \in \mathbb{R}_0$ に対し，次の不等式が成り立つ．

$$\begin{aligned} |Q(x, \xi, t) - Q(x, \xi', t)| &\leq \|f\|_{\mathrm{Lip}} |\xi - \xi'| + |\langle Df(x),\, \xi - \xi' \rangle| \\ &\leq (1 + \sqrt{n}) \|f\|_{\mathrm{Lip}} |\xi - \xi'| \end{aligned} \tag{B.6}$$

任意の $\varepsilon > 0$ を固定する．次を満たす $N_0 \in \mathbb{N}$ と $\{\eta_{k_j}\}_{j=1}^{N_0} \subset \{\eta_k\}_{k=1}^{\infty}$ がある．

$$\begin{cases} \forall \xi \in \partial B_1 \text{に対し}, \exists j \in \{1,\, 2,\, \ldots,\, N_0\} \\ \text{s.t.} \quad |\xi - \eta_{k_j}| < \frac{\varepsilon}{2(1 + \sqrt{n}) \|f\|_{\mathrm{Lip}}} \end{cases}$$

$\lim_{t \to 0} Q(x, \eta_k, t) = 0$ $(k \in \mathbb{N})$ なので，$0 < |t| < \delta$ ならば，

$$|Q(x, \eta_{k_j}, t)| < \frac{\varepsilon}{2} \quad (j = 1,\, 2,\, \ldots,\, N_0)$$

となる $\delta > 0$ がある．よって，(B.6) と合わせて，次の不等式を得る．

$$|Q(x, \xi, t)| < \varepsilon \quad (0 < |t| < \delta)$$

$y \neq x$ に対し，$\xi := \frac{y - x}{|y - x|}$, $t := |y - x|$ とおけば，次の式が成り立ち証明が終わる．

$$f(y) - f(x) - \langle Df(x),\, y - x \rangle = f(x + t\xi) - f(x) - t \langle Df(x),\, \xi \rangle = o(t) \quad \blacksquare$$

B.2 弱逆関数定理

逆関数定理は通常 C^1 関数に対して示すが,考えている 1 点で微分可能なだけで,どのような結論が得られるかを述べておく.これは,次の節の「Aleksandrov の定理 A.3 の証明」に必要である.

定理 B.13　連続関数 $G : \mathbb{R}^n \to \mathbb{R}^n$ が 0 で微分可能,かつ $\det DG(0) \neq 0$, $G(0) = 0$ を仮定する.次を満たす $r_0 > 0$ がある ($\beta := \frac{1}{2\|DG(0)^{-1}\|}$ とおく).

$$\begin{cases} (1) & \text{任意の } y \in \overline{B}_{\beta r_0} \text{ に対し, } G(x) = y \text{ となる } x \in \overline{B}_{r_0} \text{ がある.} \\ (2) & G(x) = y \text{ を満たす任意の } (x, y) \in \overline{B}_{r_0} \times \overline{B}_{\beta r_0} \text{ は次を満たす.} \\ & \beta|x| \leq |y| \leq (\beta + \|DG(0)\|)|x| \end{cases}$$

証明　$A := DG(0) \in M^n$ とおく.
G は $0 \in \mathbb{R}^n$ で微分可能なので,次を満たす $r_0 > 0$ がある.

$$\text{任意の } x \in \overline{B}_{r_0} \Rightarrow |G(x) - Ax| \leq \beta|x|$$

任意の $y \in \overline{B}_{\beta r_0}$ に対し,写像 $\Phi_y : B_{r_0} \to \mathbb{R}^n$ を次のように定める.

$$\Phi_y(x) := x - A^{-1}(G(x) - y)$$

$x \in \overline{B}_{r_0}$ が Φ_y の不動点,すなわち,$\Phi_y(x) = x$ であることと,$G(x) = y$ であることは同値であることに注意する.

$$\Phi_y(x) = x - A^{-1}(G(x) - y) = A^{-1}(-G(x) + Ax) + A^{-1}y$$

に注意して,次のように変形する.

$$|\Phi_y(x)| \leq \|A^{-1}\|\{|G(x) - Ax| + |y|\} \leq \frac{1}{2}|x| + \|A^{-1}\| \cdot |y| \leq r_0$$

よって,$\Phi_y : \overline{B}_{r_0} \to \overline{B}_{r_0}$ は連続なので,Brouwer の不動点定理 ([13, 5] 参照) より Φ_y は不動点 $x \in \overline{B}_{r_0}$ がある.つまり,任意の $y \in \overline{B}_{\beta r_0}$ に対し,$G(x) = y$ となる $x \in \overline{B}_{r_0}$ が存在する.故に,(1) が成り立つ.

次に, $(x,y) \in \overline{B}_{r_0} \times \overline{B}_{\beta r_0}$ が $G(x) = y$ を満たすとする. 上の不等式, $|\Phi_y(x)| \leq \frac{1}{2}|x| + \|A^{-1}\| \cdot |y|$ と $x = \Phi_y(x)$ を合わせて,

$$\frac{1}{2}|x| \leq \|A^{-1}\| \cdot |y|$$

となる. よって, (2) の前半の不等式を得る. さらに, $|y| \leq |G(x) - Ax| + |Ax| \leq (\beta + \|A\|)|x|$ となるので (2) の後半も導かれる. ■

B.3　Aleksandrovの定理

凸関数が局所 Lipschitz 連続であることを示す.

定理 B.14　$f : \mathbb{R}^n \to \mathbb{R}$ を凸関数とする. 任意の有界閉集合 $K \subset \mathbb{R}^n$ に対し, 次を満たす $\hat{L} = \hat{L}(K, f) > 0$ が存在する.

$$|f(x) - f(y)| \leq \hat{L}|x - y| \quad (\forall x, y \in K)$$

証明　まず, $f \in L^\infty_{loc}(\mathbb{R}^n)$ を示そう.
Step 1　次の値 L_0 が有限値であることを示す.

$$L_0 := \sup_{x \in K} f(x)$$

次を満たす $\{x_1, x_2, \ldots, x_m\} \subset \mathbb{R}^n$ がある.

$$K \subset Conv\{x_1, \ldots, x_m\} := \left\{ \sum_{j=1}^m \lambda_j x_j \,\middle|\, 0 \leq \lambda_j \leq 1, \sum_{j=1}^m \lambda_j = 1 \right\}$$

実際, 例えば, K を含む直方体の頂点を x_j とすれば, $m = 2^n$ で成り立つ (もっと少ない m でも成立することに注意せよ). よって, 任意の $x \in K$ に対し, 次を満たす $\lambda_j \in [0, 1]$ $(j \in \{1, 2, \ldots, m\})$ がある.

$$\sum_{j=1}^m \lambda_j = 1, \quad x = \sum_{j=1}^m \lambda_j x_j$$

故に,次の不等式を得る.

$$f(x) \leq \sum_{j=1}^m \lambda_j f(x_j) \leq \max\{|f(x_j)| \mid j = 1, 2, \ldots, m\} < \infty$$

Step 2　次の値 $L_0' := L_0'(K, f)$ が有限であることを示す.

$$L_0' := \inf_{x \in K} f(x)$$

まず,$K \subset \overline{B}_R$ となる,$R > 0$ を固定する.Step 1 により,$L_1 := \sup_{\overline{B}_R} f < \infty$ となる.任意の $x \in K$ を固定すると,$-x \in \overline{B}_R$ なので次の不等式が成り立つ.

$$2f(0) \leq f(x) + f(-x)$$

よって,$f(x) \geq 2f(0) - L_1 > -\infty$ が導かれる.故に,$f \in L_{loc}^\infty(\mathbb{R}^n)$ が示せた.

Step 3　$f(x) - f(y) \leq \hat{L}|x-y|$ ($\forall x, y \in K$) となる $\hat{L} > 0$ があることを示せばよい.Step 2 で選んだ $R > 0$ に対し,$L_2 := \sup_{\overline{B}_{2R}}|f|$ とおく.Step 1 と 2 より,$L_2 < \infty$ である.$x, y \in K$ に対し,$z \in \partial B_{2R}$ を

$$x = \frac{|x-z|}{|y-z|}y + \frac{|x-y|}{|y-z|}z$$

が満たすように選ぶ($z = y + t(x-y)$ となる $t > 1$ が存在するようにする).つまり,x が線分 yz 上にあるようになっている.故に,

$$f(x) \leq \left(1 - \frac{|x-y|}{|y-z|}\right) f(y) + \frac{|x-y|}{|y-z|} f(z)$$

なので,$|y-z| \geq R$ に注意すると,次の不等式が成り立つ.故に,$\hat{L} := \frac{2L_2}{R}$ とおけばよい.

$$f(x) - f(y) \leq 2L_2 \frac{|x-y|}{|y-z|} \leq \frac{2L_2}{R}|x-y| = \hat{L}|x-y| \qquad \blacksquare$$

次に,関数の劣微分を導入する.

B.3 Aleksandrovの定理

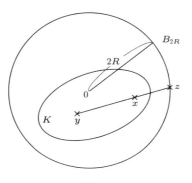

図 B.2

定義 B.3 $\phi : \mathbb{R}^n \to \mathbb{R}$ と $x \in \mathbb{R}^n$ に対し，**劣微分** $\partial \phi(x)$ を次で定義する．

$$\partial \phi(x) := \{p \in \mathbb{R}^n \mid \phi(y) \geq \phi(x) + \langle p, y-x \rangle \ (\forall y \in \mathbb{R}^n)\}$$

まず簡単な性質を演習で与えておく．

〖演習 B.7〗 $\phi : \mathbb{R}^n \to \mathbb{R}$ が凸関数とする．ϕ が $x \in \mathbb{R}^n$ で一階微分可能ならば，$\partial \phi(x) = \{D\phi(x)\}$ となることを示せ．

次の命題は，Hahn-Banach の定理の幾何版を用いて証明したテキストが多いが，ここでは別証明を与える．

命題 B.15 $\phi : \mathbb{R}^n \to \mathbb{R}$ が凸ならば，任意の $x \in \mathbb{R}^n$ に対し，$\partial \phi(x) \neq \emptyset$ となる．

証明 $x \in \mathbb{R}^n$ を固定する．軟化子 $\rho_m \in C_0^\infty(\mathbb{R}^n)$ を用いて，$\phi_m := \phi * \rho_m$ とおく．上の演習 B.7 より，次の不等式が成り立つ．

$$\phi_m(y) \leq \phi_m(x) + \langle D\phi_m(x), y-x \rangle \quad (\forall y \in \mathbb{R}^n) \tag{B.7}$$

定理 B.14 により，ϕ は局所 Lipschitz 連続なので，次を満たす $L_0 > 0$ がある．

$$|\phi(x+y) - \phi(x+y')| \leq L_0 |y - y'| \quad (y, y' \in B_1)$$

よって，$h \in B_1$ に対し，$|\phi_m(x+h) - \phi_m(x)| \leq L_0 |h|$ が成り立つから，$|D\phi_m(x)| \leq L_0$ となる．故に，部分列 $\{m_j\}_{j=1}^\infty$ と $p \in \overline{B}_{L_0}$ で次の性質を満

たすものがある.
$$\lim_{j \to \infty} D\phi_{m_j}(x) = p$$
(B.7) で $m = m_j$ として, $j \to \infty$ とすればよい. ∎

Aleksandrov の定理 A.3 の証明

まず, 後で使う変数変換の不等式を述べる. 証明は, Aleksandrov の定理の証明の後にする. より詳しい面積公式は, 例えば [10] の 96 ページを参照せよ.

定理 B.16 (変数変換)　$f_k \in \mathrm{Lip}_{loc}(\mathbb{R}^n)$ $(k = 1, 2, \ldots, n)$ に対し, $f = (f_1, \ldots, f_n)$ とおく. 任意の $A \subset \mathbb{R}^n$ に対し, 次の不等式が成り立つ.
$$|f(A)| \leq \int_A |\det Df(x)| dx$$

凸関数 $\phi : \mathbb{R}^n \to \mathbb{R}$ は, 局所 Lipschitz 連続関数なので (定理 B.14)
$$N_1 := \{x \in \mathbb{R}^n \mid \phi \text{ が } x \text{ で微分可能でない}\}$$
とおくと, $|N_1| = 0$ である (定理 B.12). $F_1 := \mathbb{R}^n \setminus N_1$ と定める.

$x \in \mathbb{R}^n$ に対し, $g(x) \subset \mathbb{R}^n$ を次で定義する.
$$g(x) := (I + \partial\phi)^{-1}(x)$$
つまり, $\xi \in g(x)$ とすると, $x - \xi \in \partial\phi(\xi)$ なので, 次の不等式が成立する.
$$\phi(y) \geq \phi(\xi) + \langle x - \xi, y - \xi \rangle \quad (\forall y \in \mathbb{R}^n)$$

g が Lipschitz 連続関数になることを示す.

補題 B.17　g は一価写像で $g(\mathbb{R}^n) = \mathbb{R}^n$ であり, かつ次の不等式を満たす.
$$|g(x) - g(x')| \leq |x - x'| \quad (\forall x, x' \in \mathbb{R}^n)$$

証明　まず, g が一価であることを示す. $x \in \mathbb{R}^n$ に対し, $\xi_k \in g(x)$ $(k = 1, 2)$ ならば次の不等式を満たす.
$$\phi(y) \geq \phi(\xi_k) + \langle x - \xi_k, y - \xi_k \rangle \quad (\forall y \in \mathbb{R}^n)$$

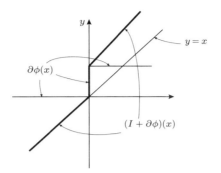

図 B.3

$k=1$ の時, $y=\xi_2$ とおき, $k=2$ の時, $y=\xi_1$ とおくと

$$\begin{cases} \phi(\xi_2) \geq \phi(\xi_1) + \langle x-\xi_1, \xi_2-\xi_1 \rangle \\ \phi(\xi_1) \geq \phi(\xi_2) + \langle x-\xi_2, \xi_1-\xi_2 \rangle \end{cases}$$

となるので, 両辺の和をとると次の不等式が導かれる.

$$0 \geq \langle \xi_2-\xi_1, \xi_2-\xi_1 \rangle = |\xi_2-\xi_1|^2$$

よって, $\xi_1=\xi_2$ となる. つまり, $g(x)$ は一価関数である.

次に, 任意に $\xi \in \mathbb{R}^n$ を固定する. $\partial\phi(\xi) \neq \varnothing$ なので, $p \in \partial\phi(\xi)$ を一つ固定する. $x:=p+\xi$ とおくと, $x-\xi \in \partial\phi(\xi)$ となる. よって, $\xi \in (I+\partial\phi)^{-1}(x) = g(x)$ なので, $g(\mathbb{R}^n) = \mathbb{R}^n$ が示せた.

最後に, $x_k \in \mathbb{R}^n (k=1,2)$ に対し, $x_k - g(x_k) \in \partial\phi(g(x_k))$ なので

$$\phi(y) \geq \phi(g(x_k)) + \langle x_k - g(x_k), y - g(x_k) \rangle \quad (\forall y \in \mathbb{R}^n)$$

が成り立つ. $k=1$ の時, $y=g(x_2)$ とおき, $k=2$ の時, $y=g(x_1)$ とおくと次の不等式を得る.

$$\begin{cases} \phi(g(x_2)) \geq \phi(g(x_1)) + \langle x_1 - g(x_1), g(x_2) - g(x_1) \rangle \\ \phi(g(x_1)) \geq \phi(g(x_2)) + \langle x_2 - g(x_2), g(x_1) - g(x_2) \rangle \end{cases}$$

両辺の和をとり, 整理すると次式が導かれるので証明が終わる.

$$|g(x_1) - g(x_2)|^2 \leq |\langle x_2-x_1, g(x_1)-g(x_2) \rangle| \leq |x_1-x_2||g(x_1)-g(x_2)| \quad \blacksquare$$

さて，Aleksandrov の定理 A.3 の証明に入ろう．

ほとんどすべての $x \in \mathbb{R}^n$ に対し，次を満たす $A \in M^n$ があることを示す．

$$|D\phi(y) - D\phi(x) - A(y-x)| \le o(|y-x|) \quad (\forall y \in \mathbb{R}^n)$$

$D(g) := \{x \in \mathbb{R}^n \mid g \text{ が } x \text{ で微分可能}\}$ とすると，$|D(g)^c| = 0$ である．$R(g) := \{g(x) \in \mathbb{R}^n \mid x \in D(g)\}$ とおくと，$R(g)^c = g(D(g)^c)$ となので，$|R(g)^c| = 0$ となる (演習 1.9)．

$F_2 := \{g(x) \in \mathbb{R}^n \mid x \in D(g), \det Dg(x) \ne 0\}$ および，$\hat{D} := \{x \in D(g) \mid \det Dg(x) = 0\}$ とすると，定理 B.16 から次の不等式が成り立つ．

$$\int_{g(\hat{D})} 1 dy \le \int_{\hat{D}} |\det Dg(x)| dx = 0$$

故に，$|F_2^c| = 0$ となる．

$F_3 := F_1 \cap F_2$ とおくと，$|F_3^c| = 0$ となることに注意する．$g(x) \in F_3$ に対して，$(I + \partial\phi)(g(x)) = (I + D\phi)(g(x)) = x$ なので，

$$D\phi(g(x)) = x - g(x) \tag{B.8}$$

が成り立つ．$g(x) \in F_3$ ならば，$\det Dg(x) \ne 0$ である．$G(z) := g(x+z) - g(x)$ $(z \in \mathbb{R}^n)$ とおく．G に弱逆関数定理 B.13 を適用すると，次を満たす $r_k > 0$ $(k = 1, \ldots, 4)$ が存在する．

$$\begin{cases} 任意の y \in \overline{B}_{r_1} に対し, \exists z = z(y) \in \overline{B}_{r_2} \\ \text{s.t. } G(z) = y \text{ かつ } r_3|z| \le |y| \le r_4|z| \end{cases} \tag{B.9}$$

よって，$y \in \overline{B}_{r_1}$ が，$\underline{g(x) + y \in F_3 \text{ を満たせば}}$，$z \in \mathbb{R}^n$ で，$r_3|z| \le |y|$ かつ

$$D\phi(g(x) + y) = D\phi(g(x+z)) = x + z - g(x+z)$$

を満たすものがある．後半の等式は (B.8) による．g は x で微分可能だから，

$$g(x+z) - g(x) - Dg(x)z =: h(z)$$

B.3 Aleksandrov の定理

とおくと，$|h(z)| \leq |z|\omega_1(|z|)$ となる単調増加な $\omega_1 \in \mathcal{M}$ がある ($\omega \in \mathcal{M}$ に対し，$\omega_1(r) = \max\{\omega(s) \mid 0 \leq s \leq t\}$ ととればよい). 故に，(B.8) に注意して，

$$D\phi(g(x) + y) - D\phi(g(x)) - (I - Dg(x))z = -h(z)$$

を得る．一方，$g(x+z) - g(x) = y$ なので，$Dg(x)z + h(z) = y$ である．よって，

$$z := Dg(x)^{-1}(y - h(z))$$

を代入して，$b := D\phi(g(x)) \in \mathbb{R}^n$, $A := Dg(x)^{-1} - I \in M^n$ とおくと，

$$D\phi(g(x) + y) - b - Ay = -Dg(x)^{-1}h(z) =: \hat{h}(z)$$

が導かれる．さらに，次の不等式を満たす $C_1 > 0$ がある．

$$|\hat{h}(z)| \leq C_1|z|\omega_1(|z|) \leq \frac{C_1|y|}{r_3}\omega_1\left(\frac{|y|}{r_3}\right) =: |y|\omega_2(|y|)$$

$\left(\lim_{t \to 0}\omega_2(t) = 0 \text{ に注意せよ}\right)$ 故に，次の式が確かめられた．

$$|D\phi(g(x) + y) - b - Ay| \leq |y|\omega_2(|y|) \quad \text{a.e. in } B_{r_1} \tag{B.10}$$

次のように $\Phi : B_{\frac{r_1}{2}} \to \mathbb{R}$ を定める．

$$\Phi(y) := \phi(g(x) + y) - \phi(g(x)) - \langle b, y \rangle - \frac{1}{2}\langle Ay, y \rangle$$

Φ は半凸だから，ほとんどいたるところ一階微分可能である (定理 B.14).

$\varepsilon \in (0, \frac{r_1}{2})$ に対し，近似 $\Phi_\varepsilon(y) := \Phi * \rho_\varepsilon(y)$ を考えると，

$$\Phi_\varepsilon(y) = \int_{B_\varepsilon(y)} \rho_\varepsilon(y - \xi)\left\{\phi(g(x) + \xi) - \phi(g(x)) - \langle b, \xi \rangle - \frac{1}{2}\langle A\xi, \xi \rangle\right\}d\xi$$

であり，右辺は次のように変形できる．

$$\int_{B_\varepsilon(y)} \left[\rho_\varepsilon(y - \xi)\left\{\int_0^1 \langle D\phi(g(x) + t\xi) - b, \xi\rangle dt\right\} - \frac{1}{2}\langle A\xi, \xi \rangle\right]d\xi$$
$$= \int_{B_\varepsilon(y)} \rho_\varepsilon(y - \xi)\left\{\int_0^1 \left(t - \frac{1}{2}\right)\langle A\xi, \xi\rangle + \langle \hat{h}(z(t\xi)), \xi\rangle\right\}dt d\xi$$

右辺の積分内の第1項は0なので，$|\Phi_\varepsilon(y)| \leq \int_{B_\varepsilon} \rho_\varepsilon(y-\xi)|\xi|^2 \omega_2(|\xi|)d\xi$ となり，$\varepsilon \to 0$ とすると次の評価を得る．

$$|\Phi(y)| \leq |y|^2 \omega_2(|y|)$$

故に，ϕ は $F_1 \cap F_2$ で2階微分可能になる． ■

B.4 　変数変換の公式 (定理 B.16) の証明

次の Besicovitch の被覆定理から始める．以下，$B := B_r(x)$ と $a > 0$ に対し，次の簡略化した記号を用いる．

$$aB := B_{ar}(x)$$

また，$A \subset \mathbb{R}^n$ に対し，$\mathcal{H}^0(A)$ で A の元の個数を表わす．

定理 B.18 (**Besicovitch の被覆定理**) 　次の性質を満たす $N = N(n) \in \mathbb{N}$ がある．

『有界集合 $A \subset \mathbb{R}^n$ と $\{r(x) > 0 \mid x \in A\}$ が，$\sup\{r(x) > 0 \mid x \in A\} < \infty$ を満たせば，各 $i \in \{1, 2, \ldots, N\}$ に対し，

$$\begin{cases} (1) \ A \subset \bigcup_{i=1}^{N} \bigcup_{j=1} B_{r(x_j^i)}(x_j^i) \\ (2) \ \mathcal{B}_i := \{B_{r(x_j^i)}(x_j^i) \mid j = 1, 2, \ldots\} \text{ は互いに素} \end{cases}$$

を満たす高々可算個の $\{x_j^i\}_{j=1} \subset A$ が存在する．』

証明　Step 1　$a, b \in (0,1)$ と $\beta > 1$ は，後で決める．
$\alpha_1 := \sup\{r(x) \mid x \in A\} < \infty$ とおくと，次を満たす $x_1 \in A_1 := A$ がある．

$$a\alpha_1 < r(x_1) =: r_1$$

$B_1 := B_{r_1}(x_1)$ とおき，$\alpha_2 := \sup\{r(x) \mid x \in A_2 := A \setminus B_1\}$ とする．$k \geq 2$ に対して，帰納的に，次の性質を満たすような $x_k \in A_k := A \setminus \bigcup_{j=1}^{k-1} B_j$ が選べる．

$$r(x_k) > a\alpha_k := a \sup \{r(x) \mid x \in A_k\} \tag{B.11}$$

ただし，$r_j := r(x_j)$, $B_j := B_{r_j}(x_j)$ とする．

もし有限回で $A \setminus \bigcup_{j=1}^{k} B_j = \emptyset$ になったら，$B_{k+1} = B_{k+2} = \cdots =: \emptyset$ とする．

$A_{k+1} \subset A_k$ $(k \in \mathbb{N})$ なので，次の関係が成り立つことに注意する．

$$r_i > ar_j \quad (j > i) \tag{B.12}$$

$\{B_j\}_{j=1}$ は互いに素とは限らないが，b を次の関係を満たすくらい小さくとれば $\{bB_j\}_{j=1}$ は互いに素になっている．

$$b \leq \frac{a}{1+a} = 1 - \frac{1}{1+a} \tag{B.13}$$

実際，$j > i$ とすると，$x_j \in A_j \subset B_i^c$ なので，(B.12) を用いて

$$|x_i - x_j| \geq r_i = br_i + (1-b)r_i \geq br_i + (1-b)ar_j$$

となる．(B.13) により，右辺の方が $b(r_i + r_j)$ より大きいことがわかる．故に，bB_i と bB_j の中心間の距離が半径の和より大きいので共通部分は空になる．

補題 B.19 $\{B_j\}_{j=1}^{\infty}$ は A の被覆になる．

補題 B.19 の証明 $\{B_j\}_{j=1}$ が有限個の場合は，$A \setminus \bigcup_{j=1}^{k_0} B_j = \emptyset$ となる $k_0 \in \mathbb{N}$ がある．よって，$A \subset \bigcup_{j=1}^{k_0} B_j$ となる．以下，$B_k \neq \emptyset$ $(k \in \mathbb{N})$ とする．つまり，B_k の半径 r_k は正数である．

次の性質を背理法で示そう．

$$\lim_{k \to \infty} r_k = 0 \tag{B.14}$$

$\limsup_{k \to \infty} r_k =: 2\tau > 0$ とすると，部分列 r_{k_j} で $\lim_{j \to \infty} r_{k_j} = 2\tau$ となるものがある．よって，部分列を選び直して $r_{k_j} \geq \tau$ $(j \in \mathbb{N})$ と仮定できる．A は有界なので，次を満たす $R_1 > 0$ を選ぶ．

$$A \subset B_{R_1}$$

次の性質を満たす, $J \in \mathbb{N}$ が存在することを示そう.

$$bB_{k_J} \setminus B_{R_1+\alpha_1} \neq \varnothing$$

もし, このような $J \in \mathbb{N}$ がないとすると,

$$bB_{k_j} \subset B_{R_1+\alpha_1} \quad (j \in \mathbb{N})$$

となり, $\{bB_{k_j}\}$ は互いに素なので, 次の不等式を得る.

$$\sum_{j=1}^{\infty} |bB_{k_j}| \leq |B_{R_1+\alpha_1}| < \infty$$

しかし, $|bB_{k_j}| \geq (br_{k_j})^n |B_1| \geq (b\tau)^n |B_1|$ であり, 左辺は無限大になり矛盾する. $y_0 \in bB_{k_J} \setminus B_{R_1+\alpha_1}$ をとると,

$$|x_{k_J}| \geq |y_0| - |y_0 - x_{k_J}| \geq R_1 + \alpha_1 - br_{k_J} \geq R_1$$

であり, $A \subset B_{R_1}$ に矛盾する. 故に, (B.14) が示せた.

さて, $x \in A \setminus \bigcup_{j=1}^{\infty} B_j$ が存在したとする. 任意の $k \in \mathbb{N}$ に対し, $x \in A_{k+1} = A \setminus \bigcup_{j=1}^{k} B_j$ となるので, (B.12) より,

$$r(x) \leq \alpha_{k+1} < \frac{r_{k+1}}{a}$$

が成り立つ. (B.14) から, $r(x) = 0$ が導かれ, 矛盾を得る.

<u>Step 2</u>　以降, しばらくの間, $k > 1$ を固定する. 次に, B_k と交わる球 B_j で $j < k$ となる番号をすべて集めて,

$$I = I_k := \{j \in \mathbb{N} \mid 1 \leq j < k, B_j \cap B_k \neq \varnothing\}$$

で表す. さらに, そのような B_j で, B_k の中心から "あまり" 離れていない番号を

$$K = K_k := \{j \in I \mid r_j \leq \beta r_k\}$$

とおく. ただし, $\beta > 1$ は次の不等式を満たすとする.

$$\beta > 2 \tag{B.15}$$

B.4 変数変換の公式 (定理 B.16) の証明

まず, K の個数が次のように評価できることを示そう.

$$\mathcal{H}^0(K) \leq \left(\frac{(b+1)\beta + 1}{ab}\right)^n \tag{B.16}$$

$j \in K$ を固定し, $x \in bB_j$ に対して次の不等式を得る.

$$|x - x_k| \leq |x - x_j| + |x_j - x_k| \leq br_j + |x_j - x_k|$$

$z \in B_j \cap B_k$ とすると, $j \in K$ なので $r_j \leq \beta r_k$ に注意すると,

$$|x - x_k| \leq br_j + |x_j - z| + |z - x_k| \leq (b+1)r_j + r_k \leq \{(b+1)\beta + 1\}r_k$$

が導かれる. よって, 次の包含関係が成り立つ.

$$\bigcup_{j \in K} bB_j \subset \{(b+1)\beta + 1\}B_k$$

よって, bB_j は互いに素なので,

$$b^n |B_1| \sum_{j \in K} r_j^n = \sum_{j \in K} |bB_j| \leq \{(b+1)\beta + 1\}^n r_k^n |B_1|$$

となる. (B.12) より, $ar_k \leq r_j$ に注意すると, (B.16) が導かれる.

次に, $I \setminus K$ の個数を評価しよう. $i, j \in I \setminus K$ ($i \neq j$) に対し, x_k を中心に, x_i と x_j のなす角度を $\theta \in [0, \pi]$ とする (3点が作る2次元平面の角度).

具体的に, θ は次で与えられる.

$$\cos\theta := \frac{|x_i - x_k|^2 + |x_j - x_k|^2 - |x_i - x_j|^2}{2|x_i - x_k||x_j - x_k|}$$

以降, (B.15) に加え, 次の関係式を仮定する.

$$2a > 1 + \frac{1}{\beta} \tag{B.17}$$

補題 B.20 $\cos\theta \leq \max\left\{\frac{1}{2} + \frac{1}{\beta}, \frac{4a + 2a\beta + \beta + 1}{4a(1+\beta)}\right\}$ が成り立つ.

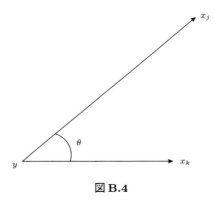

図 B.4

注意 B.2 この右辺の $\max\{\cdots\}$ の第1項は，(B.15) より，第2項は (B.17) より，1未満である．故に，この補題から，次を満たす $\theta_0 \in (0, \pi]$ が存在する．

$$\theta \geq \theta_0 \tag{B.18}$$

補題 B.20 の証明 まず，$i, j \in I \setminus K$ $(i \neq j)$ をとる．つまり，(B.12) より強い次の不等式が成り立つ．

$$\beta r_k < r_i, \quad \beta r_k < r_j \tag{B.19}$$

以降，次の関係式を仮定して証明する．

$$|x_i - x_k| \leq |x_j - x_k|$$

逆の不等式が成り立つ場合も i, j の役割を入れ替えて証明すればよい．

さらに，$|x_i - x_j| \geq |x_j - x_k|$ の場合を考える．$\cos\theta$ の定義から，

$$\cos\theta \leq \frac{|x_i - x_k|^2}{2|x_i - x_k||x_j - x_k|} = \frac{|x_i - x_k|}{2|x_j - x_k|} \leq \frac{1}{2} < \frac{1}{\beta}$$

となり，補題 B.20 が示せた．

$|x_i - x_j| < |x_j - x_k|$ かつ，$x_i \notin B_j$ の場合に示そう．$|x_i - x_j| \geq r_j$ なので，$\cos\theta$ は次のように変形できる．

B.4 変数変換の公式 (定理 B.16) の証明

$$\begin{aligned}\cos\theta &= \frac{|x_i - x_k|}{2|x_j - x_k|} + \frac{(|x_j - x_k| + |x_i - x_j|)(|x_j - x_k| - |x_i - x_j|)}{2|x_i - x_k||x_j - x_k|}\\ &< \frac{1}{2} + \frac{2|x_j - x_k|(|x_j - x_k| - |x_i - x_j|)}{2|x_i - x_k||x_j - x_k|}\\ &= \frac{1}{2} + \frac{|x_j - x_k| - |x_i - x_j|}{|x_i - x_k|}\\ &\leq \frac{1}{2} + \frac{|x_j - x_k| - r_j}{|x_i - x_k|}\end{aligned}$$

$x_k \notin B_i$ (つまり, $|x_i - x_k| \geq r_i$) と, $B_j \cap B_k \neq \emptyset$ (つまり, $z \in B_j \cap B_k$ をとると, $|x_j - x_k| \leq |x_j - z| + |z - x_k| < r_j + r_k$) より,

$$\cos\theta < \frac{1}{2} + \frac{r_k}{r_i} < \frac{1}{2} + \frac{1}{\beta}$$

となり, 補題 B.20 が示せた.

残るのは, $|x_i - x_j| < |x_j - x_k|$ かつ, $x_i \in B_j$ の場合である. 自動的に, $i < j$ となるので, $x_j \notin B_i$ (つまり, $|x_i - x_j| \geq r_i$) である. 三角不等式より,

$$0 \leq |x_i - x_j| + |x_i - x_k| - |x_j - x_k|$$

を得る. $|x_j - x_k| \geq |x_i - x_k|$ の場合を考えていたので,

$$1 \leq \frac{|x_i - x_j| + |x_j - x_k| - |x_i - x_k|}{|x_i - x_j|} =: \gamma$$

に注意して, 次の不等式が成り立つ.

$$\begin{aligned}0 &\leq \frac{|x_i - x_j| + |x_i - x_k| - |x_j - x_k|}{|x_j - x_k|} \times \gamma\\ &= \frac{|x_i - x_j|^2 - (|x_i - x_k| - |x_j - x_k|)^2}{|x_j - x_k||x_i - x_j|}\\ &= \frac{2|x_i - x_k|(1 - \cos\theta)}{|x_i - x_j|}\\ &\leq \frac{2}{r_i}|x_i - x_k|(1 - \cos\theta)\end{aligned}$$

$B_i \cap B_k \neq \emptyset$ より, $|x_i - x_k| \leq r_i + r_k$ であり, (B.19) より,

$$\frac{|x_i - x_j| + |x_i - x_k| - |x_j - x_k|}{|x_j - x_k|} \times \gamma \leq 2\left(1 + \frac{1}{\beta}\right)(1 - \cos\theta)$$

となる．故に，$\gamma \geq 1$ に注意して，次の評価を得る．

$$|x_i - x_j| + |x_i - x_k| - |x_j - x_k| \leq 2\left(1 + \frac{1}{\beta}\right)|x_j - x_k|(1 - \cos\theta) \quad \text{(B.20)}$$

一方，左辺を下から評価していく．$i < j$ を思い出すと，$r_i > ar_j$ であり，$x_j, x_k \notin B_i$ と $B_j \cap B_k \neq \emptyset$ を用いると，任意の $\lambda \in (0,1)$ に対し，

$$\begin{aligned}|x_i - x_j| + |x_i - x_k| - |x_j - x_k| &\geq r_i + r_i - r_j - r_k \\ &> \left(2a - 1 - \frac{1}{\beta}\right)r_j \\ &> \left(2a - 1 - \frac{1}{\beta}\right)\{\lambda r_j + (1-\lambda)\beta r_k\}\end{aligned}$$

となる．$\lambda := \dfrac{\beta}{1+\beta}$ とおけば，$\lambda = (1-\lambda)\beta$ であり，

$$|x_i - x_j| + |x_i - x_k| - |x_j - x_k| > \frac{(2a-1)\beta - 1}{1+\beta}|x_j - x_k|$$

を得る．(B.20) と合わせて，(B.17) より

$$\frac{(2a-1)\beta - 1}{1+\beta} < 2\left(1 + \frac{1}{\beta}\right)(1 - \cos\theta) < 4a(1 - \cos\theta)$$

が成り立つ．変形して，次の不等式を得るので補題 B.20 が示せた．

$$\cos\theta < \frac{4a + 2a\beta + \beta + 1}{4a(1+\beta)} \qquad \blacksquare$$

<u>Step 4</u>　x_k 中心の単位球を $\hat{B} := \frac{1}{r_k}B_k$ とおく．$x \in \partial\hat{B}$ に対し，$y, z \in B_{r_0}(x)$ ならば，$y - x_k$ と $z - x_k$ がなす角 θ は次で与えられる．

$$\cos\theta = \frac{|y - x_k|^2 + |z - x_k|^2 - |z - y|^2}{2|y - x_k||z - x_k|}$$

よって，次の不等式を満たす，十分小さい $r_0 \in (0,1)$ を固定する．

$$\cos\theta \geq \frac{(1-r_0)^2 - 4r_0^2}{(1+r_0)^2} > \cos\theta_0$$

ただし，θ_0 は，(B.18) に現れた正数である．$L = L(n) > 0$ を次のように定める．

$$L := \min\left\{ k \in \mathbb{N} \;\middle|\; \exists y_1, \ldots, y_k \in \partial \hat{B} \text{ s.t. } \partial \hat{B} \subset \bigcup_{j=1}^{k} B_{r_0}(y_j) \right\}$$

よって，次の性質を満たす $y_1, \ldots, y_L \in \partial \hat{B}$ が選べる．

$$\partial \hat{B} \subset \bigcup_{j=1}^{L} B_{r_0}(y_j)$$

よって，x_k を頂点とする円錐を $C_j := \{x_k + ty \mid t \geq 0, y \in B_{r_0}(y_j)\}$ とおくと，

$$B_k \subset \bigcup_{j=1}^{L} C_j$$

が成り立つ．$i, j \in I \setminus K$ ($i \neq j$) ならば，$x_i - x_k$ と $x_j - x_k$ のなす角は，θ_0 以上なので，$x_i \in C_\ell$ とすると，$x_j \notin C_\ell$ となるので，$\mathcal{H}^0(I \setminus K) \leq L$ となる．故に，(B.16) と合わせて，I の個数の評価を得る (右辺は $k > 1$ に依存しないことに注意せよ)．

$$\mathcal{H}^0(I) \leq \left(\frac{(b+1)\beta + 1}{ab}\right)^n + L \tag{B.21}$$

この右辺より大きい自然数 N を一つ定める．

Step 5　$j_1^1 := 1$ とし，$j_1^1, \ldots, j_k^1$ まで決めたら，

$$j_{k+1}^1 := \min\left\{ j \geq j_k^1 \;\middle|\; B_j \cap \bigcup_{\ell=1}^{k} B_{j_\ell^1} = \varnothing \right\}$$

とおく．もし，j_{k+1}^1 の定義の右辺の条件を満たす j がなければ，この手続きを止める．$N_1 \in \mathbb{N} \cup \{\infty\}$ を j_k^1 を選べた個数 (無限個も含む) とする．ここで，$\mathcal{B}_1 := \{B_{j_\ell^1}\}_{\ell=1}^{N_1}, I_1 := \{j_\ell^1 \in \mathbb{N} \mid \ell = 1, 2, \ldots\}$ とおくと，定め方から，$\mathcal{B}_1$ の球は互いに素である．$\mathbb{N} = I_1$ ならば，ここで証明が終わる．

$j_1^2 := \min\{j \in \mathbb{N} \setminus I_1\}$ とする. $j_1^2, \ldots, j_k^2$ まで決まったら,

$$j_{k+1}^2 := \min\left\{ j \geq j_k^2 \;\middle|\; B_j \cap \bigcup_{\ell=1}^k B_{j_\ell^2} = \varnothing \right\}$$

もし, j_{k+1}^2 の定義の右辺の条件を満たす j がなければ, そこでこの手続きを止める. ここで, $\mathcal{B}_2 := \{B_{j_\ell^2}\}_{\ell=1}, I_2 := \{j_\ell^2 \mid \ell = 1, 2, \ldots\}$ とおく.

同様に続けると, $\mathbb{N} = \bigcup_{i=1}^N I_i$ となる. なぜなら, 以上の構成方法から, $k \in \mathbb{N} \setminus \bigcup_{i=1}^N I_i$ ならば, B_k は $\mathcal{B}_1, \ldots, \mathcal{B}_N$ に少なくとも一つずつ共通部分が空集合でない球があり, 矛盾が導かれた. ∎

注意 B.3 例えば, $\beta = 3$ とすると, $a = \frac{3}{4}$, $b = \frac{1}{3}$ とおけば, (B.13), (B.17) が成り立つ.

さらに, 定理 B.16 の証明に使う定理 B.18 の系を述べる.

系 B.21 $A \subset \mathbb{R}^n$ が有界で, $\mathcal{B} \subset \{B_r(x) \mid x \in A, r > 0\}$ が, 任意の $x \in A$ に対し, $\inf\{r > 0 \mid B_r(x) \in \mathcal{B}\} = 0$ を満たすとする. 任意の開集合 $U \subset \mathbb{R}^n$ に対し, 高々可算で互いに素な $\mathcal{B}$ の部分集合 $\mathcal{B}_0$ で次を満たすものが存在する

$$\bigcup_{B \in \mathcal{B}_0} B \subset U, \quad \left| A \cap U \setminus \bigcup_{B \in \mathcal{B}_0} B \right| = 0$$

証明 $N \in \mathbb{N}$ を定理 B.18 のものとし, $\theta \in (1 - \frac{1}{N}, 1)$ を固定する.
まず, 次の性質を満たす $M_1 \in \mathbb{N}$ が存在することを示そう.

$$B_i \cap B_j = \varnothing \ (1 \leq i < j \leq M_1), \quad \left| A \cap U - \bigcup_{i=1}^{M_1} \overline{B_i} \right| \leq \theta |A \cap U| \tag{B.22}$$

$|A \cap U| = 0$ の時は明らかなので, $|A \cap U| > 0$ とする.
$\hat{\mathcal{B}}_1 := \{B \in \mathcal{B} \mid \operatorname{diam} B \leq 1, B \subset U\}$ とおく. 定理 B.18 より, この $\hat{\mathcal{B}}_1$ に対し, 互いに素な $\mathcal{B}_1, \ldots, \mathcal{B}_N \subset \hat{\mathcal{B}}_1$ で

$$A \cap U \subset \bigcup_{i=1}^N \bigcup_{B \in \mathcal{B}_i} B$$

B.4 変数変換の公式 (定理 B.16) の証明

を満たすものがある.よって次の不等式が成り立つ.

$$|A \cap U| \leq \sum_{i=1}^{N} \left| A \cap U \cap \bigcup_{B \in \mathcal{B}_i} B \right|$$

故に,次の不等式を満たす $i_0 \in \{1, \ldots, N\}$ がある.

$$(1-\theta)|A \cap U| < \frac{1}{N}|A \cap U| \leq \left| A \cap U \cap \bigcup_{B \in \mathcal{B}_{i_0}} B \right|$$

簡単のため, $i_0 = 1$ とする.よって,次を満たす $M_1 \in \mathbb{N}$ がある.

$$(1-\theta)|A \cap U| < \left| A \cap U \cap \bigcup_{j=1}^{M_1} B_j^1 \right| = \left| A \cap U \cap \bigcup_{j=1}^{M_1} \overline{B_j^1} \right|$$

このようにして,(B.22) が導かれた.

開集合 $U_2 := U - \bigcup_{j=1}^{M_1} \overline{B_j^1}$ に対し,

$$\left| A \cap U_2 - \bigcup_{j=1}^{M_2} \overline{B_j^2} \right| \leq \theta |A \cap U_2| \leq \theta^2 |A \cap U|$$

となる,互いに素な $B_1^2, \ldots, B_{M_2}^2 \subset U_2$ かつ,$\mathrm{diam}(B_j^2) \leq 1 (j = 1, \ldots, M_2)$ がある.これを繰り返し,互いに素な $\{B_j^k\}_{j=1}^{M_k}$ を並べ替えると,$k \in \mathbb{N}$ に対し,

$$\left| A \cap U - \bigcup_{j=1}^{M_k} B_j \right| \leq \theta^k |A \cap U|$$

となる,$M_1 < M_2 < \cdots$ がある.故に証明が終わる. ■

次に定理 B.16 を証明するための補題の準備になる命題を示そう.

<u>命題 B.22</u>　$f : \mathbb{R}^n \to \mathbb{R}^n$ が $a \in \mathbb{R}^n$ で微分可能で,$|\det Df(a)| \leq M$ を満たすならば,任意の $\varepsilon > 0$ に対し,次の不等式が成り立つ $r_\varepsilon = r_\varepsilon(a) > 0$ がある.

$$|f(B_r(a))| \leq (M + \varepsilon)|B_r(a)| \quad (0 < r \leq r_\varepsilon)$$

証明 $\hat{f}(x) := f(a+x) - f(a)$ とおくと，$\hat{f}(0) = 0$ なので，最初から $a = 0$，$f(0) = 0$ と仮定してよい．$A := Df(0)$ と書き，次を満たす $\omega_0 \in \mathcal{M}$ を選ぶ．

$$|f(x) - Ax| \leq |x|\omega_0(|x|)$$

$\omega(r) := \max\{\omega_0(t) \mid 0 \leq t \leq r\}$ とおけば，単調増加になる．

$|AB_r| = |\det A| \cdot |B_r|$ に注意する．また，$|x| \leq r$ ならば，$|f(x) - Ax| \leq r\omega(r)$ となるので，次の包含関係が成り立つ．

$$f(B_r) \subset \{Ax + y \mid x \in B_r, |y| \leq r\omega(r)\} =: U_r$$

ところで，$|U_r| = r^n |\{Ax + y \mid x \in B_1, |y| \leq \omega(r)\}|$ なので，$\lim_{r \to 0} \frac{1}{r^n}|U_r| = |AB_1| = |\det A| \cdot |B_1| \leq M|B_1|$．故に，任意の $\varepsilon > 0$ に対し，命題の結論を満たす $r_\varepsilon > 0$ が存在する． ■

次の補題は系 B.21 を用いた命題 B.22 の精密化である．

補題 B.23 $f_k \in \mathrm{Lip}_{loc}(\mathbb{R}^n)(k = 1, 2, \ldots, n)$ に対し，$f := (f_1, \ldots, f_n)$ および，$D(f) = \{x \in \mathbb{R}^n \mid f \text{ は } x \text{ で微分可能}\}$ とおく．$A \subset D(f)$ に対し，$M := \sup\{|\det Df(x)| \mid x \in A\}$ とすると，次の不等式が成り立つ．

$$|f(A)| \leq M|A|$$

証明 $M < \infty$ および，A が有界集合の時に示せばよい．任意の $\varepsilon > 0$ に対し，開集合 $U \subset \mathbb{R}^n$ を次のように選ぶ．

$$A \subset U, \quad |U| \leq |A| + \varepsilon$$

任意の $x \in A$ に対し，命題 B.22 の $r_\varepsilon(x) > 0$ を用いて，

$$\mathcal{A}(x) := \{B_r(x) \mid B_r(x) \subset U, 0 < r < r_\varepsilon(x)\}$$

とすると，$\mathcal{A}(x) \neq \varnothing$ かつ，$\inf\{r > 0 \mid B_r(x) \in \mathcal{A}(x)\} = 0$ が成り立つ．$\mathcal{A} := \bigcup_{x \in A} \mathcal{A}(x)$ とおくと系 B.21 より，

$$\left| \bigcup_{B_r(x) \in \mathcal{A}} B_r(x) \setminus \bigcup_{j=1}^{\infty} B_{r_j}(x_j) \right| = 0$$

B.4 変数変換の公式 (定理 B.16) の証明

となる互いに素な $B_{r_j}(x_j) \in \mathcal{A}(x_j)$ が存在する．$A_0 := \bigcup_{j=1}^{\infty} B_{r_j}(x_j)$, $A_1 := A \setminus A_0$ とする．f は A 上で Lipschitz 連続なので，$|f(A_1)| = 0$ となる (演習 1.9)．一方，次の不等式が導かれる．

$$|f(A_0)| \le \sum_{j=1}^{\infty} |f(B_{r_j}(x_j))| \le (M+\varepsilon) \sum_{j=1}^{\infty} |B_{r_j}(x_j)|$$
$$= (M+\varepsilon) \left| \bigcup_{j=1}^{\infty} B_{r_j}(x_j) \right| \le (M+\varepsilon)(|A|+\varepsilon)$$

故に，$|f(A)| \le (M+\varepsilon)(|A|+\varepsilon)$ であり，$\varepsilon \to 0$ として結論を得る． ■

<u>定理 B.16 の証明</u>

いつも通り，$A \subset \mathbb{R}^n$ は有界としてよい．さらに，$\hat{A} := \{x \in A \mid f \text{ は } x \text{ で微分可能}\}$ とおく．次のように $\hat{A}$ を分解する．

$$A_0 := \{x \in \hat{A} \mid \det Df(x) = 0\}, \quad A_{k,j} := \left\{ x \in \hat{A} \;\middle|\; \frac{j-1}{2^k} < |\det Df(x)| \le \frac{j}{2^k} \right\}$$

$\tilde{A} := A \setminus \hat{A}$ とすると，$|\tilde{A}| = 0$ なので $|f(\tilde{A})| = 0$．$A_k := \bigcup_{j=1}^{2^{2k}} A_{k,j}$ および，次のように g_k を決める．

$$g_k = \sum_{j=1}^{2^{2k}} \frac{j-1}{2^k} \chi_{A_{k,j}}$$

すると，次の関係が成り立つ．

$$0 \le g_k \le g_{k+1}, \quad \lim_{k \to \infty} g_k = |\det Df| \quad \text{in } \hat{A}$$

単調収束定理より，次式が導かれる．

$$\lim_{k \to \infty} \int_{\hat{A}} g_k dx = \int_{\hat{A}} |\det Df| dx$$

一方，補題 B.23 より，$|f(A_{k,j})| \le \frac{j}{2^k} |A_{k,j}|$ が成り立つので，

$$|f(A_k)| \le \sum_{j=1}^{2^{2k}} |f(A_{k,j})| \le \sum_{j=1}^{2^{2k}} \frac{j}{2^k} |A_{k,j}| = \frac{1}{2^k} \sum_{j=1}^{2^{2k}} |A_{k,j}| + \sum_{j=1}^{2^{2k}} \frac{j-1}{2^k} |A_{k,j}|$$

となる．右辺第一項は $\frac{1}{2^k}|A_k|$ と等しく，第二項は $\int_A g_k dx$ と等しい．故に，$k \to \infty$ とすると，次のように結論が得られる．

$$|f(A)| = |f(\hat{A})| = \lim_{k \to \infty} |f(A_k)| \leq \int_{\hat{A}} |\det Df| dx = \int_A |\det Df| dx \qquad \blacksquare$$

問題解答例

第 1 章

演習 1.1 (1) ならば (2) $\overline{A^c} = A^c$ なので, $x \in A$ ならば, $x \notin \overline{A^c}$ となる. よって, $\exists \hat{r} > 0$ s.t. $B_{\hat{r}}(x) \cap A^c = \emptyset$ が成り立つ. 故に, $B_{\hat{r}}(x) \subset A$ を得る.
(2) ならば (1) (2) を仮定して, $\overline{A^c} \subset A^c$ が成り立てばよいので, $x \notin A^c$ ならば, $x \notin \overline{A^c}$ を示せばよい. $x \in A$ なので, $B_{\hat{r}}(x) \subset A$ となる $\hat{r} > 0$ がある. よって, $B_{\hat{r}}(x) \cap A^c = \emptyset$ なので, $x \notin \overline{A^c}$ が示せた.

演習 1.2 (1) X を直交行列 $T \in M^n$ で対角化できる. つまり, $T^t T = I$ かつ $T^t X T = (\lambda_i \delta_{ij})$ となる $\lambda_i \in \mathbb{R}$ が存在する. $X \geq O$ かつ $X \leq O$ なので, $\lambda_i = 0$ となり, $X = T(\lambda_i \delta_{ij}) T^t = O$ が導かれる.

〖別解〗 $\xi := (1, 0, 0, \ldots, 0)$ を $\langle X\xi, \xi \rangle$ に代入すると, $X_{11} = 0$ が示せる. 同様に, $\forall j \in \{1, 2, \ldots, n\}$ に対し, $X_{jj} = 0$ になる. 次に, $\xi := \frac{1}{\sqrt{2}}(1, 1, 0, \ldots, 0)$ を代入すると, $X_{11} + 2X_{12} + X_{22} = 0$ を得る. 故に, $X_{12} = 0$ となる. この様に, 対角成分でない X_{ij} もゼロになる.

(2) $\begin{pmatrix} 0 & 1 \\ -1 & 0 \end{pmatrix}$

(3) (1) の T の i 行 j 列成分を T_{ij} とする. $j \in \{1, \ldots, n\}$ を固定する. $\boldsymbol{t}_j := (T_{1j}, \ldots, T_{nj})^t$ とおくと $X \boldsymbol{t}_j = \lambda_j \boldsymbol{t}_j$ となることに注意する. また, $\Lambda := (\lambda_i \delta_{ij})$ とおく.

$$\|X\|^2 = \max_{\xi \in \partial B_1} \langle X\xi, X\xi \rangle = \max_{\xi \in \partial B_1} \langle T^t X T \xi, T^t X T \xi \rangle = \max_{\xi \in \partial B_1} \langle \Lambda \xi, \Lambda \xi \rangle$$

であるから, 右辺は λ_j^2 より大きいことは, $\xi = \boldsymbol{t}_j$ を代入すれば得られる. 一方, 右辺より, $\max_j \lambda_j^2$ の方が大きいことも明らか.

(4) $A = (a_{ij}), B = (b_{ij})$ とし, 直交行列 $T = (T_{ij}) \in M^n$ で $T^t A T = (\mu_i \delta_{ij})$ と

なるものを選ぶ．つまり，$\sum_{k,\ell=1}^n T_{ki}a_{k\ell}T_{\ell j} = \mu_i \delta_{ij}$ となる．ただし，$A \geq O$ なので，$\mu_i = \lambda_i^2$ となる $\lambda_i \geq 0$ がある．$\Lambda := (\lambda_i \delta_{ij})$ とおくと，$A = T\Lambda\Lambda T^t = T\Lambda(T\Lambda)^t$ が成り立つ．つまり，$a_{ij} = \sum_{k,\ell=1}^n T_{ik}\mu_k \delta_{k\ell}T_{j\ell} = \sum_{k=1}^n T_{ik}\mu_k T_{jk}$ となる．$\boldsymbol{t}_i := (T_{1i}, T_{2i}, \ldots, T_{ni})^t$ とおくと，$T = (\boldsymbol{t}_1\ \boldsymbol{t}_2\ \cdots\ \boldsymbol{t}_n)$ である．$0 \leq \mu_i \langle B\boldsymbol{t}_i, \boldsymbol{t}_i\rangle$ を計算し，$i = 1, \ldots, n$ で和をとると，$0 \leq \sum_{i=1}^n \mu_i \sum_{k,\ell=1}^n b_{k\ell}T_{\ell i}T_{ki} = \sum_{k,\ell=1}^n a_{k\ell}b_{k\ell} = \operatorname{Tr}(AB)$ が成り立ち，証明が終わる．

演習 1.3 連続ならば，$\varepsilon > 0$ に対し，「$y \in \Omega$ が $|x - y| < \delta$ ならば $|u(x) - u(y)| < \varepsilon$」となる $\delta > 0$ が存在する．よって，$u(x) - \varepsilon < u(y)$ かつ $u(y) < u(x) + \varepsilon$ が成り立つことと同値である．前者は下半連続の定義で，後者は上半連続の定義である．よって，下半連続かつ上半連続になる．逆もこの論法より明らか．

演習 1.4 Step 1：$\sup u(K) < \infty$ を示すため，$\sup u(K) = \infty$ と仮定して矛盾を導こう．$\forall k \in \mathbb{N}$ に対し，$u(x_k) > k$ となる，$x_k \in K$ が存在する．$K \subset \mathbb{R}^n$ はコンパクト集合だから，Bolzano-Weierstrass の定理より，部分列 $\{k_j\}_{j=1}^\infty \subset \mathbb{N}$ と $\hat{x} \in K$ で $\lim_{j\to\infty} x_{k_j} = \hat{x}$ となるものがある．$\infty = \lim_{j\to\infty} u(x_{k_j}) \leq \limsup_{x\in K \to \hat{x}} u(x) = u(\hat{x})$ となり，$u : K \to \mathbb{R}$ であることに矛盾する．故に，$\sup u(K) < \infty$ となる．

Step 2：よって，$\forall k \in \mathbb{N}$ に対し，$\sup u(K) - \frac{1}{k} < u(y_k)$ となる $y_k \in K$ が存在する．Step 1 と同様に，部分列 $\{k_j\}_{j=1}^\infty \subset \mathbb{N}$ と $\hat{y} \in K$ で，$\lim_{j\to\infty} y_{k_j} = \hat{y}$ となるものがある．故に，$\sup u(K) \leq \lim_{j\to\infty} u(y_{k_j}) \leq \limsup_{x\to\hat{y}} u(x) = u(\hat{y}) \leq \sup u(K)$ となるので，すべて等式になる．

演習 1.5 $p' \in \mathbb{R}^n$ も (1.1) を満たすとする．$\forall \xi \in \mathbb{R}^n$ と $t \in \mathbb{R}$ に対し，$y := x + t\xi$ とおいて，二つを引き算すると，$t\langle p - p', \xi\rangle = o(t|\xi|)$ となる．$t \neq 0$ で割って，$t \to 0$ とすれば，$\langle p - p', \xi\rangle = 0$ を得る．$\xi := p - p'$ とおくと，$p = p'$ が導かれる．

$(p', X') \in \mathbb{R}^n \times S^n$ も (1.2) を満たすとする．$\xi \in \mathbb{R}^n$ を固定する．任意の $\varepsilon > 0$ に対し，$|t| < \delta_\varepsilon$ ならば，$\left|u(y + t\xi) - t\langle p, \xi\rangle - \frac{t^2}{2}\langle X\xi, \xi\rangle\right| < \varepsilon t^2$ と $\left|u(y + t\xi) - t\langle p', \xi\rangle - \frac{t^2}{2}\langle X'\xi, \xi\rangle\right| < \varepsilon t^2$ を満たす $\delta_\varepsilon > 0$ が存在する．よって，$-2\varepsilon t^2 < t\langle p - p', \xi\rangle + \frac{t^2}{2}\langle (X - X')\xi, \xi\rangle < 2\varepsilon t^2$ が導かれる．$t > 0$ として，全体

を $t > 0$ 割ると，$\langle p-p',\xi\rangle = 0$ となるので $p = p'$ を得る．$p = p'$ を上式に代入して，もう一度 $t > 0$ で割ると $-2\varepsilon < \frac{1}{2}\langle (X-X')\xi,\xi\rangle < 2\varepsilon$ となる．$\varepsilon > 0$ は任意なので，$X - X' \leq O$ かつ $X - X' \geq O$ が成り立つ．故に，演習 1.2 より，$X = X'$ となる．

演習 1.6 C^1 でないことは明らか．$\frac{1}{k} < |x| \leq \frac{1}{k-1}$ に対し，$0 \leq x^2 - f(x) \leq \frac{1}{(k-1)^2} - \frac{1}{k^2} = \frac{2k-1}{k^2(k-1)^2} < \frac{2}{k(k-1)^2} \leq \frac{k^2}{(k-1)^2}|x|^3$ に注意すれば，f は 0 で二階微分可能となる．

演習 1.7 $Du(y) = 0$ なので，定義から $0 = \lim_{t\to 0}\frac{1}{t^2}\{u(y\pm t\xi) - u(y) - \frac{t^2}{2}\langle X\xi,\xi\rangle\}$ を得る．よって，$0 = \lim_{t\to 0}\frac{1}{t^2}\{u(y+t\xi) + u(y-t\xi) - 2u(y) - t^2\langle X\xi,\xi\rangle\}$ となる．一方，$u(y+t\xi) + u(y-t\xi) - 2u(y) \leq 0$ なので，$\langle X\xi,\xi\rangle \leq 0$ が成り立つ．〖注意〗l'Hôpital の定理を使う証明は正しくないので注意せよ (定義 1.1 を見よ)．

演習 1.8 $|(f_1 + f_2)(x) - (f_1 + f_2)(y)| \leq |f_1(x) - f_1(y)| + |f_2(x) - f_2(y)| \leq (\|f_1\|_{\text{Lip}} + \|f_2\|_{\text{Lip}})|x-y|$ より．

演習 1.9 $f := (f_1,\ldots,f_n)$ とおく．$|f(x) - f(y)| \leq L|x-y|$ $(\forall x, y \in \mathbb{R}^n)$ とすると，$f(B_r(x)) \subset B_{Lr}(f(x))$ が成り立つことに注意する．

$\forall \varepsilon > 0$ に対し，$N \subset \bigcup_{i=1}^{\infty} B_{r_i}(x_i)$ かつ，$\sum_{i=1}^{\infty} r_i^n < \varepsilon$ となる $x_i \in \mathbb{R}^n$ と $r_i > 0$ がある．$f(N) \subset \bigcup_{i=1}^{\infty} f(B_{r_i}(x_i)) \subset \bigcup_{i=1}^{\infty} B_{Lr_i}(f(x_i))$ なので，次の不等式が成り立ち証明が終わる．

$$|f(N)| \leq L^n \sum_{i=1}^{\infty} r_i^n < L^n \varepsilon$$

演習 1.10 $\forall \varepsilon > 0$ に対し，$A := \{x \in \Omega \mid |u(x)| \geq \|u\|_\infty + \varepsilon\}$, $B := \{x \in \Omega \mid |v(x)| \geq \|v\|_\infty + \varepsilon\}$ とおくと，$|A| = |B| = 0$ である．よって，$|A \cup B| = 0$ であり，$x \in \Omega \setminus (A \cup B)$ ならば $|u(x) + v(x)| \leq |u(x)| + |v(x)| < \|u\|_\infty + \|v\|_\infty + 2\varepsilon$ である．つまり，$|u(x) + v(x)| \leq \|u\|_\infty + \|v\|_\infty + 2\varepsilon$ a.e. in Ω となる．故に，$\|u+v\|_\infty \leq \|u\|_\infty + \|v\|_\infty + 2\varepsilon$ が成り立つので証明が終わる．

演習 1.11 $u(x) = \varepsilon\left(e^{\frac{1}{\varepsilon}} - e^{-\frac{|x|}{\varepsilon}}\right) + 1 - |x|$

演習 1.12 $u(x) = \varepsilon\log\dfrac{e^{\frac{1}{\varepsilon}} + e^{-\frac{1}{\varepsilon}}}{e^{\frac{x}{\varepsilon}} + e^{-\frac{x}{\varepsilon}}}$

演習 1.13 $\underline{\lim_{\varepsilon \to 0} x_\varepsilon = x \text{ の証明}}$ 否定すると，$|x_{\varepsilon_k} - x| \geq \varepsilon_0$ となる $\varepsilon_0 > 0$ と

$\varepsilon_k > 0$ で $\lim_{k\to\infty} \varepsilon_k = 0$ となるものがある．命題の証明の論法で，さらに部分列 ε_{k_j} で，$\lim_{j\to\infty} x_{\varepsilon_{k_j}} = x$ となるものがあるが，これは矛盾する．

$\underline{\lim_{\varepsilon\to 0} u_\varepsilon(x_\varepsilon) = u(x) \text{ の証明}}$　$|u_\varepsilon(x_\varepsilon) - u(x)| \leq |u_\varepsilon(x_\varepsilon) - u(x_\varepsilon)| + |u(x_\varepsilon) - u(x)| \leq \max_{\overline{B_r(x)}} |u_\varepsilon - u| + |u(x_\varepsilon) - u(x)|$ となることに注意すればよい．

第2章

演習 2.1　(1) 明らか．
(2) $\varepsilon > 0$ に対し，$\sup\{u(y) \mid y \in \overline{\Omega} \cap B_\varepsilon(x)\} \geq u(x)$ となるので，$\varepsilon \to 0$ とすれば，$u^*(x) \geq u(x)$ となる．$u_*(x) \leq u(x)$ も同様．
(3) $u^* \in USC(\overline{\Omega})$ のみ示す．$x \in \overline{\Omega}$ を固定する．$\forall \varepsilon > 0$ に対し，$v^\varepsilon(x) := \sup\{u(y) \mid y \in B_\varepsilon(x) \cap \overline{\Omega}\}$ とおくと，$0 < \varepsilon' < \varepsilon$ ならば，$v^\varepsilon(x) \geq v^{\varepsilon'}(x)$ なので $\lim_{\varepsilon\to 0} v^\varepsilon(x) = u^*(x)$ に注意する．

よって，$\forall \alpha > 0$ に対し，

$$\exists \varepsilon_\alpha > 0 \text{ s.t. } \lceil 0 < \varepsilon \leq \varepsilon_\alpha \text{ ならば, } u^*(x) + \alpha > v^\varepsilon(x) \rfloor$$

つまり，$y \in B_{\varepsilon_\alpha}(x)$ ならば，$u^*(x) + \alpha > u(y)$ となる．$\forall z \in B_{\varepsilon_\alpha}(x)$ を固定する．$0 < \delta < \varepsilon_\alpha - |x - z|$ とすれば，$B_\delta(z) \subset B_{\varepsilon_\alpha}(x)$ なので，$u^*(x) + \alpha \geq \sup_{B_\delta(z)} u \geq u^*(z)$ となる．
(4) 演習 1.3 と (3) から明らか．

演習 2.2　$G(x, r, p, X) = -F(x, r, -p, -X)$ となることを確かめる．$\phi \in C^2(\Omega)$ に対し，$-u - \phi$ が $x \in \Omega$ で最小値を取れば，$u - (-\phi)$ が $x \in \Omega$ で最大値をとる．よって，$F(x, u(x), -D\phi(x), -D^2\phi(x)) \leq 0$ となるので，次の不等式が成り立つ．

$$G(x, u(x), D\phi(x), D^2\phi(x)) \geq 0$$

演習 2.3　$(u + C) - \phi$ が $x \in \Omega$ で最大値をとれば，$u - (\phi - C)$ が x で最大値をとる．$D(\phi - C)(x) = D\phi(x)$, $D^2(\phi - C)(x) = D^2\phi(x)$ なので明らか．

演習 2.4　(1) まず，ω_0 は有界関数と仮定してよいことに注意する．$a > 0$ に対し，$\omega_1(r) \leq a + br$ $(r \geq 0)$ となる $b > 0$ があるので，$b_a := \inf\{b > 0 \mid \omega_1(r) \leq$

$a + br\ (r \geq 0)\}$ とおく. よって, $\omega(r) = \inf\{a + b_\alpha r \mid \alpha > 0\}$ と表せる. $\forall \delta > 0$ に対し, $0 < r < \frac{1}{C_\delta}$ ならば, $0 \leq \omega(r) \leq \delta + C_\delta r < 2\delta$ がとなり, $\lim_{r \to 0} \omega(r) = 0$ が示せる.

(2) $s \leq r \leq 2s$ ならば, $\omega(r) \geq \omega(s)$ となる. よって, $\psi(t) \geq \int_t^{\sqrt{3}t} s\omega(s)ds$ が成り立つ. 同様に, $\psi(t) \geq \omega(t) \int_t^{\sqrt{3}t} sds = \omega(t) \left[\frac{s^2}{2}\right]_t^{\sqrt{3}t} = \omega(t)$ が成り立つので (1) が示せた.

まず, $\alpha > 0$ に対し, $H(t) = \int_0^{\alpha t} h(s)ds$ とおくと, $H'(t) = \lim_{h \to 0} \frac{H(t+h) - H(t)}{h}$ $= \lim_{h \to 0} \frac{1}{h} \int_{\alpha t}^{\alpha(t+h)} h(s)ds = \alpha h(\alpha t)$ となることに注意する. $g(s) := \int_s^{2s} \omega(r)dr$ とおくと, $\psi(t) = \int_t^{\sqrt{3}t} g(s)ds$ となる. $\psi(t) = \int_0^{\sqrt{3}t} g(s)ds - \int_0^t g(s)ds$ なので, $\psi'(t) = \sqrt{3}g(\sqrt{3}t) - g(t)$ が成り立つ. 故に, (2) が示せた.

$\psi'(t) = \sqrt{3}g(\sqrt{3}t) - g(t)$ をもう一度微分すると,

$$\psi''(t) = \sqrt{3}\{2\sqrt{3}\omega(2\sqrt{3}t) - \sqrt{3}\omega(\sqrt{3}t)\} - 2\omega(2t) + \omega(t)$$

であり, 書き換えればよい.

(3) $g(y) := \psi(|y - x|)$ が x の近傍で $g \in C^2$ でを示す. $Dg(y) = \psi'(|y - x|)\frac{y - x}{|y - x|}$ であり, $y \to x$ の時, $|Dg(y)| \leq |\psi'(|y - x|)| \to 0$ となる. また, $D^2 g(y)$ は,

$$\psi''(|y - x|)\frac{(y - x) \otimes (y - x)}{|y - x|^2} + \psi'(|y - x|)\frac{1}{|y - x|^3}\{|y - x|^2 I - (y - x) \otimes (y - x)\}$$

になる. 第一項は, $y \to x$ で 0 に収束する. 第二項は, $t\psi'(t) \to 0\ (t \to 0$ の時) に注意すると, $\|D^2 g(|y - x|)\| \to 0\ (y \to x)$ が示せるので, $g \in C^2$ になる.

演習 2.5 (1) $\xi_1(x) := \eta(|x|)$ とする. ただし, $\eta \in C^2(\mathbb{R})$ は, $\eta(t) = 0\ (t < r)$, $\eta(t) = 1\ (t > 2r)$ とし, $t \in [r, 2r]$ に対しては, $\eta(t) := \frac{t-r}{r} - \frac{1}{2\pi}\sin\frac{2\pi t}{r}$ で与える. 後は, $\xi_2(x) := 1 - \xi_1(x)$ とおけばよい (各自確かめよ).

(2) $0 < |y - x| < 2r$ ならば, $(u - \psi)(x) = 0 > (u - \psi)(y)$ を思い出す. よって, $0 < |y - x| < r$ ならば, $\Phi(y) = \psi(y)$ なので, $0 > (u - \Phi)(y)$ となる. また, $r \leq |y - x| < 2r$ の時も, $(u - \Phi)(y) < \xi_1(y)(u - \psi)(y) + \xi_2(y)(u - M)(y) \leq 0$ となる. 最後に, $|y - x| \geq 2r$ ならば, $\Phi(y) = M$ に注意すると, $(u - \Phi)(y) = u(y) - M \leq -1 < 0$ である.

演習 2.6 $u(y) \geq u(x) + \langle p, y-x \rangle + \frac{1}{2}\langle X(y-x), y-x \rangle + o(|y-x|^2)$ とすると, $-u(y) \leq -u(x) + \langle -p, y-x \rangle + \frac{1}{2}\langle (-X)(y-x), y-x \rangle + o(|y-x|^2)$ が成り立つので明らか.

演習 2.7 $+$ の方のみ示す.

(1) $(p, X) \in J^{2,+}u(x)$ ならば, 命題 2.2 より, 右辺の集合に属する.
逆に, $(D\phi(x), D^2\phi(x))$ を右辺の点とする. つまり, $u - \phi$ は $x \in \Omega$ で局所最大値をとる. よって, $u(y) \leq u(x) + \langle D\phi(x), y-x \rangle + \frac{1}{2}\langle D^2\phi(x)(y-x), y-x \rangle + o(|y-x|^2)$ が成り立つので, 左辺に属する.

(2) (1) と同様なので略する.

(3) $(p, X) \in J^{2,+}(u+\phi)(x)$ ならば, $(u+\phi)(y) \leq (u+\phi)(x) + \langle p, y-x \rangle + \frac{1}{2}\langle X(y-x), y-x \rangle + o(|y-x|^2)$ である. よって, $u(y) \leq u(x) + \langle p - D\phi(x), y-x \rangle + \frac{1}{2}\langle (X - D^2\phi(x))(y-x), y-x \rangle + o(|y-x|^2)$ となり, $(p - D\phi(x), X - D^2\phi(x))) \in J^{2,+}u(x)$ となるので, (p, X) は右辺に属する. 逆の包含関係は, 逆にたどれば成り立つ.

(4) (2) と (3) を合わせれば成り立つ.

演習 2.8 $+$ の方を示す.

(1) 明らか.

(2) $(p, X) \in \overline{J}^{2,-}u(x)$ ならば, $x_k \in \overline{\Omega}$ と $(p_k, X_k) \in J^{2,-}u(x_k)$ で $\lim_{k \to \infty}(x_k, u(x_k), p_k, X_k) = (x, u(x), p, X)$ となるものがある. $-(p_k, X_k) \in J^{2,+}(-u)(x_k)$ なので, $-(p, X) \in \overline{J}^{2,+}(-u)(x)$ となる. 逆の包含関係は略す.

(3) (2) の議論と演習 2.7(3) を用いればよい.

(4) $\langle X(y-x), y-x \rangle \leq \langle (X+Y)(y-x), y-x \rangle$ に注意すればよい.

演習 2.9 命題 2.9 と同様なので略す.

問題 1 $\phi(x) \equiv -1$ とすると, $(v - \phi)(0) \leq (v - \phi)(x)$ ($|x| \leq 1$) なので, $|D\phi(0)| - 1 \geq 0$ となるはずが, 左辺は -1 なので成立しない. つまり, v は粘性優解でないから, 粘性解でない.

v は $1 - |Du| = 0$ の粘性解であることが分かる.

問題 2 (1) $J^{2,+}f(0) = \varnothing$, $J^{2,-}f(0) = (-1, 1) \times \mathbb{R} \bigcup \{\pm 1\} \times [0, \infty)$

(2) $J^{2,+}f(0) = \varnothing$, $J^{2,-}f(0) = (-\infty, 0) \times \mathbb{R} \cup \{0\} \times (-\infty, 0]$

(3) $J^{2,+}f(0) = \mathbb{R} \times \mathbb{R}$, $J^{2,-}f(0) = \varnothing$

問題 3 命題 2.2 により，$\phi \in C^2$ で $u - \phi$ が x で局所最大値をとり，$(Du(x), D^2u(x)) = (D\phi(x), D^2\phi(x))$ を満たすものがあるので $F(x, u(x), Du(x), D^2u(x)) \leq 0$ が成り立つ．

問題 4 (1) $J^{2,+}f(0) = (0, \infty) \times \mathbb{R} \cup \{0\} \times [0, \infty)$, $J^{2,-}f(0) = (-\infty, 0) \times \mathbb{R} \cup \{0\} \times (-\infty, 0]$

(2) $J^{2,+}f(0) = \varnothing$, $J^{2,-}f(0) = \mathbb{R} \times \mathbb{R}$

第 3 章

演習 3.1 u をテスト関数として，v の粘性解の定義を用いればよい．

演習 3.2 (1) $\dfrac{1}{\varepsilon}\begin{pmatrix} I & -I \\ -I & I \end{pmatrix}, \dfrac{2}{\varepsilon}\begin{pmatrix} I & -I \\ -I & I \end{pmatrix}$ (2) $\dfrac{2}{\varepsilon}$

演習 3.3 $\forall \varepsilon > 0$ に対し，$\exists a_\varepsilon \in \boldsymbol{A}$ s.t.

$$F(y, r, \alpha(x-y), -Y) - \varepsilon < \inf_{b \in \boldsymbol{B}} \{L^{a_\varepsilon, b}(y, r, \alpha(x-y), -Y) - f(y, a_\varepsilon, b)\}$$

一方，次の不等式を満たす $b_\varepsilon \in \boldsymbol{B}$ がある．

$$\inf_{b \in \boldsymbol{B}} \{L^{a_\varepsilon, b}(x, r, \alpha(x-y), X) - f(x, a_\varepsilon, b)\} + \varepsilon \\ > L^{a_\varepsilon, b_\varepsilon}(x, r, \alpha(x-y), X) - f(x, a_\varepsilon, b_\varepsilon)$$

故に，(以降，$p := \alpha(x-y)$ とおく) 次のようになるので証明が終わる．

$$F(y, r, p, -Y) - F(x, r, p, X) \\ \leq 2\varepsilon + L^{a_\varepsilon, b_\varepsilon}(y, r, p, -Y) - f(y, a_\varepsilon, b_\varepsilon) - L^{a_\varepsilon, b_\varepsilon}(x, r, p, X) + f(y), a_\varepsilon, b_\varepsilon) \\ \leq 2\varepsilon + \omega_R(|x-y|(|p|+1))$$

〖**別解**〗$M(x, a, b) := L^{a,b}(x, r, p, X) - f(x, a, b)$, $M(y, a, b) := L^{a,b}(y, r, p, -Y) - f(y, a, b)$ と略記する．$A, B \subset \mathbb{R}$ に対し，$\sup A + \inf B \leq \sup(A+B) \leq \sup A + \sup B$ と $\inf A + \inf B \leq \inf(A+B)$ なので，

$$\inf_{b \in \boldsymbol{B}} M(y,a,b) - \inf_{b \in \boldsymbol{B}} M(x,a,b) = \inf_{b \in \boldsymbol{B}} M(y,a,b) + \sup_{b \in \boldsymbol{B}} (-M(x,a,b))$$
$$\leq \sup_{b \in \boldsymbol{B}} (M(y,a,b) - M(x,a,b))$$
$$\leq \omega_R(|x-y|(|p|+1))$$

左辺で $a \in \boldsymbol{A}$ について上限をとると

$$\sup_{a \in \boldsymbol{A}} \{\inf_{b \in \boldsymbol{B}} M(y,a,b) - \inf_{b \in \boldsymbol{B}} M(x,a,b)\} \geq \sup_{a \in \boldsymbol{A}} \inf_{b \in \boldsymbol{B}} M(y,a,b) - \sup_{a \in \boldsymbol{A}} \inf_{b \in \boldsymbol{B}} M(y,a,b)$$

となるので,条件が満たされる.

演習 3.4 $\forall \xi \in \mathbb{R}^n$ に対し,$\langle AC\xi, C\xi \rangle \leq \langle BC\xi, C\xi \rangle$ となるので,内積の右側の C を左側に移せばよい.

演習 3.5 $\varepsilon \geq C_0$ ならば,$M = C_0$ ととればよい.

$0 < \varepsilon < C_0$ の場合,$0 < t \leq \delta$ ならば,$\bar{\omega}(t) \leq \varepsilon$ を満たす $\delta > 0$ がある. $M_\varepsilon := \frac{C_0 - \varepsilon}{\delta} + C_0$ とおくと,$t \geq \delta$ の時,$\varepsilon + M_\varepsilon t \geq C_0(1 + t) \geq \bar{\omega}(t)$ となる.

演習 3.6 凹関数は,局所 Lipschitz 連続であること (定理 B.14) より明らか.

演習 3.7 $\sup_{0 \leq t \leq 6\alpha} \{\cdots\} \leq C\alpha|x-y|$ しか導けない.$C\alpha|x-y|^2$ で上から評価できないと構造条件を満たさない.

演習 3.8 演習 2.7(1) の解答を参照.

演習 3.9 命題 2.6, 演習 2.6, 2.7, 2.8 を参照せよ.

演習 3.10 命題 2.7 の証明を参照せよ.

演習 3.11 $\varepsilon > 0$ に対し,次を満たす $\hat{a} \in \boldsymbol{A}$ と $\hat{b} \in \boldsymbol{B}$ が選べる.

$$F(x,t,r,p,X) - \varepsilon < \inf_{b \in \boldsymbol{B}} \{L^{\hat{a},b}(x,t,r,p,X) - \tfrac{1}{\theta} f(x,t,\hat{a},b)\}$$
$$\inf_{b \in \boldsymbol{B}} \{L^{\hat{a},b}(x,t,r,p,X) - \tfrac{1}{\theta'} f(x,t,\hat{a},b)\} - \varepsilon < L^{\hat{a},\hat{b}}(x,t,r,p,X) - f(x,t,\hat{a},\hat{b})$$

よって,(3.27) が成り立つ.

$$\tfrac{1}{\theta} F(x,t,\theta r,\theta p,\theta X) - \tfrac{1}{\theta'} F(x,t,\theta' r,\theta' p,\theta' X)$$
$$\leq \varepsilon + \inf_{b \in \boldsymbol{B}} \{L^{\hat{a},b}(x,t,r,p,X) - \tfrac{1}{\theta} f(x,t,\hat{a},b)\}$$
$$\quad - \inf_{b \in \boldsymbol{B}} \{L^{\hat{a},b}(x,t,r,p,X) - \tfrac{1}{\theta'} f(x,t,\hat{a},b)\}$$
$$\leq 2\varepsilon + \tfrac{\theta - \theta'}{\theta \theta'} f(x,t,\hat{a},\hat{b}) \leq 2\varepsilon + \tfrac{|\theta - \theta'|}{\theta \theta'} \sup\{\|f(\cdot,a,b)\|_{L^\infty} \mid (a,b) \in \boldsymbol{A} \times \boldsymbol{B}\}$$

演習 3.12 $v - \phi$ が $(x,t) \in \Omega \times (0,T)$ で最大値 0 をとると仮定する. $\psi(y,s) := e^{\beta s}\phi(y,s)$ とおくと, $u - \psi$ が (x,t) で最大値 0 をとる. よって,

$$\psi_t + F(x,t,u(x,t),D\psi(x,t),D^2\psi(x,t)) \leq 0$$

となる. よって, 次の不等式が成り立つので, G に置き換えればよい.

$$e^{\beta t}\{\phi_t(x,t) + \beta\phi(x,t)\} + F(x,t,e^{\beta t}v(x,t),e^{\beta t}D\phi(x,t),e^{\beta t}D^2\phi(x,t)) \leq 0$$

演習 3.13 $\xi := (x,t), \eta := (y,s) \in \mathbb{R}^{n+1}$ 等の記号を用いて, 補題 3.5 より

$$\begin{cases} (D_x\phi(\hat{\xi},\hat{\eta}),\phi_t(\hat{\xi},\hat{\eta}),\hat{X}) \in \overline{J}^{2,+}u(\hat{\xi}) \\ (D_y\phi(\hat{\xi},\hat{\eta}),\phi_s(\hat{\xi},\hat{\eta}),\hat{Y}) \in \overline{J}^{2,+}w(\hat{\eta}) \\ -(\alpha + \|\hat{A}\|)\begin{pmatrix} I & O \\ O & I \end{pmatrix} \leq \begin{pmatrix} \hat{X} & O \\ O & \hat{Y} \end{pmatrix} \leq \hat{A} + \alpha\hat{A}^2 \end{cases}$$

を得る. ただし, ここでの行列は S^{n+1} に属することに注意する.

$$\hat{X} = \begin{pmatrix} X & \ell^t \\ \ell & \hat{\lambda} \end{pmatrix} \quad \hat{Y} = \begin{pmatrix} Y & \tilde{\ell}^t \\ \tilde{\ell} & \hat{\nu} \end{pmatrix} \quad \hat{A} = \begin{pmatrix} A & \kappa^t \\ \kappa & \hat{a} \end{pmatrix}$$

とおく. ただし, $X,Y,A \in S^n$, $\ell,\tilde{\ell},\kappa \in \mathbb{R}^n$, $\hat{x},\hat{y},\hat{a} \in \mathbb{R}$ である. 行列不等式に, $\forall \xi,\eta \in \mathbb{R}^n$ に対し, $\hat{\xi} := (\xi,0,\eta,0)$ とおいて代入すれば, 補題 3.14 の行列不等式が成り立つ.

$(D_x\phi(\hat{\xi},\hat{\eta}),\phi_t(\hat{\xi},\hat{\eta}),\hat{X}) =: (\tau,p,\hat{X}) \in \overline{J}^{2,+}u(\hat{\xi})$ とする. $\forall k \in \mathbb{N}$ に対し,

$$(p_k,\tau_k,\hat{X}_k) \in J^{2,+}u(\hat{\xi}_k), \lim_{k\to\infty}(\hat{\xi}_k,u(\hat{\xi}_k),p_k,\tau_k,\hat{X}_k) = (u(\hat{\xi}),u(\hat{\xi}),p,\tau,\hat{X})$$

となるものがある. 各 $k \in \mathbb{N}$ に対し, $\hat{\xi}_k =: (\hat{x}_k,\hat{t}_k), \xi = (x,t)$ とすると,

$$u(\xi) \leq u(\hat{\xi}_k) + \tau_k(t - \hat{t}_k) + \langle p_k, x - \hat{x}_k \rangle + \tfrac{1}{2}\langle \hat{X}_k(\xi - \hat{\xi}_k),\xi - \hat{\xi}_k\rangle \leq o(|\xi - \hat{\xi}_k|^2)$$

である. $\hat{X}_k =: \begin{pmatrix} X_k & \ell_k^t \\ \ell_k & \hat{\lambda}_k \end{pmatrix}$ がある項を計算すると

$$\langle \hat{X}_k((x-\hat{x}_k), t-\hat{t}_k), ((x-\hat{x}_k), t-\hat{t}_k)\rangle$$
$$= \langle X_k(x-\hat{x}_k), x-\hat{x}_k\rangle + 2\langle \ell_k, x-\hat{x}_k\rangle(t-\hat{t}_k) + \hat{\lambda}_k(t-\hat{t}_k)^2$$
$$\leq \langle X_k(x-\hat{x}_k), x-\hat{x}_k\rangle + C\left(|x-\hat{x}_k|^3 + |t-\hat{t}_k|^{\frac{3}{2}}\right)$$

を満たす $C > 0$ がある. 故に, $(p_k, \tau_k, X_k) \in PJ^{2,+}u(x_k, t_k)$ である. よって, $(p, \tau, X) \in \overline{PJ}^{2,+}u(x,t)$ が成り立つ. 同様に, $(D_y\phi(\hat{\xi},\hat{\eta}), \phi_s(\hat{\xi},\hat{\eta}), Y) \in \overline{PJ}^{2,+}w(\hat{\eta})$ も得られる.

演習 3.14 系 3.4 を参照せよ.

演習 3.15 $\phi(x,y) := \frac{1}{2\varepsilon}|x-y+\sqrt{\varepsilon}\delta\boldsymbol{n}(z)|^2 + \delta|y-z|^2$ として, 同様の議論をすればよい.

演習 3.16 $U - \phi$ が $x \in \Omega$ で最大値 0 をとるとする. 定義より,

$$F(x, u(x), D\phi(x) + \alpha\boldsymbol{n}(x), D\phi(x) + \alpha D^2 d(x)) \leq 0$$

なので, 左辺より, $F(x, u(x), D\phi(x), D^2\phi(x) - \tilde{\omega}_L(C_1\alpha)) \leq 0$ が導かれる. $x \in \partial\Omega$ の時は, $\langle \boldsymbol{n}(x), D\phi(x) + \alpha\boldsymbol{n}(x)\rangle = \langle \boldsymbol{n}(x), D\phi(x)\rangle + \alpha$ に注意すればよい. V の方も同様に示せる.

問題 1 (1) 構造条件より, $p := \alpha(x-y)$, $G := AF_a + BF_b$ とおくと,

$$G(y, r, p, -Y) - G(x, r, p, X) \leq (A+B)\omega_R(|x-y|(\alpha|x-y|+1))$$

となる. よって, 右辺を ω_R' とおけば, $\omega_R' \in \mathcal{M}$ となる.

(2) $G := \inf_a F_a$ とおく. $\forall \varepsilon > 0$ に対し, 次を満たす $a_\varepsilon \in \boldsymbol{A}$ がある.

$$G(x, r, p, X) + \varepsilon > F_{a_\varepsilon}(x, r, p, X)$$

よって, 次の不等式が成り立つので, $\varepsilon \to 0$ とすればよい.

$$G(y, r, p, -Y) - G(x, r, p, X) < F_{a_\varepsilon}(y, r, p, -Y) - F_{a_\varepsilon}(x, r, p, X) + \varepsilon$$
$$\leq \omega_R(|x-y|(\alpha|x-y|+1)) + \varepsilon$$

(3) (2)と同様に示せる.

問題 2 $e^{-\beta t}$ をかけずに，u_δ と v のままで計算する．ただし，$\delta > 0$ を固定すると，$t_\varepsilon \leq T_\delta < T$ (十分小さい $\varepsilon > 0$) なので，$\frac{\delta}{(T-t_\varepsilon)^2} \geq \frac{\delta}{(T-T_\delta)^2}$ に気をつければよい．

問題 3 どちらも，$p_\varepsilon = \frac{1}{\varepsilon}(x_\varepsilon - y_\varepsilon) - \frac{\delta}{\sqrt{\varepsilon}}\boldsymbol{n}(z)$ または $p_\varepsilon = \frac{1}{\varepsilon}(x_\varepsilon - y_\varepsilon) + g(z)\boldsymbol{n}(z)$ の第二項を分けなくてはならず，$\tilde{\omega}_L\left(\frac{\delta}{\sqrt{\varepsilon}}\right)$ または $\tilde{\omega}_L(|g(z)|)$ という項が出るが，これは $\varepsilon \to 0$ の時，0 に収束しない．

問題 4 $d_m \in C^2$ であり，$|Dd_m(x) - \boldsymbol{n}(x)| \leq \frac{C}{m}$ ($x \in \partial\Omega$) と仮定してよいので，十分大きい m に対して同じ論法を用いればよい．

問題 5 $\zeta(x) := \varepsilon \langle x \rangle^{1+\delta}$ とおく．

$$\varepsilon \left\{ \nu \langle x \rangle^{1+\delta} - \hat{C}(\alpha_0 + \mu_0)\langle x \rangle^{1+\delta} \right\}$$

なので，$\nu_0 := \hat{C}(\alpha_0 + \mu_0) + 1$ とすれば，$\nu \geq \nu_0$ に対し，ζ は狭義粘性優解になる．$\forall \varepsilon > 0$ に対し，$\sup_{x \in \mathbb{R}^n}(w - \zeta)(x) > 0$ とすると，$\hat{x} \in \mathbb{R}^n$ で最大値をとるがこれは，w の定義に矛盾する．故に，$w(x) \leq \varepsilon \langle x \rangle^{1+\delta}$ ($\forall x \in \mathbb{R}^n$) が成り立つので，$\varepsilon \to 0$ として証明が終わる．

問題 6 w が同じ方程式の粘性劣解になることが示せる．$\varepsilon > 0$ に対し，$\phi := \varepsilon$ とおくと，線形化方程式の狭義優解であり，$w(x) \leq 0 < \varepsilon$ ($x \in \partial\Omega$) なので，$w - \phi$ が正の最大値をとるとすれば，$x \in \Omega$ でとることがわかる．しかし，これは成り立たないので $w \leq \varepsilon$ ($\forall x \in \overline{\Omega}$) となる．$\varepsilon \to 0$ として証明が終わる．

第 4 章

演習 4.1 凸の方のみ示す．$x, y \in \mathbb{R}^n$ と $\theta \in (0,1)$ を固定する．$\varepsilon > 0$ に対し，次を満たす $\hat{a} \in \boldsymbol{A}$ がある．

$$u(\theta x + (1-\theta)y) - \varepsilon < \langle p_{\hat{a}}, \theta x + (1-\theta)y \rangle + \ell_{\hat{a}}$$

右辺より，$\theta u(x) + (1-\theta) u(y)$ の方が大きい．$\varepsilon \to 0$ とすれば証明が終わる．

演習 4.2 凸の方のみ示す．$x, y \in \mathbb{R}^n$ を固定し，$t \in [0,1]$ に対し，

$$\Phi(t) := u(tx + (1-t)y) - tu(x) - (1-t)u(y)$$

とおく. $\Phi(0) = \Phi(1) = 0$ に注意する. $\Phi'(t) = \langle Du(tx+(1-t)y), x-y \rangle - u(x)+u(y)$ となり, $\Phi''(t) = \langle D^2u(tx+(1-t)y)(x-y), x-y \rangle$ なので, 仮定から $\Phi''(t) \geq 0$ となる (ここで, 図を描けば明らかだが, 示そう).

$2\Theta := \max_{0 \leq t \leq 1} \Phi(t) > 0$ と仮定して矛盾を導く. $2\Theta = \Phi(t_0)$ となる $t_0 \in [0,1]$ を選ぶと, $t_0 \in (0,1)$ となる. さらに, $\varepsilon > 0$ に対し, $\Phi_\varepsilon(t) := \Phi(t) - \varepsilon t(1-t)$ とすると, $\Theta_\varepsilon := \max_{0 \leq t \leq 1} \Phi_\varepsilon(t) \geq 2\Theta - \varepsilon t_0(1-t_0)$ である. $0 < \varepsilon < \frac{\Theta}{t_0(1-t_0)}$ とすると, $\Theta_\varepsilon \geq \Theta > 0$ になる. $t_\varepsilon \in [0,1]$ を $\Theta_\varepsilon = \Phi_\varepsilon(t_\varepsilon)$ となる点とすると, $\Phi_\varepsilon(0) = \Phi_\varepsilon(1) = 0$ なので, $0 < t_\varepsilon < 1$ が成り立つ.

よって, $t_\varepsilon \in (0,1)$ は Φ_ε の極大値をとる点なので,

$$0 \geq \Phi_\varepsilon''(t_\varepsilon) = \Phi''(t_\varepsilon) + \varepsilon \geq \varepsilon > 0$$

を得る. よって矛盾が導かれた.

〖**別解**〗同じ記号の下で,

$$\begin{aligned}
&u(tx+(1-t)y) - tu(x) - (1-t)u(y) \\
&= \int_0^1 du(y+\theta t(x-y)) - t\int_0^1 du(y+\theta(x-y)) \\
&= t\left(\int_0^1 \langle Du(y+\theta t(x-y)), x-y \rangle d\theta - \int_0^1 \langle Du(y+\theta(x-y)), x-y \rangle d\theta\right) \\
&= t\int_0^1 \int_1^t \langle \theta D^2u(y+\theta s(x-y))(x-y), x-y \rangle ds d\theta
\end{aligned}$$

と計算でき, 最後の式は $t < 1$ に注意すれば, 仮定から 0 以下になる.

演習 4.3 半凸の方のみ示す. $u(x) + \alpha'|x|^2 = u(x) + \alpha|x|^2 + (\alpha'-\alpha)|x|^2$ とすれば, 凸関数の和なので凸になる.

演習 4.4 $t \geq 0$ の時は, それ自体が凸であることは図から明らかである ($1 \leq s \leq 2$ の時, u は, 原点で 2 階微分可能でないことに注意). ここでは計算による証明を与えておく. $u(x) = |x|^s$ ($s \geq 1$) の時を示せば充分である. $x, y \in \mathbb{R}^n$ と $\theta \in (0,1)$ を固定する.

$$|\theta x + (1-\theta)y|^s - \theta|x|^s - (1-\theta)|y|^s \leq 0$$

を導けばよい. 左辺を変形する.

$$\text{左辺} = |y + \theta(x-y)|^s - |y|^s - \theta(|x|^s - |y|^s)$$
$$= \int_0^1 \tfrac{d}{dt}|y+\theta t(x-y)|^s dt - \theta \int_0^1 \tfrac{d}{dt}|y+t(x-y)|^s dt$$
$$= \theta s \int_0^1 \{|y+\theta t(x-y)|^{s-2}\langle x+\theta t(x-y), x-y\rangle$$
$$\qquad - |y+t(x-y)|^{s-2}\langle y+t(x-y), x-y\rangle\} dt$$

最後の式の積分の中身 $\{\cdots\}$ を次のように変形する.

$$\{\cdots\} = \int_0^1 \tfrac{d}{dr}\{|\zeta(r)|^{s-2}\langle \zeta(r), x-y\rangle\} dr$$
$$= (\theta-1)\int_0^1 |\zeta(r)|^{s-4}\{t|\zeta(r)|^2|x-y|^2 + (s-2)|\langle \zeta(r), x-y\rangle|^2\} dr$$
$$\leq (\theta-1)(s-1)|x-y|^2 \int_0^1 |\zeta(r)|^{s-2} dr \leq 0$$

ただし, $\zeta(r) = y + t(x-y) + (\theta-1)rt(x-y)$ とおいた.

以下, $t < 0$ の場合を考える. $t = -1$ だけを調べれば十分である.

$s = 2$ の場合が, 半凸になるのは明らかである,

$s > 2$ の場合は半凸にならない. 何故なら, $\alpha > 0$ に対し, $v(x) := -|x|^s + \alpha|x|^2$ が凸でないことを示そう. $v(r,0,\ldots,0) = -r^s + \alpha r^2$ なので, $r > 0$ が充分大きい時, $v(r,0,\ldots,0) < 0$ である. $v(0) = 0 > \tfrac{1}{2}v(r,0,\ldots,0) + \tfrac{1}{2}v(-r,0,\ldots,0)$ となり, 凸でない.

$1 \leq s < 2$ の場合にも上記 $-|x|^s$ が半凸にならないことを示そう. $s > 2$ の証明から, $n = 1$ に示せばよいことがわかる. $\forall \alpha > 0$ を固定し, $v(x) = -|x|^s + \alpha x^2$ とおく. $x > 0$ に対し, $v(x) = x^s(\alpha x^{2-s} - 1) < 0$ となる充分小さい $x > 0$ を固定すると, $v(0) = 0 > \tfrac{1}{2}v(x) + \tfrac{1}{2}v(-x)$ となるので, u は α 半凸でない.

演習 4.5 $-v$ は半凸なので, $-v = ((-v)_\varepsilon)^\varepsilon = -(v^\varepsilon)_\varepsilon$ となる. また, $(-v)_\delta$ が $\tfrac{1}{2(\varepsilon-\delta)}$ 半凸だから, v^δ は $\tfrac{1}{2(\varepsilon-\delta)}$ 半凹になる.

演習 4.6 $\alpha > 0$ を固定する. $v(x) := u(x) - \alpha x^2$ のグラフに $y = \tfrac{3}{2}x + \tfrac{1}{16\alpha}$ が上から 2 点 $\pm\tfrac{1}{4\alpha}$ で接する. この 2 点の中点である原点では, $v(0) = 0 < \tfrac{1}{16\alpha}$ となり, 凹であることに矛盾する.

演習 4.7 まず, $A^t(X + \alpha I)A = ((\lambda_i + \alpha)\delta_{ij})$ が成り立つ. ここで, $\lambda_i + \alpha > 0$ に注意すると, この逆行列をとると,

$$A^{-1}(X+\alpha I)^{-1}(A^t)^{-1} = \left(\tfrac{1}{\lambda_i+\alpha}\delta_{ij}\right)$$

となる．$A^{-1} = A^t$ と $(A^t)^{-1} = A$ なので，次の等式が成り立つ．

$$A^t (X + \alpha I)^{-1} A = \left(\tfrac{1}{\lambda_i + \alpha} \delta_{ij} \right)$$

$Y := (I + \tfrac{1}{\alpha} X)^{-1}$ とおくと，

$$I = Y \left(I + \tfrac{1}{\alpha} X \right) = Y + \tfrac{1}{\alpha} Y A (\lambda_i \delta_{ij}) A^t$$

となる．$Z := A^t Y A$ とおいて，この式の左右から A^t と A をかけると

$$I = A^t A = A^t Y A + \tfrac{1}{\alpha} A^t Y A (\lambda_i \delta_{ij}) = Z + \tfrac{1}{\alpha} Z (\lambda_i \delta_{ij})$$

と変形できる．故に，$I = Z \left((1 + \tfrac{\lambda_i}{\alpha}) \delta_{ij} \right)$ であるので，次の等式が成り立つ．

$$A^t Y A = Z = \left(\tfrac{\alpha}{\alpha + \lambda_i} \delta_{ij} \right)$$

演習 4.8 次の行列不等式が成り立つことが分かる．

$$\begin{pmatrix} X & O \\ O & -(I - \tfrac{1}{\alpha} X)^{-1} X \end{pmatrix} \leq \alpha \begin{pmatrix} I & -I \\ -I & I \end{pmatrix}$$

さらに，$A^t X A = (\lambda_i \delta_{ij})$ となる，直交行列 $A \in M^n$ を用いれば，$x \in (-\infty, \alpha) \to f(x) := x(\xi^2 - \eta^2) - \tfrac{x^2}{\alpha - x} \eta^2 - \alpha (\xi - \eta)^2$ は非負であり，$\lim_{x \to -\infty} f(x) = \lim_{x \to \alpha-} f(x) = -\infty$ がわかるので，$f'(x) = 0$ となる唯一の点で最大値をとる．その最大値が 0 であることを確かめればよい．

演習 4.9　(1) $x \in B_s$ を固定する．ρ_m を軟化子 (6.1 節) とし，$m \in \mathbb{N}$ が $\tfrac{1}{m} < s - |x| =: \hat{s}$ を満たすように大きくとれば，$D\Phi * \rho_m(y) = 0$ $(y \in B_{\hat{s}}(x))$ となる．よって，$\Phi * \rho_m$ は $B_{s-|x|}(x)$ では定数 C_m になる．$\lim_{m \to \infty} \Phi * \rho_m(y) = \Phi(y)$ $(y \in B_{\hat{s}}(x))$ となるので，Φ も $B_{\hat{s}}(x)$ 上で定数になる．この論法を繰り返せば結論が示せる．

(2) $-v$ に対して，u の論法を適用すればよい．

(3) $\xi(s) := s + \delta e^s$ とおくと，$\xi'(s) > 0$ $(s \in \mathbb{R})$ なので，$\eta'(s) > 0$ に注意する．

$$\hat{g}'_\delta(t) = \frac{\delta e^{\eta(t)} \eta'(t)(1 - \delta e^{\eta(t)})}{(1 + \delta e^{\eta(t)})^2}$$

なので，$|t| \leq \|u\|_{L^\infty} \vee \|v\|_{L^\infty}$ となる t が動く時，δ を小さくとれば分子は正になる．

問題 1 $(x,y) \to u(x) - v(y) - \frac{1}{2\varepsilon}|x-y|^2$ を考え，Ishii の補題を用い，$(X \leq Y)$ に注意すれば簡単に示せる．

問題 2 問題 1 同様，通常の放物型方程式の方法で示せる．つまり，任意に $\delta > 0$ を固定して，$\sup_Q \{u(x,t) - v(x,t) - \frac{\delta}{T-t}\} > 0$ と仮定して矛盾を導き，$\delta \to 0$ とすればよい．

第 5 章

演習 5.1 (1) $t > 0$ を固定する．$\alpha(s) = \alpha'(s)$ (a.e. $s \in [0,t]$) とすると，

$$\mathcal{T}_0[\alpha](s) = \begin{cases} \alpha_0(s) & (s \in [0,T)) \\ \alpha(s-T) & (s \geq T) \end{cases}$$

$$\mathcal{T}_0[\alpha'](s) = \begin{cases} \alpha_0(s) & (s \in [0,T)) \\ \alpha'(s-T) & (s \geq T) \end{cases}$$

なので，$\mathcal{T}_0[\alpha](s) = \mathcal{T}_0[\alpha'](s)$ (a.e. $s \in [0, T+t]$) が成り立つ．$\gamma_\varepsilon \in \Gamma$ なので，$\gamma_\varepsilon[\mathcal{T}_0[\alpha]](s) = \gamma_\varepsilon[\mathcal{T}_0[\alpha']](s)$ (a.e. $s \in [0, T+t]$) となる．よって，$\hat{\gamma}[\alpha](s) = \hat{\gamma}[\alpha'](s)$ (a.e. $s \in [0,t]$) が導かれる．

(2) $t \in (0,T]$ の場合，$\alpha, \alpha' \in \mathcal{A}$ が $\alpha(s) = \alpha'(s)$ a.e. in $[0,t]$ ならば，$\gamma_\varepsilon^1[\alpha](s) = \gamma_\varepsilon^1[\alpha'](s)$ a.e. in $[0,t]$ なので，$\hat{\gamma}$ と γ_ε^1 は，$[0,T]$ では同じなので確かめられた．$t > T$ の場合，$\alpha, \alpha' \in \mathcal{A}$ が $\alpha(s) = \alpha'(s)$ a.e. in $[0,t]$ ならば，$\mathcal{T}_1[\alpha](s) = \mathcal{T}_1[\alpha'](s)$ a.e. in $[0, t-T]$ に注意する．よって，$\gamma_\varepsilon^2[\mathcal{T}_1[\alpha]](s) = \gamma_\varepsilon^2[\mathcal{T}_1[\alpha']](s)$ a.e. in $[0, t-T]$ となる．つまり，次の関係が成り立つ．

$$\gamma_\varepsilon^2[\mathcal{T}_1[\alpha]](s-T) = \gamma_\varepsilon^2[\mathcal{T}_1[\alpha']](s-T) \text{ a.e. in } [T,t]$$

故に，$\tilde{\gamma}[\alpha](s) = \tilde{\gamma}[\alpha'](s)$ a.e. in $[0,t]$ が成り立つ．

演習 5.2 (1) と (2) を同時に説明する．

定理 5.6 の証明と同様にもできるが，$\boldsymbol{A}, \boldsymbol{B}$ の役割を変えて，f を $\hat{f}(x,a,b) := -f(x,a,b)$ とおけば，

$$w(x) := -v(x) = \sup_{\delta \in \Delta} \inf_{\beta \in \mathcal{B}} \int_0^\infty \hat{e}^{-\nu t} \hat{f}(X(t;x,\delta[\beta],\beta), \delta[\beta](t), \beta(t)) dt$$

が次の方程式の粘性解になる．

$$\sup_{b \in B} \inf_{a \in A} \{\nu w - \langle g(x,a,b), Dw \rangle - \hat{f}(x,a,b)\} = 0$$

故に，定義にそって v が次の方程式の粘性解であることがわかる．

$$\inf_{b \in B} \sup_{a \in A} \{\nu v - \langle g(x,a,b), Dv \rangle - f(x,a,b)\} = 0$$

<u>演習 5.3</u> $v(x) := -\underline{u}(x) = \limsup_{k \to \infty} \{(-u_j)^*(y) \mid y \in B_{\frac{1}{k}}(x) \cap \overline{\Omega}, j \geq k\}$ とし，$-u_j$ が次の方程式の粘性劣解であることを用いればよい．

$$-F_j(x, u, -Du, -D^2u) = 0 \quad \text{in } \Omega$$

付録 A

<u>演習 A.1</u> $|x| = 1$ で，ρ や $D^k\rho$ がゼロになっていることを示せばよい．ρ に関しては明らかである．まず，l'Hôpital の定理を有限回使うことで，任意の $\ell \in \mathbb{N}$ に対し，

$$\lim_{r \to \infty} \frac{r^\ell}{e^r} = 0$$

が成り立つ．また，$\ell \in (0, \infty)$ でも，$r \geq 1$ ならば，$r^\ell \leq r^{[\ell]+1}$ なので，上の式が成立することに注意する．$D\rho(x) = \exp\left(\frac{1}{|x|^2-1}\right) \frac{-2x}{(|x|^2-1)^2}$ なので，これを繰り返し微分すると，$|x| < 1$ に注意して，次の評価が導かれる．

$$|D^k\rho(x)| \leq C_k \exp\left(\frac{1}{|x|^2-1}\right) \times \frac{1}{(|x|^2-1)^{k+1}}$$

$r = \frac{1}{1-|x|^2} > 0$ とおけば，次の式が成り立つので $\lim_{|x| \to 1-} |D^k\rho(x)| = 0$ を得る．

$$|D^k\rho(x)| \leq C_k \frac{r^{k+1}}{e^r}$$

<u>演習 A.2</u> 変数変換をすればよい．

演習 A.3　$t, s \in (0, 1)$ が $t + s = 1$ を満たし，$x, z \in \mathbb{R}^n$ を固定する．次のように計算できる．

$$\begin{aligned}
&f^m(tx + sz) + \alpha|tx + sz|^2 \\
&= \int \rho_m(y) f(t(x - y) + s(z - y)) dy + \alpha|tx + sz|^2 \\
&\leq \int \rho_m(y) t\{f(x - y) + \alpha|x - y|^2\} + s\{f(z - y) + \alpha|z - y|^2\} dy \\
&\quad - \int \alpha(|tx + sz - y|^2 - |tx + sz|^2)] dy \\
&= \int \rho_m(y) \left(t\{f(x - y) + \alpha|x|^2\} + s\{f(z - y) + \alpha|z|^2\} \right) dy \\
&= t\{f^m(x) + \alpha|x|^2\} + s\{f^m(z) + \alpha|z|^2\}
\end{aligned}$$

演習 A.4　まず，$\|Df^m\|_{\mathrm{Lip}} \leq \|Df\|_{\mathrm{Lip}}$ が成り立つことに注意する．

$$|\det(D^2 f^m)| \leq \|Df\|_{\mathrm{Lip}}^n$$

を用いると，補題 A.1 の最後の部分で，次の不等式が示せる．

$$|B_1| \leq \|Df\|_{\mathrm{Lip}}^n |\Gamma_{r,\delta}[f^m]|$$

演習 A.5　系 A.7 の証明で，$TX = \frac{1}{\varepsilon}(T - I)(T^t - I) + TXT^t$ が成り立つので，

$$XT^t = (TX)^t = \frac{1}{\varepsilon}(T - I)(T^t - I) + TXT^t$$

となるので，右辺は TX と一致している．

演習 A.6　後述する命題 B.15 より，u が凸の時，$u(x_0) \geq u(y) \geq u(x_0) + \langle p, y - x_0 \rangle$ $(\forall y \in B_r(x_0))$ となる $p \in \mathbb{R}^n$ がある．よって，$p = 0$ になるので，$u(y) = u(x_0)$ $(\forall y \in B_r(x_0))$ が成り立つ．

付録 B

演習 B.1　$D := \{x \in I \mid \exists Df(x)\}$ とおく．$k \in \mathbb{N}$ に対し，$N_k := I \cap [-k, k] \setminus D$ とおくと $|N_k| = 0$ なので，$|I \setminus D| = 0$ となる．

演習 B.2　$x_i \in I_k \cap \mathbb{Q}$ とすると，$I_k = I_i$ となることがわかるので，$I_k \cap I_j \neq \emptyset$ ならば，$\exists x_i \in I_k \cap I_j \cap \mathbb{Q}$ なので，$I_k = I_j$ となる．

演習 B.3　$f(x) := -g(x)$ とおき，補題 B.4 を f に適用すればよい．

演習 B.4　$f := g_1 - g_2$ とおく．$a = x_0 < x_1 < \cdots < x_N = b$ とすると

$$\sum_{k=1}^{N} |f(x_k) - f(x_{k-1})| \leq M := g_1(b) - g_1(a) + g_2(a) - g_2(b)$$

となるので明らか．

演習 B.5　$|f(x) - f(y)| \leq L|x - y|$ とする．演習 A.8 の解答の記号を用いて，

$$\sum_{k=1}^{N} |f(x_k) - f(x_{k-1})| \leq L \sum_{k=1}^{N} |x_k - x_{k-1}| = L(b - a)$$

と計算できるので $f \in BV(a, b)$ となる．

演習 B.6　$\varepsilon > 0$ に対し，$V(x, y) + \varepsilon > \sum_{k=1}^{m} |f(x_k) - f(x_{k-1})|$ となる，$x_0 = x < x_1 < \cdots < x_m = y$ と $V(y, z) + \varepsilon > \sum_{k=m+1}^{N} |f(x_k) - f(x_{k-1})|$ が成り立つような $x_m = y < x_{m+1} < \cdots < x_N = z$ がある．よって，$V(x, y) + V(y, z) + 2\varepsilon > V(x, z)$ となるので，$\varepsilon \to 0$ として，$V(x, y) + V(y, z) \geq V(x, z)$ を得る．

　一方，任意の $x = x_0 < x_1 < \cdots < x_N = z$ に対し，$\{x_k\}$ が y を含まない場合は，y を加え，含まない場合はそのままの分割を $y_0 = x < y_1 < \cdots < y_M = z$ とする ($M = N$ または，$M = N + 1$ である)．よって次の不等式が成り立つ．

$$\sum_{k=1}^{N} |f(x_k) - f(x_{k-1})| \leq \sum_{k=1}^{M} |f(y_k) - f(y_{k-1})|$$

左辺の下限をとり，右辺の下限をとれば逆の不等式が得られて等式が示せる．

演習 B.7　$\forall p \in \partial \phi(x)$ に対し，$\phi(x + te) \geq \phi(x) + t\langle p, e \rangle + o(t)$ が成り立つが，$\phi(x + te) = \phi(x) + t\langle D\phi(x), e \rangle + o(t)$ となるので，$p = D\phi(x)$ が導かれる．

参考文献

[1] G. Aronsson, M. G. Crandall and P. Juutinen, "A tour of the theory of absolutely minimizing functions",*Bull. Amer. Math. Soc.*, **41**(4)(2004), pp.439–505.

[2] M. Bardi and I. Capuzzo Dolcetta, *"Optimal Control and Viscosity Solutions of Hamilton-Jacobi-Bellman Equations"* (Systems & Control), Birkhäuser, 1997.

[3] G. Barles, *"Solutions de Viscosité des Équations de Hamilton-Jacobi"* (Mathématiques et Applications 17), Springer, 1994.

[4] G. Barles and J. Busca, "Existence and comparison results for fully nonlinear degenerate elliptic equations without zeroth-order term", *Comm. Partial Differential Equations*, **26**(1–2)(2001), pp.2323–2337.

[5] L. Boccardo and G. Croce, "Elliptic Partial Differential Equations",*Studies in Mathematics*, **55**(2014), De Gruyter.

[6] L. A. Caffarelli and X. Cabré, *"Fully Nonlinear Elliptic Equations"* (Colloquium Publications), Amer. Math. Soc., 1995.

[7] M. G. Crandall, "A visit with the ∞-Laplace equation", *Lecture Notes in Math.*, **1927**(2008), Springer, Berlin.

[8] M. G. Crandall, H. Ishii and P.-L. Lions, "User's guide to viscosity solutions of second order partial differential equations", *Bull. Amer. Math. Soc.*, **27**(1)(1992), pp.1–67.

[9] M. G. Crandall, M. Kocan, P. Soravia and A. Święch, "On the equivalence of various weak notions of solutions of elliptic PDEs with measurable ingredients', *"Progress in elliptic and parabolic partial differential equations"*(Pitman Research Notes in Math. 50), (1996), pp.136–162.

[10] L. C. Evans and R. F. Gariepy, *"Measure Theory and Fine Properties of Functions"*, CRC Press, 1992.

[11] W. H. Fleming and H. M. Soner, *"Controlled Markov Processes and Viscosity Solutions"* (Stochastic Modelling and Applied Probability 25), Springer, 1993.

[12] Y. Giga, *"Surface Evolution Equations -a level set approach-"* (Monograph Math 99), Birkhäuser, 2006.

[13] D. Gilbarg and N. S. Trudinger, *"Elliptic Partial Differential Equations of Second Order"*(Grundlehren der mathematischen Wissenschaften 224), Springer,

1977.

[14] R. Howard, "Aleksandrov theorem on the second derivatives of convex functions via Rademacher's theorem on the first derivatives of Lipschitz functions", http://www.math.sc.edu/ howard/Notes/alex.pdf

[15] H. Ishii, (Old) Lecture notes at Brown University No. 3,
http://www.edu.waseda.ac.jp/ ishii/pdf/BrownLectureNotes3.pdf

[16] S. Koike, "Beginner's guide to the theory of viscosity solutions", MSJ Memoir, **13**(2004). http://www.math.tohoku.ac.jp/ koike/book/evis2013version.pdf

[17] S. Koike and T. Kosugi, "Remarks on the comparison principle for quasilinear PDE with no zeroth order terms", *Comm. Pure Appl. Anal.*, **14**(1) (2015), pp.133–142.

[18] S. Koike and O. Ley, "Comparison principle for unbounded viscosity solutions of degenerate elliptic PDEs with gradient superlinear terms", *J. Math. Anal. Appl.*, **381**(1) (2011), pp.110–120.

[19] 増田久弥 編,『応用解析ハンドブック』, シュプリンガー・ジャパン, 2010年.

[20] H. Morimoto, *"Stochastic Control and Mathematical Modelling"* (Encyclopedia of Mathematics and Its Applications 131), CAMBRIDGE univ. press. 2010.

[21] W. Rudin, *"Real and Complex Analysis, third edition"*, McGraw-Hill Publishing Co., New York, 1987.

[22] P. Soravia, "On nonlinear convolution and uniqueness of viscosity solutions", *Analysis*, **20** (2000), pp.373–386.

あとがき

　本書には，2016 年の現時点では充分には知られていない結果がある．ここで，それらの文献を引用しておく．3.3 節の命題 3.12 は，石井仁司氏の手書きのノート [15] による．3.5.3 項は，もう少し一般の形で [18] に述べられている．4.2 節のいくつかの命題は，[22], [9] 等に述べられている (証明なしのことも多い)．4.2 節は [22] をよりやさしくした内容である．4.4.2 項と 6.3 節は，[4] および [17] を参照した．7.2 節は，[21] の定理 7.24 もしくは，R. Howard 氏の公開されているノート [14] による．定理 B.16 の証明も [14] による．

　執筆にあたっては，東北大学の助教 (当時) の生駒典久氏および，当時の修士課程の学生，小杉卓裕・鎌田洋彰・鈴木隼人・岡林孝治郎・内藤誠各氏に大変お世話になった．ここに，心より感謝します．

　最後に，査読者の方のたくさんの丁寧なご指摘に感謝申し上げます．

索 引

―――― 英数字 ――――

Γ 118
Δ 118
$\xi \otimes \eta$ 4
$\partial \phi(x)$ 165
$-\triangle_\infty u$ 18

$\mathcal{A}$ 112
Aleksandrovの定理 133, 163
Aronsson方程式 18, 100, 144

$\mathcal{B}$ 117
Bellman方程式 111

$C^{2,1}(\overline{Q})$ 54

eikonal方程式 10

Isaacs方程式 117
Ishiiの補題 39, 138

$J^{2,+}$ 26
$J^{2,-}$ 26
$\overline{J}^{2,\pm}$ 27
Jensenの補題 129

$\mathrm{Lip}(U)$ 8
$LSC(U)$ 8

Perronの方法 106
$PJ^{2,+}$ 55
$PJ^{2,-}$ 55
$\overline{PJ}^{2,\pm}$ 56
Poisson方程式 17

Rademacherの定理 160

S^n 3
$SUB(\Omega)$ 106
$SUP(\Omega)$ 106
u^* 54
u_* 54
$USC(U)$ 8
$W^{k,\infty}(U)$ 8

―――― あ行 ――――

値関数 118
一意性定理 38
一階微分可能 5
一様外部球条件 67
一様楕円型 49
上半連続包 20, 54
凹 76

―――― か行 ――――

下限近似 79
局所強最大値原理 143
構造条件 40, 71
コスト汎関数 112
古典解 13
古典優解 13
古典劣解 13

―――― さ行 ――――

最大値原理 5

最適コスト汎関数　112

下半連続包　20, 54
弱解　10
弱逆関数定理　162
弱構造条件　89
上限近似　79

セミ・ジェット　26
全変動　158
戦略　118
動的計画原理　112, 119
凸　76
凸集合　76

──────── な行 ────────

内部錐条件　63

二階微分可能　6

熱方程式　18
粘性解　21, 30
粘性消滅法　12

粘性優解　19, 21, 29
粘性劣解　19, 21, 29

──────── は行 ────────

半凹　79
半凸　79

比較原理　32

平均曲率流方程式　97
変数変換　166

方向微分　159
放物型構造条件　58
放物型セミ・ジェット　55

──────── や行 ────────

有界変動　158

──────── ら行 ────────

ラプラシアン　11

劣微分　165

著者略歴

小 池 茂 昭
（こ いけ しげ あき）

1958年　生まれ
1988年　早稲田大学大学院理工学研究科単位取得退学
現　在　東北大学大学院理学研究科教授
著　書　『微分積分』（テキスト理系の数学 2），数学書房，2010．

共立講座 数学の輝き 8 粘性解─比較原理を中心に─ （Viscosity Solutions） 2016年12月25日　初版1刷発行	著　者　小池茂昭　Ⓒ 2016 発行者　南條光章 発行所　共立出版株式会社 〒112-0006 東京都文京区小日向 4-6-19 電話番号　03-3947-2511（代表） 振替口座　00110-2-57035 共立出版㈱ホームページ http://www.kyoritsu-pub.co.jp/ 印　刷　啓文堂 製　本　ブロケード

検印廃止
NDC 413.63
ISBN 978-4-320-11202-5

一般社団法人
自然科学書協会
会員

Printed in Japan

JCOPY ＜出版者著作権管理機構委託出版物＞
本書の無断複製は著作権法上での例外を除き禁じられています．複製される場合は，そのつど事前に，出版者著作権管理機構（ＴＥＬ：03-3513-6969，ＦＡＸ：03-3513-6979，e-mail：info@jcopy.or.jp）の許諾を得てください．

「数学探検」「数学の魅力」「数学の輝き」の三部からなる数学講座

共立講座 数学の輝き 全40巻予定

新井仁之・小林俊行・斎藤　毅・吉田朋広 編

数学の最前線ではどのような研究が行われているのでしょうか？大学院に入ってもすぐに最先端の研究をはじめられるわけではありません。この「数学の輝き」では、「数学の魅力」で身につけた数学力で、それぞれの専門分野の基礎概念を学んでください。一歩一歩読み進めていけばいつのまにか視界が開け、数学の世界の広がりと奥深さに目を奪われることでしょう。現在活発に研究が進みまだ定番となる教科書がないような分野も多数とりあげ、初学者が無理なく理解できるように基本的な概念や方法を紹介し、最先端の研究へと導きます。

1 数理医学入門
鈴木　貴著　画像処理／生体磁気／逆源探索／細胞分子／細胞変形／粒子運動／熱動力学／他‥‥‥‥270頁・本体4000円

2 リーマン面と代数曲線
今野一宏著　リーマン面と正則写像／リーマン面上の積分／有理型関数の存在／トレリの定理／他‥‥266頁・本体4000円

3 スペクトル幾何
浦川　肇著　リーマン計量の空間と固有値の連続性／最小正固有値のチーガーとヤウの評価／他‥‥350頁・本体4300円

4 結び目の不変量
大槻知忠著　絡み目のジョーンズ多項式／組みひも群とその表現／絡み目のコンセビッチ不変量／他　288頁・本体4000円

5 K3曲面
金銅誠之著　格子理論／鏡映群とその基本領域／K3曲面のトレリ型定理／エンリケス曲面／他‥‥‥240頁・本体4000円

6 素数とゼータ関数
小山信也著　素数に関する初等的考察／リーマン・ゼータの基本／深いリーマン予想／他‥‥‥‥‥300頁・本体4000円

7 確率微分方程式
谷口説男著　確率論の基本概念／マルチンゲール／ブラウン運動／確率積分／確率微分方程式／他‥‥236頁・本体4000円

8 粘性解 ―比較原理を中心に―
小池茂昭著　準備／粘性解の定義／比較原理／比較原理-再訪-／存在と安定性／付録／他‥‥‥‥‥216頁・本体4000円

■ 主な続刊テーマ ■

３次元リッチフローと幾何学的トポロジー
‥‥‥‥‥‥‥‥戸田正人著／2017年3月発売予定
保型関数‥‥‥‥‥‥‥‥‥‥‥‥‥‥‥志賀弘典著
岩澤理論‥‥‥‥‥‥‥‥‥‥‥‥‥‥‥尾崎　学著
楕円曲線の数論‥‥‥‥‥‥‥‥‥‥‥小林真一著
ディオファントス問題‥‥‥‥‥‥‥‥平田典子著
保型形式と保型表現‥‥‥池田　保・今野拓也著
可換環とスキーム‥‥‥‥‥‥‥‥‥‥小林正典著
有限単純群‥‥‥‥‥‥‥‥‥‥‥‥‥‥北詰正顕著
代数群‥‥‥‥‥‥‥‥‥‥‥‥‥‥‥‥庄司俊明著
D加群‥‥‥‥‥‥‥‥‥‥‥‥‥‥‥‥竹内　潔著
カッツ・ムーディ代数とその表現‥山田裕史著
リー環の表現論とヘッケ環　加藤　周・榎本直也著
リー群のユニタリ表現論‥‥‥‥‥‥‥平井　武著
対称空間の幾何学‥‥‥田中真紀子・田丸博士著
非可換微分幾何学の基礎　前田吉昭・佐古彰史著
シンプレクティック幾何入門‥‥‥高倉　樹著
力学系‥‥‥‥‥‥‥‥‥‥‥‥‥‥‥‥林　修平著
多変数複素解析‥‥‥‥‥‥‥‥‥‥‥‥辻　元著
反応拡散系の数理‥‥‥‥長山雅晴・栄伸一郎著
確率論と物理学‥‥‥‥‥‥‥‥‥‥‥香取眞理著
ノンパラメトリック統計‥‥‥‥‥前園宜彦著

【各巻】　A5判・上製本・税別本体価格
≪読者対象：学部４年次・大学院生≫

※続刊のテーマ、執筆者、価格等は予告なく変更される場合がございます

共立出版

http://www.kyoritsu-pub.co.jp/
https://www.facebook.com/kyoritsu.pub